面向新工科高等院校大数据专业系列教材
信息技术新工科产学研联盟数据科学与大数据技术工作委员会 推荐教材

Python Data Analysis and Visualization

Python数据分析与可视化

吕云翔 姚泽良 李伊琳
王肇一 许丽华 韩延刚
谢谨蔓 洪振东 姜 峤
孔子乔
等编著

本书介绍了数据分析的各主要流程，并引入了6个完整的数据分析案例。本书从理论和案例两个角度对数据分析与可视化以及Python的工具进行了介绍，采用理论分析和编程实践相结合的形式，按照数据分析的基本步骤介绍了数据分析的理论知识，并对相应的Python库进行了详细介绍，让读者在了解数据分析的基本理论知识的同时能够快速上手实现数据分析的程序。

本书适合Python语言初学者、数据分析从业人士以及高等院校计算机、软件工程、大数据、人工智能等相关专业的师生使用。

本书配有授课电子课件，需要的教师可登录www.cmpedu.com免费注册，审核通过后下载，或联系编辑索取（微信：15910938545，电话：010-88379739）。

图书在版编目（CIP）数据

Python数据分析与可视化/吕云翔等编著．—北京：机械工业出版社，2022.3（2025.1重印）
面向新工科高等院校大数据专业系列教材
ISBN 978-7-111-70118-7

Ⅰ．①P…　Ⅱ．①吕…　Ⅲ．①软件工具-程序设计-高等学校-教材
Ⅳ．①TP311.561

中国版本图书馆CIP数据核字（2022）第017802号

机械工业出版社（北京市百万庄大街22号　邮政编码100037）
策划编辑：郝建伟　　责任编辑：郝建伟　李晓波
责任校对：张艳霞　　责任印制：常天培
固安县铭成印刷有限公司印刷

2025年1月第1版·第5次印刷
184mm×260mm·13.5印张·331千字
标准书号：ISBN 978-7-111-70118-7
定价：59.00元

电话服务
客服电话：010-88361066
　　　　　010-88379833
　　　　　010-68326294

网络服务
机　工　官　网：www.cmpbook.com
机　工　官　博：weibo.com/cmp1952
金　　书　　网：www.golden-book.com
机工教育服务网：www.cmpedu.com

面向新工科高等院校大数据专业系列教材
编委会成员名单

（按姓氏拼音排序）

出版说明

党的二十大报告指出“加快发展数字经济，促进数字经济和实体经济深度融合，打造具有国际竞争力的数字产业集群。”当前，我国数字经济建设加速推进，作为数字经济建设的主力军，大数据专业人才需求迫切，高校大数据专业建设的重要性日益凸显，并呈现出以下四个特点：实用性、交叉性较强，专业设立日趋精细化、融合化；专业建设上高度重视产学合作协同育人，产教融合发展迅猛；信息技术新工科产学研联盟制定的《大数据技术专业建设方案》，使得人才培养体系、专业知识体系及课程体系的建设有章可循，人才培养日益规范化、标准化；大数据人才是具备编程能力、数据分析及算法设计等专业技能的专业化、复合型人才。

作为一个高速发展中的新兴专业，大数据专业的内涵和外延不断丰富和延伸，广大高校亟需能够系统体现大数据专业上述四个特点的教材。基于此，机械工业出版社联合信息技术新工科产学研联盟，汇集国内专家名师，共同成立教材编写委员会，组织出版了这套《面向新工科高等院校大数据专业系列教材》，全面助力高校新工科大数据专业建设和人才培养。

这套教材依照《大数据技术专业建设方案》组织编写，体现了国内大数据相关专业教学的先进理念和思想；覆盖大数据技术专业主干课程的同时，延伸上下游，涵盖云计算、人工智能等专业的核心课程，能够更好地满足高校大数据相关专业多样化的教学需求；引入优质合作企业的技术、产品及平台，体现产学合作、协同育人的理念；教学配套资源丰富，便于高校开展教学实践；系列教材主要参编者皆是身处教学一线、教学实践经验丰富的名师，教材内容贴合教学实际。

我们希望这套教材能够充分满足国内众多高校大数据相关专业的教学需求，为培养优质的大数据专业人才提供强有力的支撑。并希望有更多的志士仁人加入到我们的行列中来，集智汇力，共同推进系列教材建设，在建设数字社会的宏大愿景中，贡献出自己的一份力量！

面向新工科高等院校大数据专业系列教材编委会

前　言

本书是面向初学者的数据分析与可视化的入门教程。按照数据分析的数据预处理、分析与知识发现和可视化3个主要步骤，逐步对数据分析涉及的理论进行讲解，并对实现这些步骤所用到的Python库进行了详细的介绍。通过理论与实践相结合的讲解方式，读者能够在了解数据分析基础知识的同时快速上手实现一些简单的数据分析程序。

全书分14章，通过阅读第1~8章的内容，读者可以对数据分析的各主要流程具有一定的认识，但这些知识可能还未能形成一个完整的体系。因此在第9~14章引入了6个完整的数据分析案例，以帮助读者建立知识点之间的联系，形成对数据分析整个知识体系的清晰认知。建议读者在阅读实战章节时，可以跟随介绍自己动手尝试一下，一定会发现数据分析的魅力所在。

作为一本数据分析的入门书籍，本书着重对基础知识的介绍，因此对前沿的内容涉及不多，这些内容留待读者在更进一步的学习中深入探索。对于Python语言的知识，本书仅对与数据分析和可视化相关的库进行了介绍，如果读者对Python语言本身感兴趣，还可以参考Python语言工具书及官方文档等详细了解Python的语法和底层原理等。另外，本书所有数据分析的程序实现均是在单机的情况下进行的，并没有对如何使用Python进行分布式数据分析的介绍，感兴趣的读者可以去了解一下Python分布式数据分析的相关库，如Pyspark等。

本书的作者为吕云翔、姚泽良、李伊琳、王肇一、许丽华、韩延刚、谢谨蔓、洪振东、姜峤、孔子乔，曾洪立参与了部分内容的编写并进行了素材整理及配套资源制作等。

由于编者水平和能力有限，书中难免有疏漏之处，恳请广大读者给予批评指正，也希望各位能将实践过程中的经验和心得与我们交流（yunxianglu@ hotmail. com）。

编　者

目　　录

第1章　数据分析是什么

本章将介绍数据分析和其他相关术语的关系，以及数据分析的基本步骤。

1.1　海量数据蕴藏的知识

自古以来，人们通过观察世界中的对象，对观察得到的数据进行分析来发现各种规律和法则。例如开普勒通过天体观测数据得到了开普勒定律。通过记录过去发生的事情，经过推导得到一些可能的规律，这些规律可以解释当前发生的事情，有的则可以用于预测未来。这个过程中，数据是十分宝贵的资源，其背后蕴藏着能够指示未来的知识。

随着数据库技术的发展和计算机的普及深化，各行各业每天都在产生和收集大量数据。例如社交网络媒体每天产生的数据就十分惊人，2019年的微博日发量就高达10亿条，Twitter的信息量几乎每年都翻番增长，另外商业领域、政府部门累积的各种数据量也令人瞠目。管理者们希望从数据中获得隐藏在数据中有价值的信息来帮助决策，例如，制造业的决策者需要了解客户偏好，设计受欢迎的产品；需要制定合理的价格，确保利润的同时保证市场份额；需要了解市场需求，调整生产计划等。但是面对如此海量无序的数据，管理者们却并不能得到想要的信息，造成了信息爆炸的问题。数据分析的任务则是尝试将这些数据赋予意义，并为决策提供参考。

由此可以得知数据分析对于发现海量数据背后的信息是十分必要的。本章将从较宏观的角度给出数据分析和其他相关术语之间的关系，并简单描述数据分析的基本步骤，以及为何使用Python作为本书的编程语言。而数据分析中的基本概念和手段，以及具体如何进行数据分析，将在后续章节详细展开。

1.2　数据分析与数据挖掘的关系

传统的数据分析是在已定假设、先验约束上，对数据进行整理、筛选和加工，由此得到一些信息。而对这些信息需要进一步获得认知，转化为有效的预测和决策，这样的过程则是数据挖掘的过程。数据分析是把数据变成信息的工具，数据挖掘是把信息变成认知的工具。广义的数据分析则是指整个过程，即从数据到认知。本书则是指广义的数据分析，将数据分析部分放入数据预处理阶段，即数据整理、筛选、加工转换为信息的过程；数据挖掘部分则是数据分析与知识发现阶段，是将信息进一步处理并获得认知，进行预测和决策的过程。

1.3　机器学习概述

机器学习是相对于人的学习而言的，先来看几个学习的例子。

- 小明感觉身体不舒服，去医院告诉医生自己出现了哪些症状，医生根据小明说的情况能简单判断小明可能得了什么病。
- 今天天气很闷热，外面乌云密布，蜻蜓飞得很低，你判断马上就要下雨了。
- 爸爸带儿子去动物园看动物，见到一种动物，爸爸会告诉儿子这是什么动物。
- 你跟房东产生了纠纷，要去打官司。你去找律师，说明情况，律师会告诉你，哪些方面会对你有利，哪些方面会对你不利，你可能会胜诉或败诉等。
- 你有一套房子要卖，去找中介。中介人员根据你房子的大小、户型，小区绿化，周边交通便利情况等，给你一个预估的价格。

医生根据病人的叙述进行诊治、你能根据天气状况判断要下雨了、爸爸见到一种动物就知道那是什么动物、律师根据情况判断你可能是胜诉还是败诉、中介人员预估你房子的价格等。这些都可以说是基于经验做出的预测：医生在之前的工作中碰到过很多类似状况的病人，你之前碰到过很多类似情况后都会出现下雨的天气、爸爸之前见到过这种动物、律师之前碰到过很多类似的案件、中介人员之前碰到过很多类似的房子。根据自己的经验，就能对新出现的情况进行判断。

那么经验是怎么来的呢？可以说是“学习”来的。那么计算机系统可以做这样的工作吗？回答是肯定的。这也就是机器学习这门学科的任务。

机器学习是一种从数据当中发现复杂规律，并且利用规律对未来时刻、未知状况进行预测和判定的方法，是当下被认为最有可能实现人工智能的方法之一。机器学习理论主要是设计和分析一些让计算机可以自动“学习”的算法。

若要进行机器学习，先要有数据，数据是进行机器学习的基础。首先把所有数据的集合称为数据集（Dataset），其中每条记录是关于一个事件或对象的描述，称为样本（Sample）。每个样本在某方面的表现或性质称为属性（Attribute）或特征（Feature）。每个样本的特征通常对应特征空间中的一个坐标向量，称为特征向量（Feature Vector）。从数据中学得模型的过程称为学习（Learning）或者训练（Training），这个过程通过执行某个学习算法来完成。训练过程中使用的数据称为训练数据（Training Data），每个样本称为一个训练样本（Training Sample），训练样本组成的集合称为训练集。训练数据中可能会指出训练结果的信息，称为标记（Label）。

若使用计算机学习的模型进行预测得到的是离散值，如猫、狗等动物，则此类学习任务称为分类（Classification）任务；若预测得到的是连续值，如房价，则此类学习任务称为回归（Regression）任务。对只涉及两个类别的分类任务，称为二分类（Binary Classification）。二分类任务中称其中一个类为正类（Positive Class），另一个类为负类（Negative Class），如是猫、不是猫两类。涉及多个类别的分类任务，称为多分类（Multi-class Classification）任务。

学习到模型后，使用其进行预测的过程称为测试（Test）。机器学习的目标是使得学习到的模型能很好地适用于新样本，而不仅仅是在训练样本上适用。学习到的模型适用于新样本的能力，称为泛化能力（Generalization）。

图1-1所示为机器学习的过程与人脑思维过程的比较。

根据学习方式的不同，机器学习可分为监督学习、非监督学习、半监督学习和强化学习。

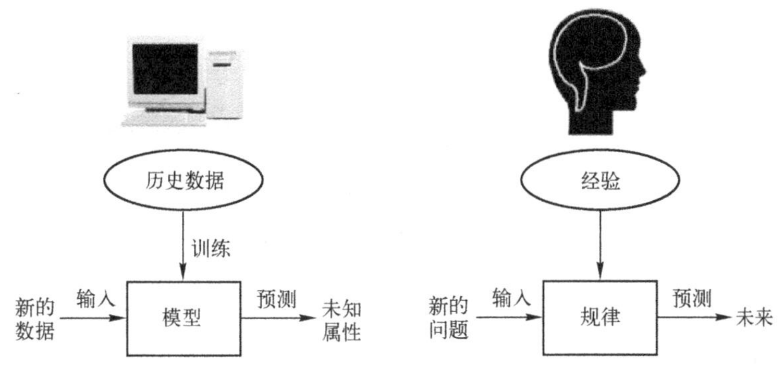

图 1-1　机器学习的过程与人脑思维过程的比较

1）监督学习是最常用的机器学习方式，其在建立预测模型的过程中将预测结果与训练数据的实际结果进行比较，不断地调整预测模型，直到模型的预测结果达到一个预期的准确率。上面介绍的分类和回归任务属于监督学习。决策树、贝叶斯模型、支持向量机属于监督学习，深度学习一般也属于监督学习的范畴。

2）非监督学习的任务中，数据并不被特别标识，计算机自行学习分析数据内部的规律、特征等，进而得出一定的结果（如内部结构、主要成分等）。聚类算法是典型的非监督学习算法。

3）半监督学习介于监督学习和非监督学习之间，输入数据部分被标识，部分没有被标识，没有标识数据的数量常常远远大于有标识数据的数量。半监督学习可行的原因在于：数据的分布必然不是完全随机的，通过一些有标识数据的局部特征，以及更多没有标识数据的整体分布，就可以得到可以接受甚至是非常好的结果。这种学习模型可以用来进行预测，但是模型首先需要学习数据的内在结构，以便合理地组织数据来进行预测。

4）强化学习是不同于监督学习和非监督学习的另一种机器学习方法，它是基于与环境的交互进行学习的。通过尝试来发现各动作产生的结果，对各动作产生的结果进行反馈（奖励或惩罚）。在这种学习模式下，输入数据直接反馈到模型，模型必须做出调整。

1.4　机器学习与数据分析的关系

机器学习是人工智能的核心研究领域之一。一开始研究的目的是让机器具有学习能力从而拥有智能。目前公认的定义是：利用经验来改善计算机系统自身的性能。由于经验在计算机系统中主要以数据形式存在，因此机器学习需要对数据进行分析。

数据分析的定义则是：识别出巨量数据中有效的、新颖的、潜在有用的、最终可理解的模式的非平凡过程，即从海量数据中找到有用的知识。主要是利用机器学习领域提供的技术来分析海量数据。

1.5　数据分析的基本步骤

数据分析的基本步骤包括：数据收集→数据预处理→数据分析与知识发现→数据后处理。

（1）数据收集

以前的数据收集会有以下一些步骤：抽样、测量、编码、输入、核对。这是一种主动的数据收集方法。

但是现有状况是，由于传感器、照相机等电子设备的普及，大量的数据会涌入，无法像传统的数据收集那样得到的是少而精的数据，而是大量的、冗余的、体量大且信息量少的数据。从这样的数据中得到所需要的信息的过程是目前数据分析的重点和难点，也是本书主要关注的地方。

（2）数据预处理

数据预处理过程是完成数据到信息的过程，包括：首先对数据进行初步统计方面的分析，得到数据的基本档案；其次分析数据质量，从数据的一致性、完整性、准确性以及及时性 4 个方面进行分析；接着根据发现的数据质量的问题对数据进行清洗，包括缺失值处理、噪声处理等；最后对其进行特征抽取，为后续的数据分析工作做准备。

（3）数据分析与知识发现

数据分析与知识发现是将预处理后的数据进行进一步的分析，完成信息到认知的过程。从整理后的数据中学习和发现知识，主要分为有监督的分析和无监督的分析。有监督的分析包括分类分析、关联分析和回归分析；无监督的分析包括聚类分析、异常检测。

（4）数据后处理

数据后处理主要包括提供数据给决策支撑系统、数据可视化等，本书主要关注数据可视化的一些内容。

1.6 Python 和数据分析

数据分析需要与数据进行大量的交互、探索性计算以及过程数据和结果的可视化等。过去使用很多专用于实验性数据分析或者特定领域的语言，例如 R 语言、MATLAB、SAS、SPSS 等。但相比于这些语言，Python 有以下 3 个优点。

1. Python 是面向生产的

大部分数据分析过程都是首先进行实验性的研究、原型构建，再移植到生产系统中。上述语言都无法直接用于生产，需要使用 C/C++等语言对算法再次实现才能用于生产。而 Python 是多功能的，不仅适用于原型构建，还可以直接运用到生产系统中。

2. 强大的第三方库的支持

Python 是多功能的语言，数据统计更多的是通过第三方的库实现的。常用的库包括 NumPy、SciPy、Pandas、scikit-learn、Matplotlib 等，具体每个库的功能在第 2 章介绍。并且上述提到的语言中只有 R 语言和 Python 语言是开源的，由很多人共同维护，对于新的需求可以很快付诸实践。

3. Python 的胶水语言特性

胶水是用来把两种物质粘起来的东西，但是胶水本身并不关注这两种物质是什么。Python 也是一种这样的“胶水”。比如现在有数据在文件 A 中，但是需要上传到服务器 B 中处理，最后存到数据库 C 中，这个过程就可以用 Python 轻松完成，而且并不需要关注这个过程背后系统做了多少工作，有什么指令被 CPU 执行——这一切都被放在了一个黑盒子中，只要把想实现的逻辑“告诉”Python 就够了。

Python 的底层可以用 C 语言来实现，一些底层用 C 来实现的算法封装在 Python 包里后性能变得非常高效。例如 NumPy 底层是用 C 实现的，所以对于很多运算速度都比 R 语言等快。

习题

一、简答题

1. 请说出 Python 用于数据分析的优点。
2. 请说出机器学习与数据分析的区别与联系。
3. 数据分析有哪些基本步骤？
4. 阐述统计分析与数据挖掘的特点。
5. 数据分析的基本步骤包括哪些？
6. 相比 R 语言、MATLAB、SAS、SPSS 等语言或工具，Python 有哪些优点？

第2章　Python语言基础

本章将会介绍Python的安装和语法等基础知识，如果读者已经对Python有了较深层次的理解，可以跳过本章直接进行后面数据分析内容的学习。

2.1　Python发展史

1989年的圣诞节，荷兰的数学家、计算机学家Guido von Rossum（后文简称Guido）为了打发无聊的假期，着手设计了一门新的脚本解释型编程语言。他希望这门语言能够像Shell一样方便的同时，又能像C一样可以调用众多系统接口。Guido将这种介于C与Shell之间的语言命名为Python，这个名称来源于他最爱的电视剧。1991年，Python的第一个公开发行版问世。Python的后续版本不断发行，其中最重大的升级出现于2000年10月发行的Python 2.0和2008年12月发行的Python 3.0版本中。Python 2.0中添加了许多新特性，包括垃圾回收机制和对Unicode的支持；Python 3.0中去掉了2.x系列版本中冗余的关键字，使Python更加规范简洁，并进一步完善了对Unicode的支持。值得注意的是，Python 3.x系列版本不支持向下兼容。Python 2.x系列的最新版本为2010年7月发行的Python 2.7版本，官方在2020年停止了对该版本的支持。

1991年至今，经过了大大小小多次升级变革，Python发展成简洁优雅、人气颇高的编程语言，受到了众多编程人员的青睐，这与Python社区的支持和贡献是分不开的。社区人员贡献的大量模块能够支持Python方便地完成包括机器学习、图像处理、科学计算等各种各样的任务，这吸引越来越多的编程人员成为Python社区的一员。

2.2　Python及Pandas、scikit-learn、Matplotlib的安装

2.2.1　Windows环境下Python的安装

在Windows系统下安装Python的过程非常简单，只需要到官网python.org/download/上下载相应的安装程序即可。网页会自动识别计算机的操作系统，并在最醒目的位置提供该操作系统对应的最高版本安装程序的下载链接。

根据安装程序的导引，一步步进行操作，就能完成整个安装过程。如果最终看到类似图2-1所示的Python安装成功的提示，就说明安装成功了。

需要注意的是，安装程序并未默认勾选“将Python 3.6加入到系统环境变量PATH中”这一选项，如果安装时未勾选此选项，就需要在安装完毕后手动将安装路径加入到系统环境变量PATH中，否则系统将会无法找到“Python”命令。

安装完成后，检查“开始”菜单，就能看到Python应用程序了，如图2-2所示。其中

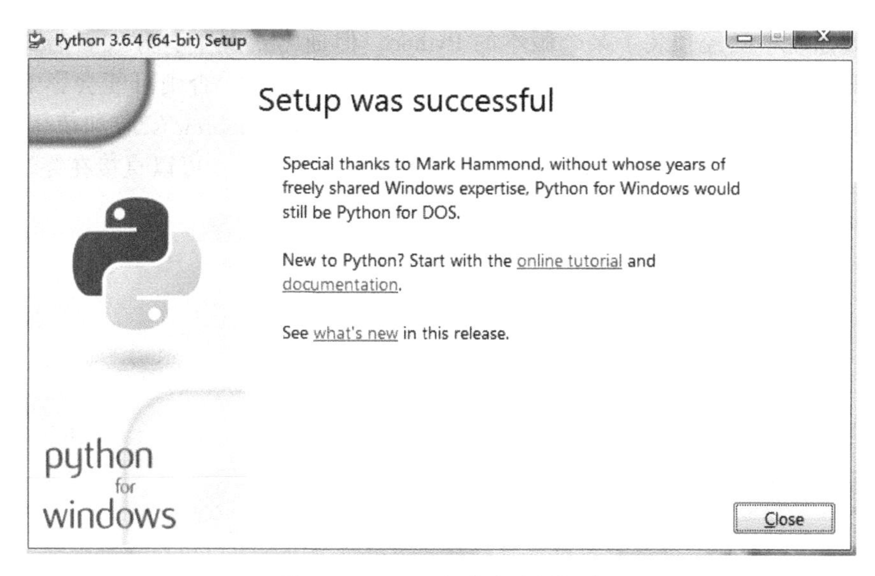

图 2-1　Python 安装成功的提示

有一个“IDLE”（Integrated Development Environment，集成开发环境）程序，可以单击选择此程序开始在交互式窗口中使用 Python Shell，如图 2-3 所示。

图 2-2　安装完成后的“开始”菜单

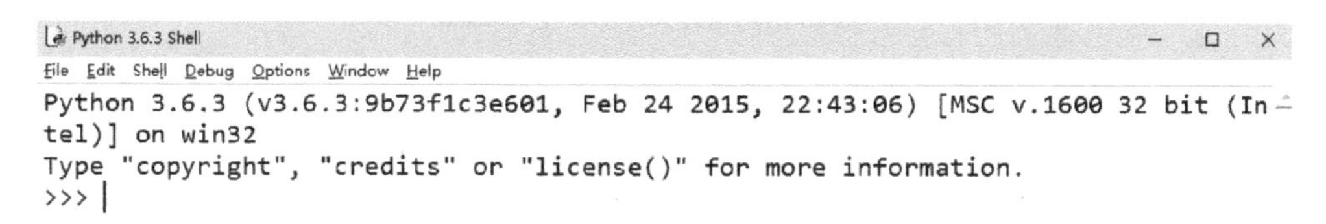

图 2-3　IDLE 的界面

2.2.2　Ubuntu 和 Mac 环境下 Python 的安装

Ubuntu 是诸多 Linux 发行版中受众较多的一个系列。可以通过 Applications（应用程序）中的“添加应用程序”进行安装，在其中搜索 Python 3，并在结果中找到对应的包进行下载。如果安装成功，将在 Applications 中找到 Python IDLE，然后单击选择进入 Python Shell 中。

Mac OS 系统中已经预装了某个版本的 Python。但通常情况下，开发者需要一个更新版本的 Python，此时需要注意保留系统中原有的 Python 版本，否则可能会影响到系统的稳定性。Mac OS 系统安装 Python 有两种常见方法：使用 homebrew 安装和使用官网的 installer 安装。使用 homebrew 安装时，如果安装 Python 2. x 版本，可以直接在终端中输入如下命令。

```
brew install python
```

如果是安装 Python 3. x 版本，需要输入如下命令。

```
brew install python3
```

如果需要查看上述 Python 版本，可以输入如下命令。

```
brew info python
```

使用 homebrew 安装 Python 时，无法选择 Python 在 Python 2. x 及 Python 3. x 系列下的具体版本，版本可能不是最新的。除此之外，对 Mac OS 系统不熟悉的用户可能会面临一些意想不到的问题，因此这里推荐使用官网的 installer 进行安装。同 Windows 系统下的 Python 安装类似，首先需要去官网找到下载相应版本的 Mac OS 64-bit/32-bit 版 installer，然后按照向导提示进行安装即可。安装成功后会出现图 2-4 所示的成功提示。

图 2-4　Mac 系统的安装成功提示

关闭该窗口，并进入 Applications（或者从 LaunchPad 页面打开）中，就能找到 Python Shell IDLE 了。启动该程序，看到的结果应该和 Windows 系统上的类似。

2.2.3 集成开发环境

前面提到了集成开发环境（Integrated Development Environment，IDLE），那么什么是 IDLE？IDLE 是一种辅助程序开发人员开发软件的应用软件。在开发工具内部可以辅助编写源代码文本，并编译打包成为可用的程序，有些甚至可以设计图形接口。也就是说，IDLE 的作用就是把跟写代码有关的东西全部打包在一起，方便程序员的开发。Python 在安装的时候就自带了一个简单的 IDLE，在 Windows 10 下可以通过直接搜索 IDLE 来启动，如图 2-5 所示。

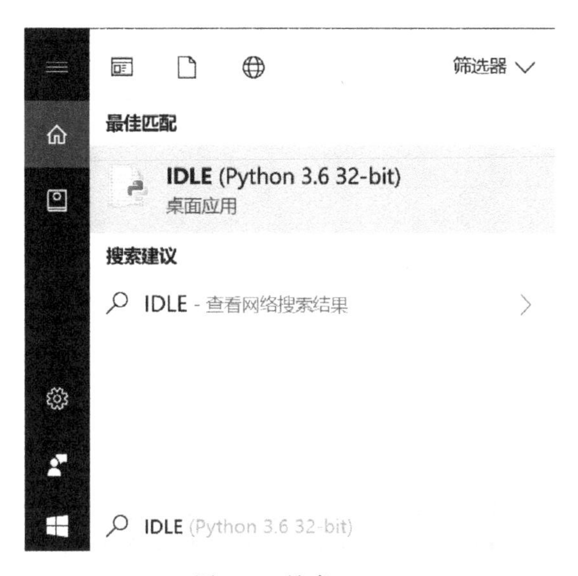

图 2-5　搜索 IDLE

对于其他版本的 Windows 系统可以在开始菜单中找到 Python 的文件夹，选中 IDLE 启动。IDLE 启动界面如图 2-6 所示。

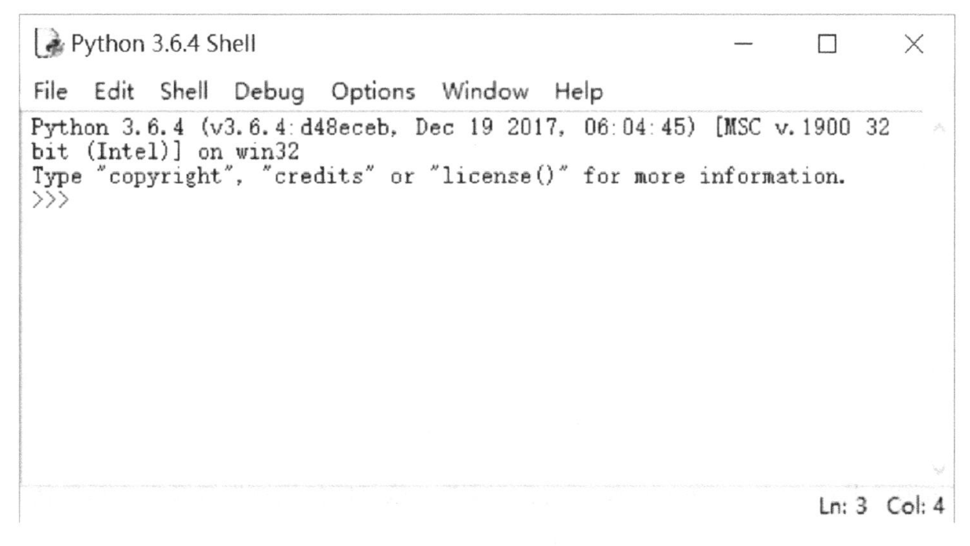

图 2-6　IDLE 启动界面

这就是 Python 的集成开发环境，如果仔细观察图 2-6 上面的菜单栏，可以看到 IDLE 还有文件编辑和调试功能。接下来通过一个简单的例子快速熟悉 IDLE 的基础使用和 Python 的一些基础知识。

首先在 IDLE 中输入并执行以下两句代码，如图 2-7 所示。

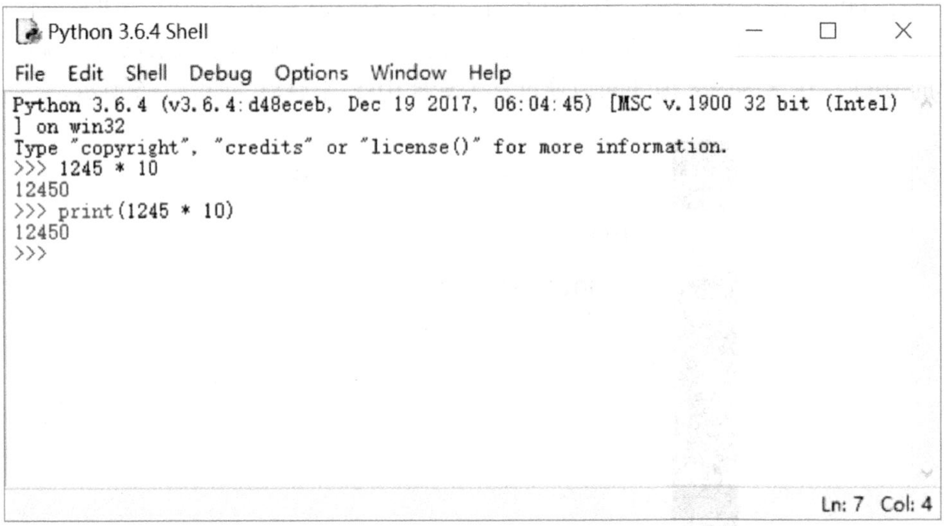

```
Python 3.6.4 Shell
File  Edit  Shell  Debug  Options  Window  Help
Python 3.6.4 (v3.6.4:d48eceb, Dec 19 2017, 06:04:45) [MSC v.1900 32 bit (Intel)
] on win32
Type "copyright", "credits" or "license()" for more information.
>>> 1245 * 10
12450
>>> print(1245 * 10)
12450
>>>
Ln: 7  Col: 4
```

图 2-7　在 IDLE 中执行代码

图中，print( )会把括号中表达式的返回值打印到屏幕上。

接下来选择 File → New File 建立一个新文件输入同样的两行代码，注意输入“print(”后就会出现相应的代码提示，而且全部输入完成后 print 也会被高亮，这是 IDE 的基本功能之一，如图 2-8 所示。

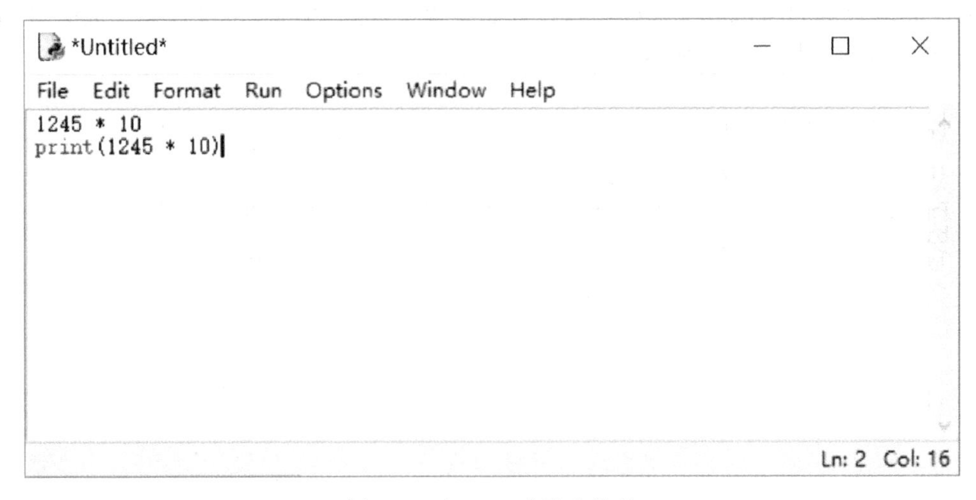

图 2-8　在 IDLE 中输入代码

然后选择 Run → Run Module 来运行这个脚本，这时候会提示保存文件，选择任意位置保存后再运行，可以得到图 2-9 所示的结果。

```
Python 3.6.4 Shell
File  Edit  Shell  Debug  Options  Window  Help
Python 3.6.4 (v3.6.4:d48eceb, Dec 19 2017, 06:04:45) [MSC v.1900 32 bit (Intel)
] on win32
Type "copyright", "credits" or "license()" for more information.
>>> 1245 * 10
12450
>>> print(1245 * 10)
12450
>>>
==================== RESTART: C:/Users/Admin/Desktop/1.py ====================
12450
>>> |
Ln: 10  Col: 4
```

图 2-9　执行脚本

只有一个 12450，那么刚才输入的第一句执行了吗？事实是的确执行了，因为对于 Python 脚本来说，运行一遍就相当于每句代码都放到交互式解释器里去执行了。

那为什么第一句的返回值没有被输出呢？因为在执行 Python 脚本的时候，返回值是不会被打印的，除非用 print()把某些数值打印出来，这是 Python 脚本执行和交互式解释器的区别之一。

当然这个过程也可以通过命令行（命令提示符）完成，比如保存文件的路径是 C:\Users\Admin\Desktop.py\1.py，只要在命令提示符中输入 python C:\Users\Admin\Desktop.py\1.py 就可以执行这个 Python 脚本，这跟在 IDLE 中选择 Run Module 运行是等价的，如图 2-10 所示。

图 2-10　在命令提示符中执行脚本

除了直接执行脚本，很多时候还需要去调试程序，IDLE 同样提供了调试的功能，在第 2 行上右击，从弹出的快捷菜单中可以选择 Set Breakpoint 命令设置断点，如图 2-11 所示。

先选择 IDLE 主窗口的 Debug→Debugger 启动调试器，然后选择 Run→Run Module 运行脚本，这时候程序很快就会停在有断点的那一行，如图 2-12 所示。

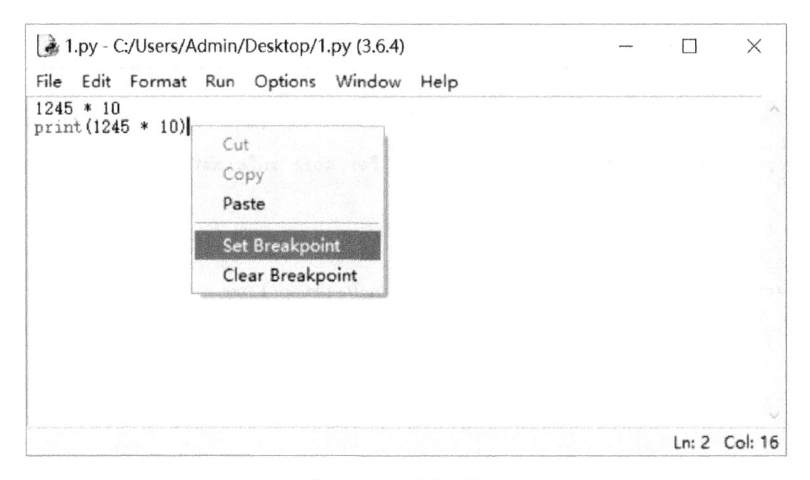

图 2-11　设置断点

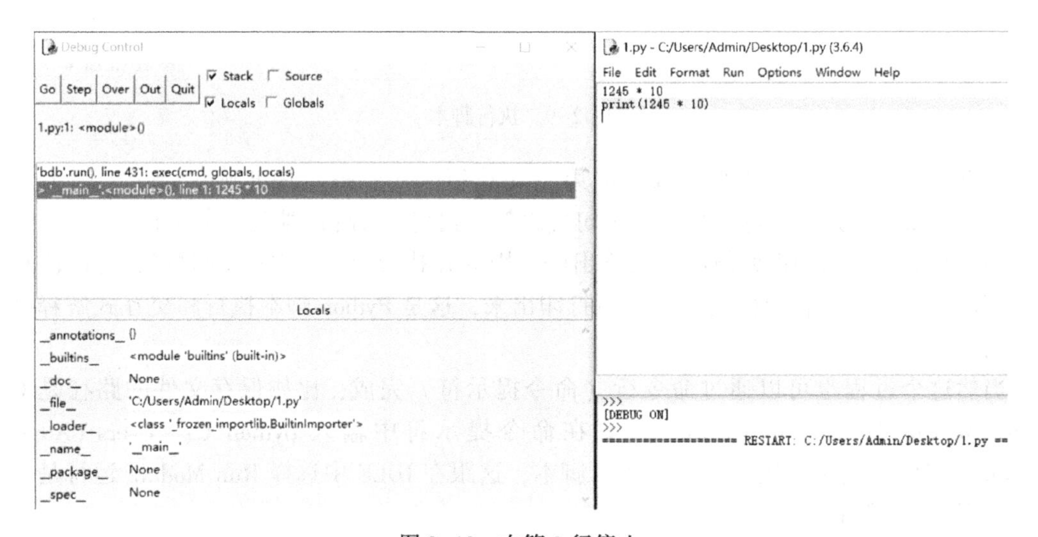

图 2-12　在第 2 行停止

接下来可以在“Debug Control”对话框中单击“Go”按钮继续执行，也可以单击“Step”按钮步进，或查看调用堆栈，还可以查看各种变量数值等。一旦代码变多、变复杂，这样去调试是一种非常重要的排除程序问题的方法。

总体来说，IDLE 提供了一个 IDE 应该有的基本功能，但是其几乎没有项目管理能力，比较适合单文件的简单脚本开发。

2.2.4　使用 pip 安装 Pandas、scikit-learn 和 Matplotlib

包对于习惯使用 Windows 的人来说可能很陌生。假设有这种场景，A 写了一段代码可以连接数据库，B 设计一个图书馆管理系统需要用 A 这段代码提供的功能。由于代码重复向来不受程序员欢迎，所以 A 就可以把代码打包后给 B 使用以避免重复劳动。在这种情况下，A 打包后的代码就是一个包，同时也可以说这个包是 B 程序的一个依赖项。简单来说，包就是发布出来的、具有一定功能的程序或代码库，它可以被别的程序使用。

在真正的开发中，包的依赖关系很多时候可能会非常复杂，人工去配置不仅容易出错而且往往费时费力，在这种需求下就出现了包管理器。包管理器能够节省搜索时间、减少恶意软件、简化安装过程、自动安装依赖程序，并且可以进行有效的版本控制。所以在编程领域，包管理器一直是一个不可或缺的工具。

Python 之所以优美强大，优秀的包管理功能功不可没，而 pip 正是集上述所有优点于一身的 Python 包管理器。但是 Python 有很多版本，对应的 pip 也有很多版本，仅仅用 pip 是无法区分版本的。所以为了避免歧义，在命令行使用 pip 的时候可以用 pip3 来指定 Python 3. x 的 pip。如果同时还有多个 Python 3 版本存在的话，那么还可以进一步用如 pip3. 6 的形式来指明 Python 版本，这样就解决了不同版本 pip 的问题。自 Python 3. 4 版本开始，安装 Python 的同时也会安装 pip。如果使用的是较低版本的 Python，则需要手动安装 pip。因此，将 Python 升级到最新版本也许是一个更好的选择。

和其他第三方包相同，本书用到的 3 个主要的包 Pandas、scikit-learn 和 Matplotlib 都可以使用 pip 进行安装。

如果系统中已安装了 pip，则直接在终端中依次输入如下命令即可完成安装。

```
pip install pandas
pip install scikit-learn
pip install matplotlib
```

接下来对几个常用的 pip 指令进行介绍。

（1） pip3 search

pip3 search 用来搜索名字中或者描述中包含指定字符串的包。比如输入 pip3 search numpy，就会得到图 2-13 所示的一个列表。其中左边一列是具体的包名和相应的最新版本，而右边一列是包的简单介绍。由于 Python 的各种包都是在不断更新的，所以这里读者实际运行显示的结果可能会与本书有所不同。

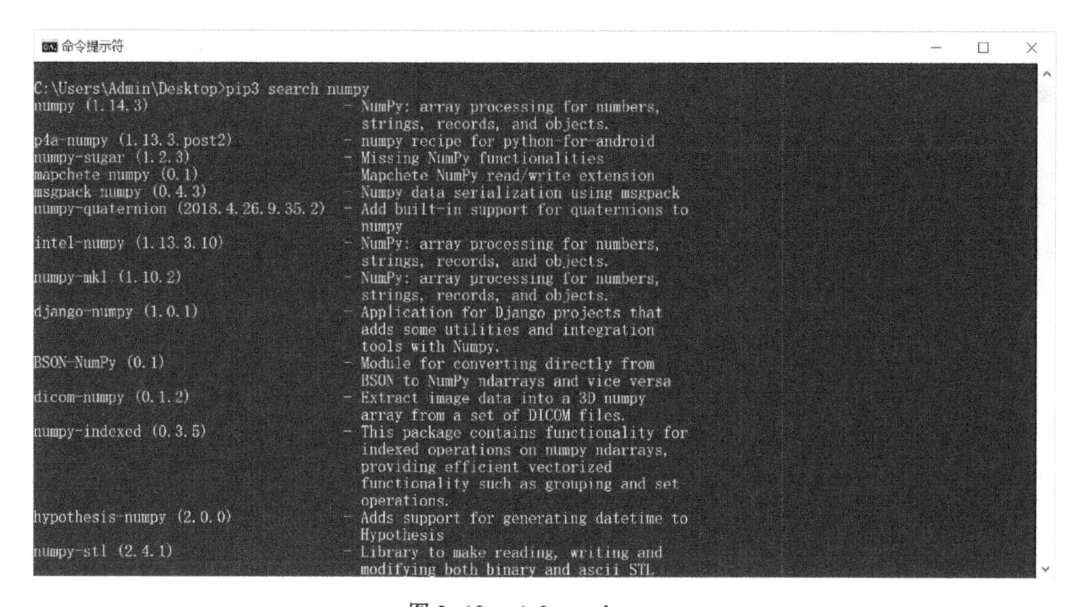

图 2-13　pip3 search numpy

（2）pip3 list

pip3 list 用来列出已经安装的包和具体的版本，如图 2-14 所示。

图 2-14　pip3 list

（3）pip3 check

pip3 check 用来手动检查依赖缺失问题。一般来说不会出现依赖缺失问题，因为 pip 会将依赖包自动安装好。但考虑到用户可能会不小心手动卸载一些被依赖的包，所以需要一个辅助手段来检查这种依赖缺失问题。该命令运行结果如图 2-15 所示。

图 2-15　pip3 check

（4）pip3 download

pip3 download 用来下载特定的 Python 包，但是不会自动安装，这里以 numpy 为例，如图 2-16 所示。

需要注意的是，默认会把包下载到当前目录下。

（5）pip3 install

当要安装某个包的时候，以 numpy 为例，只要输入 pip3 install numpy，然后等待安装完成即可。pip 会自动解析依赖项，然后安装所有的依赖项。

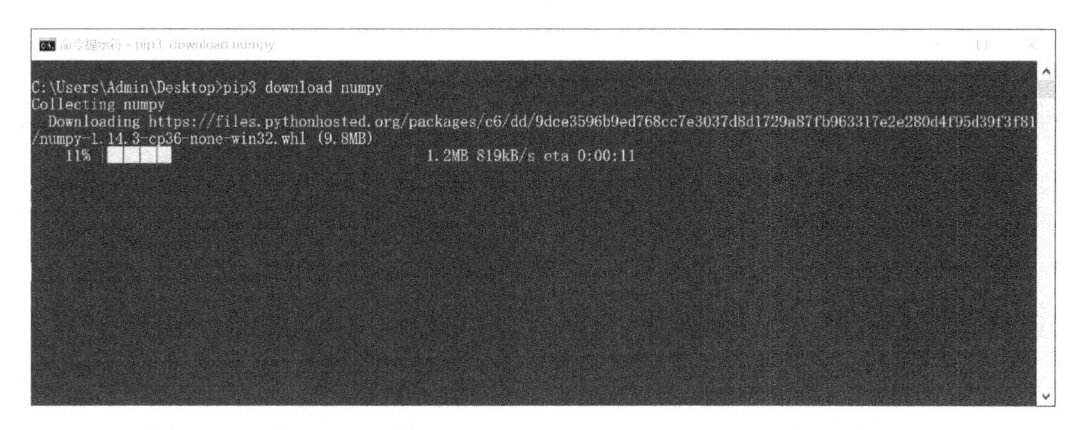

图 2-16　pip3 download numpy

由于之前已经下载了 numpy，所以这里安装的时候会直接用缓存中的包进行安装，如图 2-17 所示。

```
C:\Users\Admin\Desktop>pip3 install numpy
Collecting numpy
  Using cached https://files.pythonhosted.org/packages/c6/dd/9dce3596b9ed768cc7e3037d8d1729a87fb963317e2e280d4f95d39f3f8
1/numpy-1.14.3-cp36-none-win32.whl
Installing collected packages: numpy
Successfully installed numpy-1.14.3

C:\Users\Admin\Desktop>
```

图 2-17　pip3 install numpy

在看到“Successfully installed numpy 1.14.3”之后即表示安装成功。这里需要注意，在 Windows 和 Linux 下，普通用户是没有权限用 pip 安装的，所以 Linux 下需要获取 root 权限，而 Windows 下需要管理员命令提示符。如果安装失败，并且提示了类似“Permission denied”的错误，请务必检查用户权限。

使用 pip 进行 install 操作还有一个下载源的问题。默认的下载源是 Pypi，这是一个 Python 官方认可的第三方软件源，它的网址是 https://pypi.org/，在上面搜索手动安装的效果是跟 pip3 install 一样的。

（6） pip3 freeze

pip3 freeze 用于列出当前环境中安装的所有包的名称和具体的版本，如图 2-18 所示。

pip3 freeze 和 pip3 list 的结果非常相似，但有一个很重要的区别：pip3 freeze 输出的内容对于 pip3 install 来说是可以用来自动安装的。如果将 pip3 freeze 的结果保存为文本文件，例如 requirements.txt，则可以用命令 pip3 install -r requirements.txt 来安装所有依赖项。

（7） pip3 uninstall

pip3 uninstall 用来卸载某个特定的包，要注意的是，这个包的依赖项和被依赖项不会被

```
C:\Users\Admin\Desktop>pip3 freeze
backcall==0.1.0
colorama==0.3.9
decorator==4.3.0
ipython==6.3.1
ipython-genutils==0.2.0
jedi==0.12.0
numpy==1.14.3
parso==0.2.0
pickleshare==0.7.4
prompt-toolkit==1.0.15
Pygments==2.2.0
simplegeneric==0.8.1
six==1.11.0
traitlets==4.3.2
wcwidth==0.1.7

C:\Users\Admin\Desktop>
```

图 2-18　pip3 freeze

卸载。比如以卸载 numpy 为例，卸载结果如图 2-19 所示。

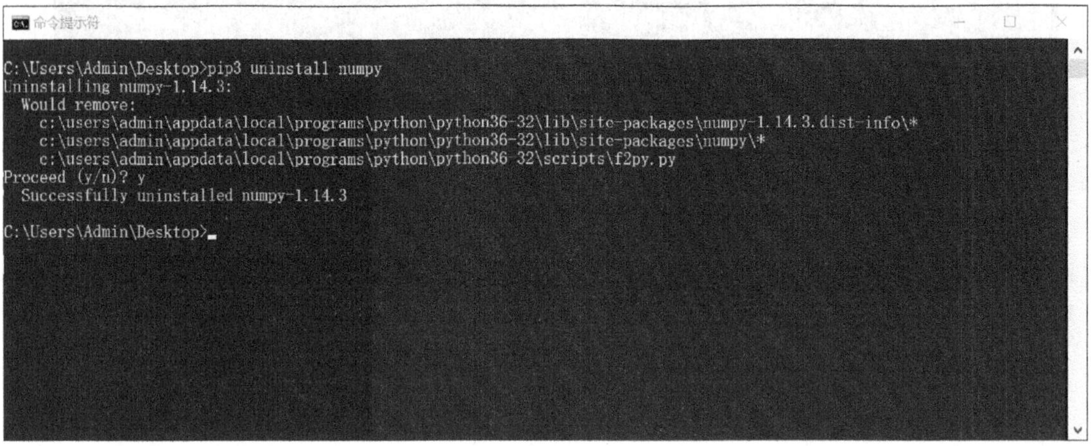

```
C:\Users\Admin\Desktop>pip3 uninstall numpy
Uninstalling numpy-1.14.3:
  Would remove:
    c:\users\admin\appdata\local\programs\python\python36-32\lib\site-packages\numpy-1.14.3.dist-info\*
    c:\users\admin\appdata\local\programs\python\python36-32\lib\site-packages\numpy\*
    c:\users\admin\appdata\local\programs\python\python36-32\scripts\f2py.py
Proceed (y/n)? y
  Successfully uninstalled numpy-1.14.3

C:\Users\Admin\Desktop>
```

图 2-19　pip3 uninstall numpy

在看到“Successfully uninstalled numpy 1.14.3”之后就表示卸载成功了。

2.2.5　使用第三方科学计算发行版 Python 进行快速安装

除了安装官方的标准 Python 版本以及手动安装所需的各种 Python 包以外，还有一种更加简单的 Python 安装方法——使用第三方科学计算发行版 Python 进行快速安装。这类发行版一般会将一个标准版本的 Python 和众多的包集成在一起，免去了手动安装科学计算库的步骤，安装和使用都较为方便。现在流行的几款科学计算发行版 Python 包括以下几个。

Anaconda：Anaconda 包含了一个标准版本的 Python（目前有 Python 2.7、Python 3.5 和 Python 3.6 三个版本可供选择）、一个 Python 包管理器 conda 和超过 100 多个科学计算功能 Python 包。Anaconda 包括了 Jupyter、Spyder 和 Visual Studio 等多个开源开发环境。除此之外也支持 Sublime Text 2 和 PyCharm。Anaconda 目前发行了 Windows/Mac OS/Linux 三个平台的

版本，因此无论对于哪个平台的用户都是很好的选择。

WinPython：WinPython 是 Windows 系统上的一个 Python 科学计算发行版，和 Anaconda 类似，它也包含一个标准 Python 版本、一个 Python 包管理器 WPPM（Win Python Package Manager）和众多科学计算 Python 包，内置 Spyder、Jupyter 和 IDLE 等编辑器。WinPython 的最大特点是便携（Portable）。它是一个绿色软件，不会写入 Windows 注册表中，所有的文件都位于一个文件夹中，将这个文件夹放置到移动存储设备中，甚至在其他设备上也能够运行。

2.3 Pycharm

虽然 Python 自带的 IDLE Shell 是绝大多数人对 Python 的第一印象，但如果通过 Python 语言编写程序、开发软件，它并不是唯一的工具。很多人更愿意使用一些特定的编辑器或者由第三方提供的集成开发环境软件（IDE）。借助 IDE 的力量，可以提高软件开发的效率。但对开发者而言，只有最适合自己的，没有“最好的”，习惯一种工具后再接受另一种总是不容易的。这里简单介绍一下 PyCharm，它是一个由 JetBrain 公司出品的 Python 开发工具，下面介绍它的安装和配置的步骤。

可以在官网中下载该软件：https://www.jetbrains.com/pycharm/download/#section=windows。

Pycharm 支持 Windows、macOS、Linux 三大平台，并提供 Professional 和 Community 两种版本供选择。其中前者需要购买正版（提供免费试用版）软件，后者可以直接下载使用。前者功能更为丰富，但后者也足以满足一些普通的开发需求。Pycharm 的下载界面如图 2-20 所示。

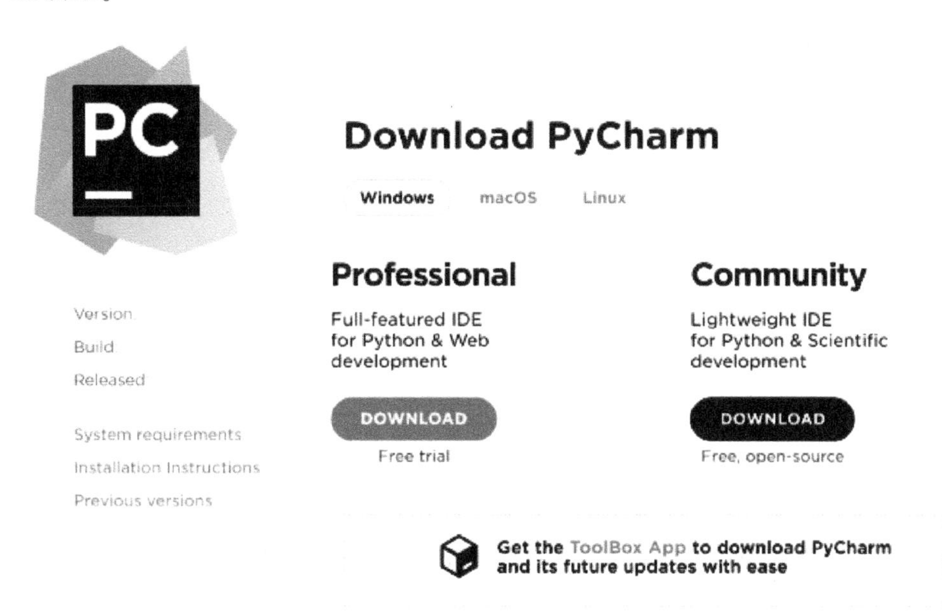

图 2-20　PyCharm 的下载页面

选择对应的平台并下载后，安装程序将会导引我们完成安装，如图 2-21 所示。安装完成后，从“开始”菜单中（对于 macOS 和 Linux 系统是从 Applications 中）打开 PyCharm，就可以创建自己的第一个 Python 项目了，如图 2-22 所示。

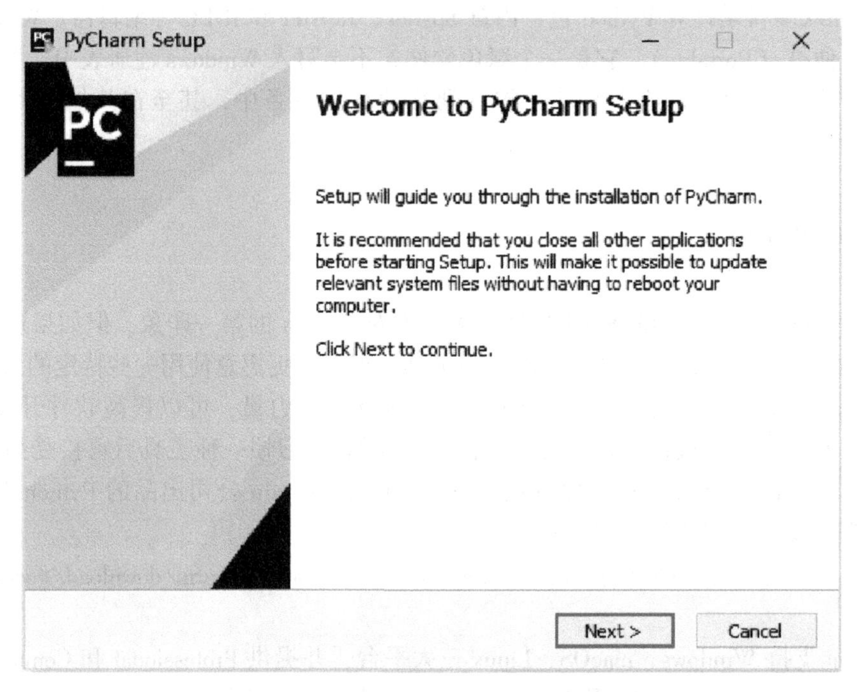

图 2-21　安装 PyCharm（Windows 平台）

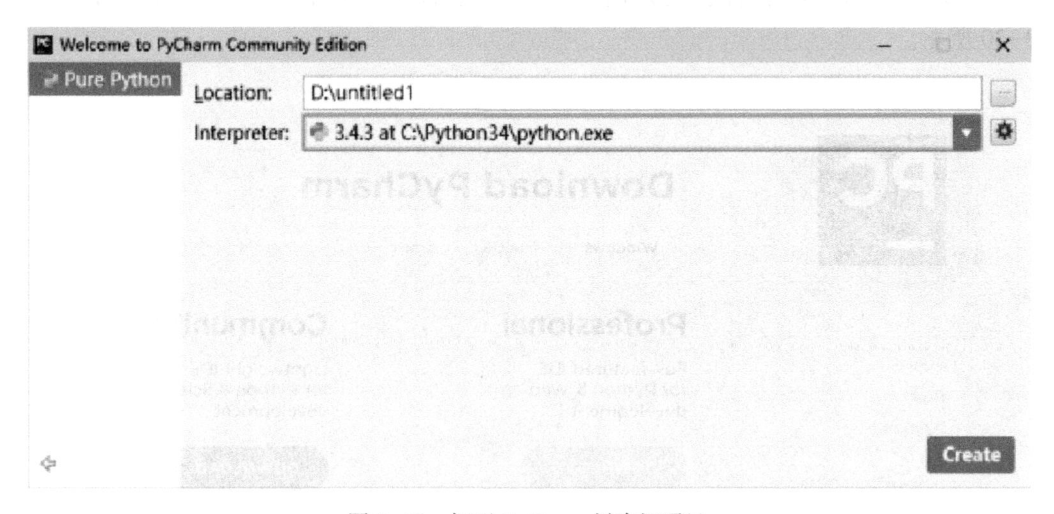

图 2-22　打开 PyCharm 创建新项目

创建项目后，还需要进行一些基本的配置。可以在菜单栏中使用 File→Settings 命令打开 PyCharm 设置。

首先是修改一些 UI 上的设置，比如更改界面主题，如图 2-23 所示。

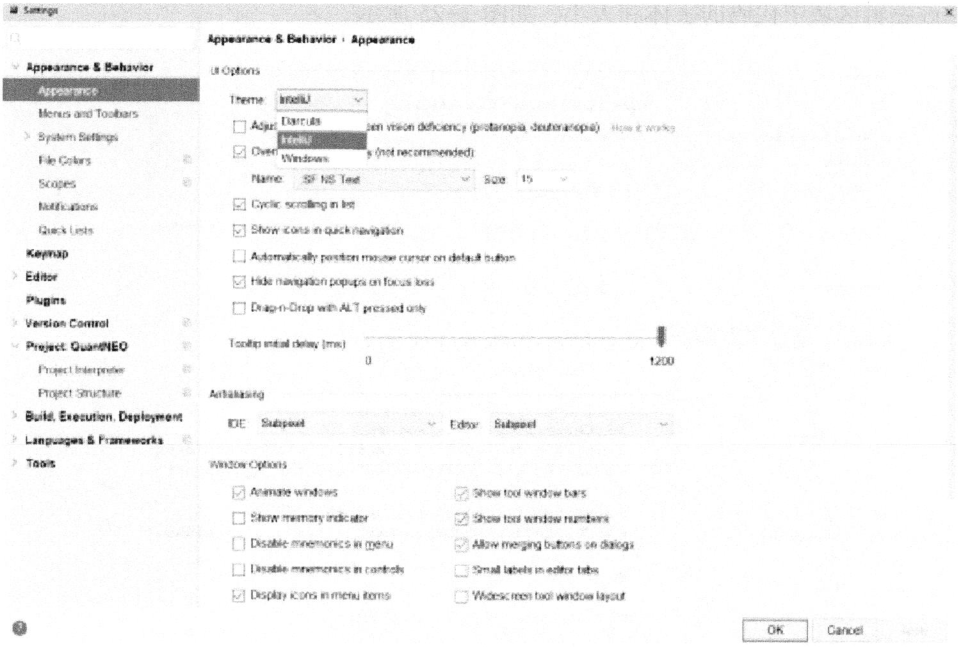

Settings

Appearance & Behavior › Appearance

Appearance & Behavior
Appearance
Menus and Toolbars
System Settings
File Colors
Scopes
Notifications
Quick Lists
Keymap
Editor
Plugins
Version Control
Project: QuantNEO
Project Interpreter
Project Structure
Build, Execution, Deployment
Languages & Frameworks
Tools

UI Options
Theme: IntelliJ
Darcula
IntelliJ
Windows
Adjust ... [illegible] vision deficiency (protanopia, deuteranopia) How it works
Override ... (not recommended)
Name: SF NS Text Size: 15
Cyclic scrolling in list
Show icons in quick navigation
Automatically position mouse cursor on default button
Hide navigation popups on focus loss
Drag-n-Drop with ALT pressed only
Tooltip initial delay (ms)
0 1200
Antialiasing
IDE: Subpixel Editor: Subpixel
Window Options
Animate windows
Show memory indicator
Disable mnemonics in menu
Disable mnemonics in controls
Display icons in menu items
Show tool window bars
Show tool window numbers
Allow merging buttons on dialogs
Small labels in editor tabs
Widescreen tool window layout
OK Cancel

图 2-23　更改界面主题

设置在编辑界面显示代码行号，如图 2-24 所示。

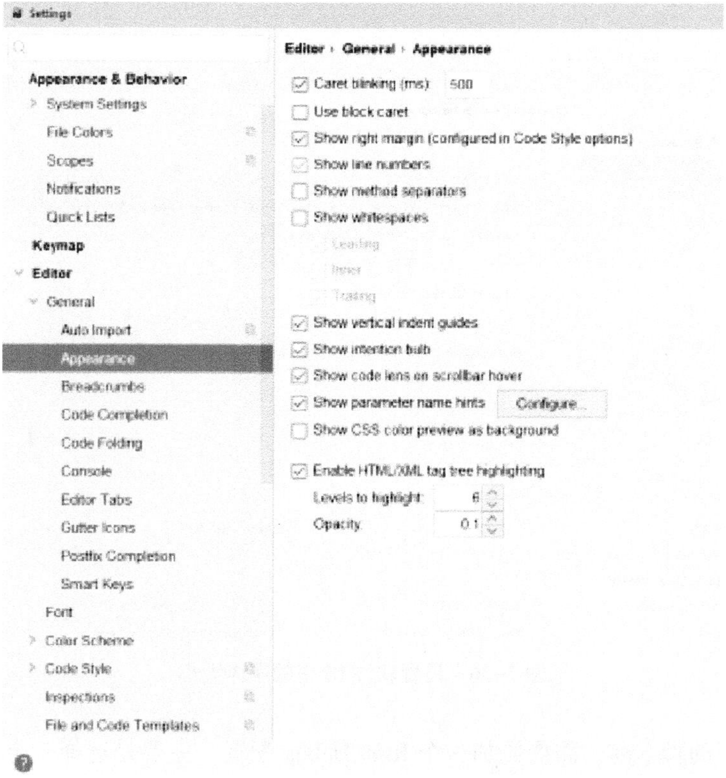

Settings

Editor › General › Appearance

Appearance & Behavior
System Settings
File Colors
Scopes
Notifications
Quick Lists
Keymap
Editor
General
Auto Import
Appearance
Breadcrumbs
Code Completion
Code Folding
Console
Editor Tabs
Gutter Icons
Postfix Completion
Smart Keys
Font
Color Scheme
Code Style
Inspections
File and Code Templates

Caret blinking (ms): 500
Use block caret
Show right margin (configured in Code Style options)
Show line numbers
Show method separators
Show whitespaces
Leading
Inner
Trailing
Show vertical indent guides
Show intention bulb
Show code lens on scrollbar hover
Show parameter name hints Configure...
Show CSS color preview as background
Enable HTML/XML tag tree highlighting
Levels to highlight: 6
Opacity: 0.1

图 2-24　设置在编辑界面显示代码行号

修改编辑区域中代码的字体和大小，如图 2-25 所示。

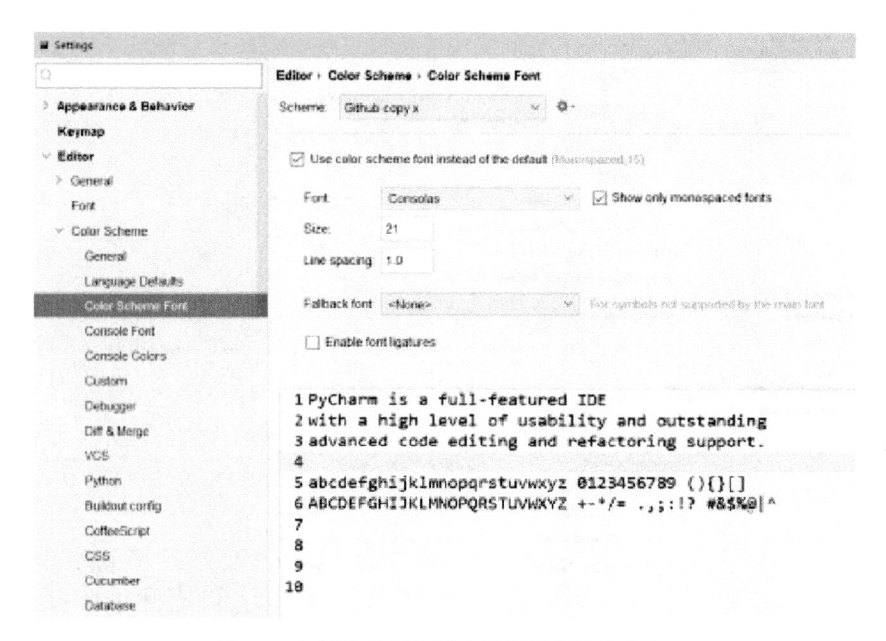

图 2-25　修改编辑区域中代码的字体和大小

如果想要设置软件 UI 中的字体大小，可以在 Appearance&Behavior 中修改，如图 2-26 所示。

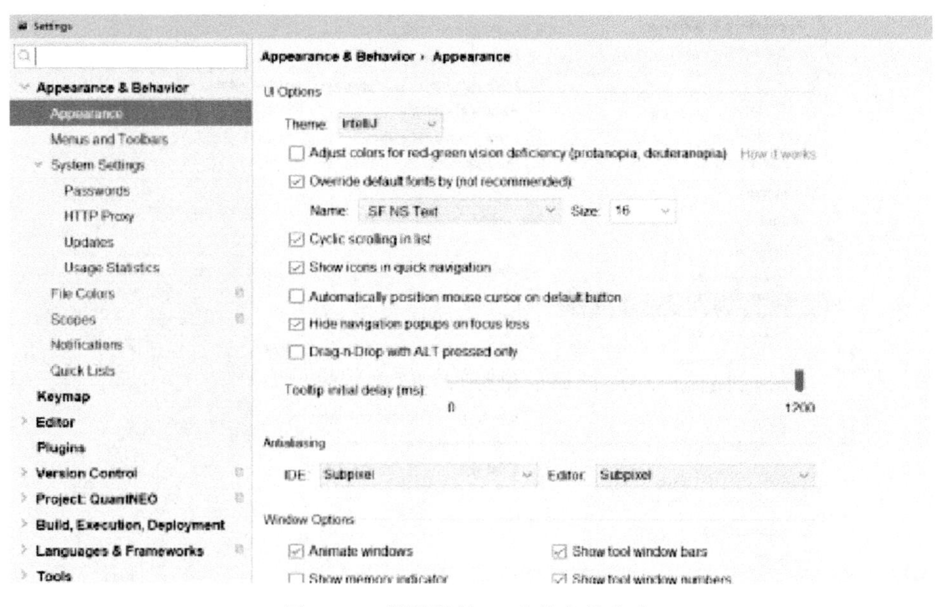

图 2-26　设置软件 UI 中的字体大小

在运行编写的脚本前，需要添加一个 Run/Debug 配置，主要是选择一个 Python 解释器，如图 2-27 所示。

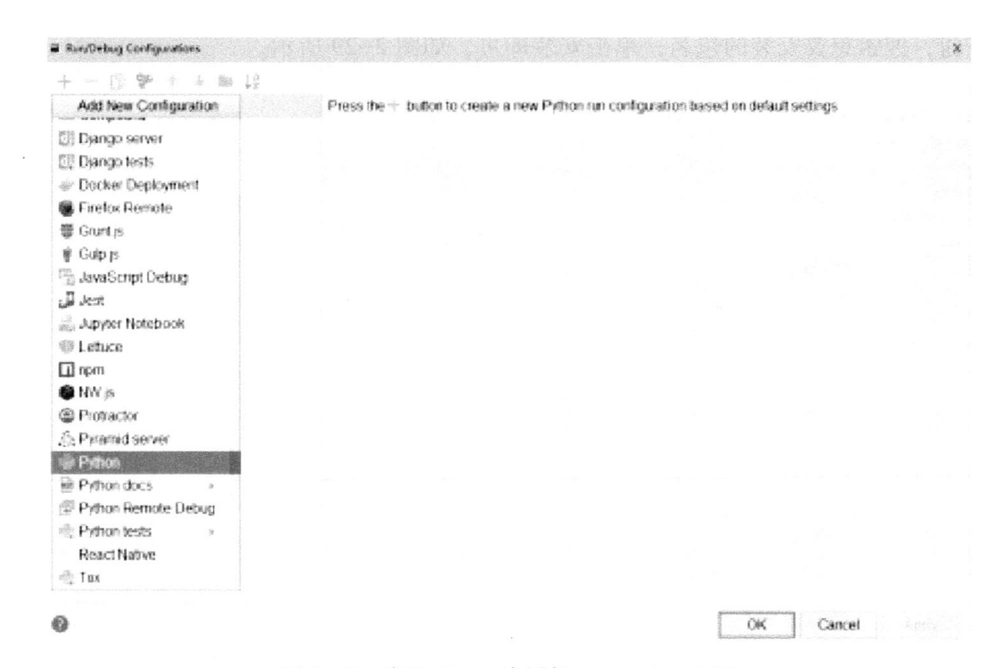

图 2-27　在 PyCharm 中添加 Run/Debug 配置

还可以更改代码高亮规则，如图 2-28 所示。

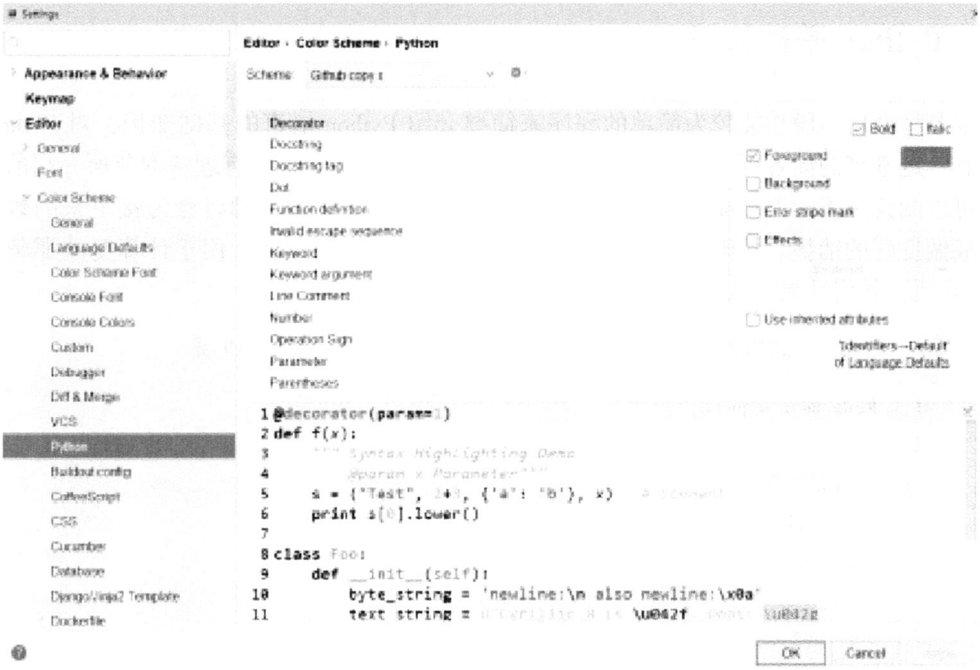

图 2-28　更改代码高亮规则

最后，PyCharm 提供了一种便捷的包安装界面，可以不必使用 pip 或者 easyinstall 命令（两个常见的包管理命令）。在设置中找到当前的 PythonInterpreter（解释程序），单击右侧的

"+" 按钮，搜索想要安装的包名，单击安装即可，如图 2-29 所示。

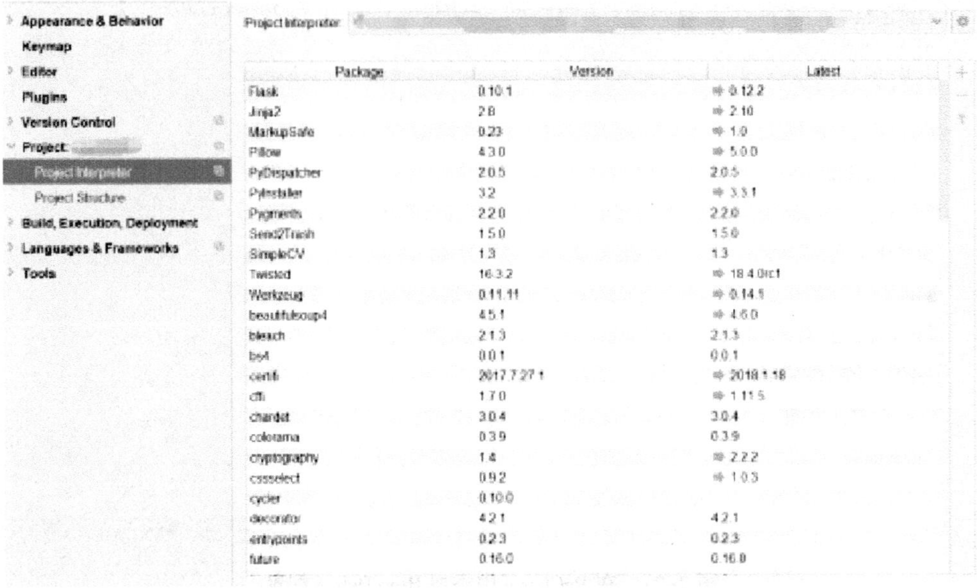

Appearance & Behavior
Keymap
Editor
Plugins
Version Control
Project:
Project Interpreter
Project Structure
Build, Execution, Deployment
Languages & Frameworks
Tools

Project Interpreter

Package	Version	Latest
Flask	0.10.1	⇨ 0.12.2
Jinja2	2.8	⇨ 2.10
MarkupSafe	0.23	⇨ 1.0
Pillow	4.3.0	⇨ 5.0.0
PyDispatcher	2.0.5	2.0.5
PyInstaller	3.2	⇨ 3.3.1
Pygments	2.2.0	2.2.0
Send2Trash	1.5.0	1.5.0
SimpleCV	1.3	1.3
Twisted	16.3.2	⇨ 18.4.0rc1
Werkzeug	0.11.11	⇨ 0.14.1
beautifulsoup4	4.5.1	⇨ 4.6.0
bleach	2.1.3	2.1.3
bs4	0.0.1	0.0.1
certifi	2017.7.27.1	⇨ 2018.1.18
cffi	1.7.0	⇨ 1.11.5
chardet	3.0.4	3.0.4
colorama	0.3.9	0.3.9
cryptography	1.4	⇨ 2.2.2
cssselect	0.9.2	⇨ 1.0.3
cycler	0.10.0	
decorator	4.2.1	4.2.1
entrypoints	0.2.3	0.2.3
future	0.16.0	0.16.0

图 2-29　Python Interpreter 安装的 Package

2.4　Python 基础知识

本节将会用一段功能较为简单的程序来简要介绍 Python 语言的基础知识，对 Python 语言拥有一定基础的读者可以跳过此节，而基础较薄弱的读者如果没有理解本节所介绍的知识点，可以阅读更多的 Python 基础教程。打好坚实的 Python 语言基础将会为接下来的数据分析实战做良好的铺垫。代码 2-1 所示为一段简单的 Python 小程序，用于计算斐波那契数列的前 10 项，并将结果存入文件中。

代码 2-1　Python 代码实例：计算斐波那契数列的前 10 项

```
1:  #Fibonacci sequence
2:  '''
3:  斐波那契数列
4:  输入:项数 n
5:  输出:前 n 项
6:  '''
7:  import os
8:
9:  def fibo(num):
10:     numbers=[1,1]
11:     for i in range(num-2):
12:         numbers.append(numbers[i]+numbers[i+1])
```

```
13:        return numbers
14:
15: answer=fibo(10)
16: print(answer)
17:
18: if not os.path.exists('result'):
19:        os.mkdir('result')
20:
21: file=open('result/fibo.txt','w')
22:
23: for num in answer:
24:        file.write(str(num)+' ')
25:
26: file.close()
```

这段程序首先定义了一个函数 fibo，使用迭代的方法计算斐波那契数列的前 n 项并存入一个列表中。接下来，程序调用这个函数计算数列前 10 项，将结果打印到控制台的同时也把 10 个数存入了文件中。这段代码展示了 Python 的诸多特性，下面逐一介绍。

2.4.1 Python 编码规范

实际工作中，代码经常要被不同的人阅读甚至修改。对于大项目而言，可读性往往跟鲁棒性的要求一样高。跟其他语言有所不同的是，Python 官方收录了一套“增强提案”，也就是 Python Enhancement Proposal，其中第 8 个提案（PEP 8）就是 Python 代码风格指导书，可见 Python 代码规范的重要程度。本小节将挑选重要的规范内容进行讲解。

（1）缩进

在大多数程序设计语言中，缩进仅仅是一种增加代码可读性的措施，是否缩进以及如何放置、放置什么缩进符（Tab 或者空格）并不会影响程序的执行。但是在 Python 语言中，缩进符决定了程序的结构。例如，在上述代码的第 9 行定义了一个 fibo 函数，和其他许多编程语言不同，Python 并不需要在函数体外加上大括号，而是使用缩进来表示函数声明和函数体的关系，同时函数声明需要以冒号结束。除了函数的定义，条件判断语句（如第 18 行的 if 语句）和循环语句（如第 23 行的 for 语句）也需要遵守上述规定。这种规定看似很苛刻，但也正是由于严格的缩进，Python 语言变得非常易读。

PEP 8 中提到，任何时候都应该优先使用空格来对齐代码块。Tab 对齐只有在出于兼容考虑时才应该使用，因为在 Python 3 中空格和 Tab 混用是无法执行的。对于这个问题大部分编辑器或者 IDE 都有相应选项，可以把 Tab 自动转换为 4 个空格。

（2）空行

合理的空行可以很大程度增加代码的段落感，PEP 8 对空行有以下规定。

1）类的定义和最外层函数的定义之间应该有 2 个空行。

2）类的方法定义之间应该有 1 个空行。

3）多余的空行可以用来给函数分组，但是应该尽量少用。

4）在函数内使用空行把代码分为多个小逻辑块是可以的，但也应该尽量少用。

（3）导入

PEP 8 对导入也有相应的规范。

对于单独的模块导入，应该一行一个，示例代码如下。

```
import os
import sys
```

但是如果使用 from ... import ...，后面的导入内容允许多个并列，示例代码如下。

```
from subprocess import Popen, PIP
```

不过应该避免使用 * 来导入，比如下面这样是不被推荐的。

```
from random import *
```

此外导入语句应该永远放在文件的开头，同时导入顺序如下。

1）标准库导入。

2）第三方库导入。

3）本地库导入。

（4）字符串

在 Python 中既可以使用单引号，也可以使用双引号来表示一个字符串。因此，PEP 8 建议在写代码的时候尽量使用同一种分隔符。但是如果使用单引号字符串的时候要表示单引号，可以考虑混用一些双引号字符串来避免反斜杠转义，进而提升代码的可读性。

（5）注释

在第 1 章就接触到了注释的写法，并且自始至终一直在代码示例中使用，足以证明注释对提升代码可读性的重要程度。但是 PEP8 对注释也提出了要求。

1）和代码矛盾的注释不如不写。

2）注释更应该和代码保持同步。

3）注释应该是完整的句子。

4）除非确保只有和你使用相同语言的人阅读你的代码，否则注释应该用英文书写。

Python 中的注释以 # 开头，分为两类，第一种是跟之前代码块缩进保持一致的块注释，示例如下

```
# This is a
# block comment
Some code...
```

另一种是行内注释，用至少两个空格和正常代码隔开，示例如下。

```
Some code...    # This is a line comment
```

但是 PEP 8 中指出这样会分散注意力，建议只有在必要的时候使用。

（6）命名规范

PEP 8 中提到了 Python 的命名规范。在 Python 中常见的命名方式有以下这些。

1）b：单独的小写字母。

2）B：单独的大写字母。

3）lowercase：全小写。

4）lower_case_with_underscores：全小写并且带下画线。

5）UPPERCASE：全大写。

6）UPPER_CASE_WITH_UNDERSCORES：全大写并且带下画线。

7）CamelCase：大驼峰。

8）camelCase：小驼峰。

9）Capitalized_Words_With_Underscores：带下画线的驼峰。

除了这些命名方式，在特殊的场景还有一些别的约定，下面只列出一些常用的方式。

1）避免使用 l 和 o 为单独的名字，因为它们很容易被弄混。

2）命名应该是 ASCII 码兼容的，也就是说应该避免使用中文名称，虽然中文也是被支持的。

3）模块和包的名称应该是全小写的并且尽量短。

4）类名一般采用 CamelCase 这种大驼峰式的命名。

5）函数和变量名应该是全小写的，下画线只有在可以改善可读性的时候才使用。

6）常量应该是全大写的，下画线只有在可以改善可读性的时候才使用。

PEP 8 的内容相当详细烦琐，纯手动调整格式显然是很浪费时间的，所以这里介绍两个工具来帮助读者写出符合 PEP 8 要求的代码。

（1）pycodestyle

pycodestyle 是一个用于检查代码风格是否符合 PEP 8 的要求，并且给出修改意见的工具，可以通过 pip 安装它。

```
pip install pycodestyle
```

安装后，只要在命令行中继续输入如下命令。

```
pycodestyle -h
```

在命令行就可以看到所有的使用方法，这里借用官方给出的一个例子。

```
pycodestyle --show-source --show-pep8 testsuite/E40.py
testsuite/E40.py:2:10: E401 multiple imports on one line
import os, sys
         ^
    Imports should usually be on separate lines.

    Okay: import os\nimport sys
    E401: import sys, os
```

其中--show-source 表示显示源代码，--show-pep8 表示为每个错误显示相应的 PEP 8 具体文字说明和改进意见，而后面的路径表示要检查的源代码的所在路径。

（2）Pycharm

虽然 pycodestyle 使用简单，结果提示也很清晰明确，但是这个检查不是实时的。而且总要额外使用一个终端去执行指令，这都是不太方便的。这时可以使用 PyCharm。

PyCharm 的强大功能之一就是实时地进行 PEP 8 检查。比如对于上面的例子，在 PyCharm 中会出现图 2-30 所示的提示。

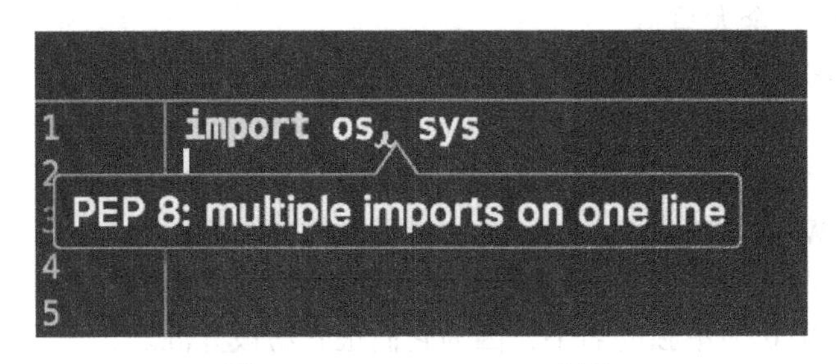

图 2-30　PyCharm PEP 8 提示

并且只要把鼠标光标移动到相应位置后，按下〈Alt+Enter〉组合键就可以出现修改建议，如图 2-31 所示。

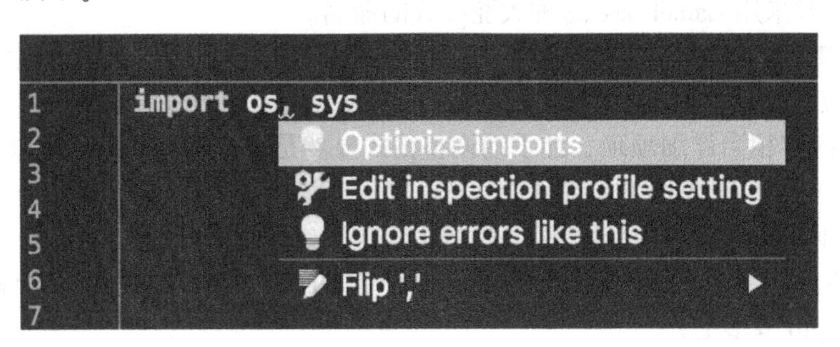

图 2-31　修改建议

选择“Optimize imports”选项后可以看到 PyCharm 把代码格式化为符合 PEP 8 要求的样式，如图 2-32 所示。

图 2-32　修改后的代码

如果喜欢用简单的文本编辑器书写代码的话，可以使用 pycodestyle，但是如果更青睐使用 IDE 的话，PyCharm 的 PEP 8 检查（提示）可以在写出漂亮代码的同时节省大量的时间。

PyCharm 有一个代码批量格式化的快捷键，在全选之后按下〈Ctrl+Alt+L〉组合键，即可格式化所有代码。

2.4.2 模块化的系统

Python 从诞生之初就非常注重语言的可扩展性。模块化增加了代码的可重用性，为编程带来了极大的便利。例如，上述代码的第 7 行引入了标准库的 os 模块，该模块提供了操作系统的各类接口，提供了操作文件系统和管理线程等功能。在第 18 行，程序使用 os 模块提供的接口对文件夹是否已存在进行了判断；如果不存在上述文件夹，在第 19 行将会创建该文件夹。除了标准库，Python 拥有众多可引入的第三方库。例如用于进行科学计算的 Scipy、机器学习库 scikit-learn 等。这些第三方库极大地扩展了 Python 语言的功能，为使用者带来了诸多便利。第三方库可以从 PyPI（Python Package Index）获得。PyPI 是一个 Python 第三方包库，目前其中已有超过 115,000 个包，可用 Python 的包管理器 pip 获得。

2.5 Python 基础语法

Python 和大多数程序设计语言的语法是非常相近的。如果是已经有任何其他程序设计语言基础的学习者可以很快熟悉 Python；而对于没有接触过编程的学习者而言，Python 的语法简单清晰，对初学者非常友好，因此国外的许多大学都将 Python 作为计算机/软件工程专业的入门编程语言。本节将介绍 Python 的一些基础语法知识，已经熟悉 Python 的读者可以略过此节，没有使用过 Python 的读者除了阅读本节外，还可选择一些 Python 入门教程作为学习参考资料。

2.5.1 数据类型

Python 有 3 种内置的数据类型，分别是整型（int）、浮点型（float）和复数（complex）。此外还有一种特殊的数据类型叫布尔型（bool）。这些数据类型都是 Python 的基本数据类型。

（1）整型

从数学的角度来说，整型就是整数。下面的叙述过程中也不再严格区分两种说法。

一般来说，一个整数占用的内存空间是固定的，所以范围一般也是固定的。比如在 C++ 中，一个整数在 32 位平台上占用 4 个字节也就是 32 位，表示整数的范围是-2147483648~2147483647，如果溢出了就会损失精度。当然有人会说只要位数随着输入动态变化不就解决了吗，但事实上动态总是要付出代价的，所以 C++为了高效，选择的是静态分配空间。不过 Python 从易用性出发选择的是动态分配空间，所以 Python 的整数是没有范围的。这跟数学中的概念是完全一致的，只要是整数运算就可以确信其结果不会溢出且一定是正确的。

所以可以随意地进行一些整数运算，示例代码如下。

```
In [5]: 2147483647 + 1   # 这个表达式的结果放到 C++中会导致溢出
Out[5]: 2147483648

In [6]: 2 ** 1024   # 这里计算的是 2 的 1024 次方,结果很大但是不会溢出
Out[6]: 1797693134862315907729305190789024733617976978942306572734300811577326758055
009631327084773224075360211201138798713933576587897688144166224928474306394741243777
```

```
678934248654852763022196012460941194530829520850057688381506823424628814739131105408272371633505106845862982399472459384797163048353563296242241372216
```

当然提到整数就不得不提到进制转换。首先看看不同进制的数字在 Python 中是怎么表示的，示例代码如下。

```
In [7]: 12450          # 这是一个很正常的十进制数字
Out[7]: 12450

In [8]: 0b111          # 这是一个用二进制表示的整数,0b 为前缀
Out[8]: 7

In [9]: 0xFF           # 这是一个用十六进制表示的整数,0x 为前缀
Out[9]: 255

In [10]: 0o47          # 这是一个用八进制表示的整数,0o 为前缀
Out[10]: 39
```

但是如果数值并不由我们输入，该怎么转换呢？Python 提供了一些方便的内置函数来实现转换，示例代码如下。

```
In [11]: hex(1245)              # 转十六进制
Out[11]: '0x4dd'

In [12]: oct(1245)              # 转八进制
Out[12]: '0o2335'

In [13]: bin(1245)              # 转二进制
Out[13]: '0b10011011101'

In [14]: int("0xA", 16)         # 用 int()转换,第 1 个参数是要转换的字符串,第 2 个参数是对
                                  应的进制
Out[14]: 10

In [15]: int("0b111", 2)
Out[15]: 7

In [16]: int("0o74", 8)
Out[16]: 60

In [17]: int("1245")            # 默认采用十进制
Out[17]: 1245
```

注意，这里的 hex()、oct()、bin()、int()都是函数，括号内用逗号隔开的是参数。虽然还没有介绍 Python 的函数，但是这里完全可以当作数学中函数的形式来理解。此外，用单引号或者双引号括起来的"0xA""0b111"表示的是字符串，字符串后面也会介绍。这里有一个细节是，hex()、oct()、bin()返回的都是字符串，而 int()返回的是一个整数。

此外还要注意的是，进制只改变数字的表达形式，并不改变其大小。

（2）浮点型

浮点型数据也就是浮点数。在 Python 中输入浮点数的方法有以下几种。

```
In [18]: 1.          # 如果小数部分是 0 那么可以省略
Out[18]: 1.0

In [19]: 2.5e10                         # 科学计数法
Out[19]: 25000000000.0

In [20]: 2.5e-10
Out[20]: 2.5e-10

In [21]: 2.5e308                        # 上溢出
Out[21]: inf

In [22]: -2.5e308                       # 上溢出
Out[22]: -inf

In [23]: 2.5e-3088                      # 下溢出
Out[23]: 0.0

In [24]: 1.5
Out[24]: 1.5
```

这里要注意的是，Python 中浮点数的精度是有限的，也就是说浮点数的有效数字位数不是无限的，所以浮点数过大会引起上溢出为 +inf 或-inf，过小会引起下溢出为 0.0。同时浮点数的表示支持科学计数法，可以用 e 或 E 加上指数来表示，比如 2.5e10 就表示 2.5×10^{10}。

（3）复数类型

Python 内置了对复数类型的支持，这对于科学计算来说是非常方便的。在 Python 中输入复数的方法为“实部+虚部 j”，注意与数学中常用 i 来表示复数单位不同，Python 使用 j 来表示复数单位，示例代码如下。

```
In [25]: 1              # 返回值是个整型
Out[25]: 1
```

```
In [26]: a = 1 + 0j   # 这里是创建一个变量a,并且赋值为1+0j,后面会提到什么是变量和赋值
                      运算符

In [27]: a.real       # 实部
Out[27]: 1.0

In [28]: a.imag       # 虚部
Out[28]: 0.0

In [29]: abs(a)       # 模
Out[29]: 1.0
```

这里要强调的一点是，如果想创建一个虚部为0的复数，一定要指定虚部为0，不然得到的是一个整型。

（4）布尔型

布尔型是一种特殊的数值，它只有两种值，分别是 True 和 False。注意这里要大写首字母，因为 Python 是大小写敏感的语言。在后文讲解二元运算符的时候，会讲解布尔型的用法和意义。

上述就是 Python 的内置数值类型了，但是在处理数据的时候，数据类型往往不是一成不变的。那么怎么把一种类型转换为另一种类型呢？请看下面。

在 Python 里内置数据类型的转换很容易完成，只要把想转换的数据类型当作函数使用就行了，示例代码如下。

```
In [30]: a = 12345.6789        # 创建一个变量并赋值为12345.6789

In [31]: int(a)                # 转换为整型
Out[31]: 12345

In [32]: complex(a)            # 转换为复数
Out[32]: (12345.6789+0j)

In [33]: float(a)              # 本来就是浮点数,所以再转换为浮点数也不会有变化
Out[33]: 12345.6789
```

另外需要注意的一点是，Python 在数据类型转换的过程中，为了避免精度损失会自动升级。例如对于整型的运算，如果出现浮点数，那么计算的结果会自动升级为浮点数。这里升级的顺序为 complex>float>int，所以 Python 在计算的时候跟我们平时的直觉是完全一致的，示例代码如下。

```
In [34]: 1 + 9/5 + (1 + 2j)
Out[34]: (3.8+2j)
```

```
In [35]: 1 + 9/5
Out[35]: 2.8
```

可以看到计算结果是逐步升级的，这样就避免了无谓的精度损失。

2.5.2 基本计算

1. 变量

在程序中，需要保存一些值或者状态以便以后再使用，这种情况就需要用一个变量来存储它。这个概念跟数学中的“变量”非常类似，比如下面这一段代码。

```
In [36]: a = input()            # input()表示从终端接收字符串后赋值给 a
Type something here.

In [37]: print(a)               # print 把 a 原样打印到屏幕上
Type something here.
```

在 In [36]回车（按〈Enter〉键）后并不会出现新的一行，而是鼠标光标在最左端闪动等待用户输入。输入任意内容，比如 Type something here，回车后才会出现新的一行，这时候 a 中就存储了刚输入的内容。显然，根据输入内容的不同，a 的值也是不同的，所以说 a 是一个变量。

这里要注意的是，在编程语言中单个等号 = 一般不表示“相等”的语义，而是表示“赋值”的语义，即把等号右边的值赋给等号左边的变量。后文讲解运算符的时候会看到更加详细的解释。

在 Python 中，声明一个变量是非常简单的事情。如果变量的名字之前没有被声明过的话，只要直接赋值就可以声明新变量了，示例代码如下。

```
In [38]: a = 1          # 声明了一个变量 a,并赋值为 1

In [39]: b = a          # 声明了一个变量 b,并用 a 的值赋值

In [40]: c = b          # 声明了一个变量 c,并用 b 的值赋值
```

我们考虑下面这段代码。

```
In [41]: a = 1          # 声明一个变量 a,并赋值为整型 1

In [42]: a = 1.5        # 赋值为浮点数 1.5

In [43]: a = 1 + 5j     # 赋值为复数 1+5j

In [44]: a = True       # 赋值为布尔型 True
```

注意到了吗？a 的数据类型是在不断变化的。这也是 Python 的特点之一——动态类型，即变量的类型可以随着赋值而改变，这样易于程序的编写。

变量的名称叫作标识符，而开发者可以近乎自由地为变量取名。之所以说是近乎自由，是因为 Python 的变量命名还是有一些基本规则的，具体如下。

1）标识符必须由字母、数字、下画线构成。

2）标识符不能以数字开头。

3）标识符不能是 Python 关键字。

什么是关键字呢？关键字也叫保留字，是编程语言预留给一些特定功能的专有名字。Python 具体的关键字如下。

```
False     class      finally    is         return
None      continue   for        lambda     try
True      def        from       nonlocal   while
and       del        global     not        with
as        elif       if         or         yield
assert    else       import     pass
break     except     in         raise
```

这些关键字的具体功能会在后续章节介绍。

2. 运算符

运算符用于执行运算，运算的对象叫操作数。比如对于+运算符，在表达式 1+2 中，操作数就是 1 和 2。运算符根据操作数的数量不同有一元运算符、二元运算符和三元运算符。在 Python 中，根据功能还可分算术运算符、比较运算符、赋值运算符、逻辑运算符、位运算符、成员运算符、身份运算符 7 种。其中算术运算符、比较运算符 3、赋值运算符 3 比较基础也比较常用，下面将介绍这些运算符。

（1）算术运算符

Python 除了支持四则运算，它还支持取余、乘方、取整除这 3 种运算。这些运算符都是二元运算符，也就是说它们需要接受两个操作数，然后返回一个运算结果。

为了方便举例，先定义两个变量：alice = 9 和 bob = 4，具体的运算规则见表 2-1。

表 2-1　算术运算符

算术运算符	作　用	举　例
+	两个数字类型相加	alice + bob 返回 13
-	两个数字类型相减	alice - bob 返回 5
*	两个数字类型相乘	alice * bob 返回 36
/	两个数字类型相除	alice / bob 返回 2.25
%	两个数字类型相除的余数	alice % bob 返回 1
**	alice 的 bob 次幂，相当于 $alice^{bob}$	alice ** bob 返回 6561
//	alice 被 bob 整除	alice // bob 返回 2

特殊的，+和-还是两个一元运算符，例如-alice 可以获得 alice 的相反数。

（2）比较运算符

比较运算符，顾名思义，是将两个表达式的返回值进行比较，返回一个布尔型变量。它也是二元运算符，因为需要两个操作数才能产生比较，示例代码如下。

```
In [45]: 1 + 2 > 2          # 注意运算符也有优先级,之后会具体提到
Out[45]: True

In [46]: 5 * 3 < 10
Out[46]: False

In [47]: 3 + 3 == 6          # 两个等号"=="一起表示"相等"的语义,之后会详解
Out[47]: True
```

这里要注意的是，这些表达式最后输出的值只有两种—— True 和 False，这跟之前介绍的布尔型变量取值只有两种是完全吻合的。其实与其理解为两种取值，不如理解为两种逻辑状态，即一个命题总有一个值：真或者假。

所有的比较运算符运算规则见表 2-2。

表 2-2　比较运算符

比较运算符	作　用	举　例
==	判断两个操作数的值是否相等，相等为真	alice== bob
!=	判断两个操作数的值是否不等，不等为真	alice! = bob
>	判断左边操作数是不是大于右边操作数，大于为真	alice> bob
>=	判断左边操作数是不是大于或等于右边操作数，大于或等于为真	alice>= bob
<	判断左边操作数是不是小于右边操作数，小于为真	alice< bob
<=	判断左边操作数是不是小于或等于右边操作数，小于或等于为真	alice<= bob

注意，这里正如之前提到的，单个等号“=”的语义为“赋值”，而两个等号“==”放一起的语义才是“相等”。

（3）逻辑运算符

但是如果想同时判断多个条件，那么这时候就需要逻辑运算符了。逻辑运算符的只有 and，or 和 not，分别对应布尔代数中的与、或、非 3 个操作，示例代码如下。

```
In [48]: 1 > 2 or 2 < 3
Out[48]: True

In [49]: 1 == 1 and 2 > 3
```

```
Out[49]: False

In [59]: not 5 < 4
Out[59]: True

In [51]: 1 > 2 or 3 < 4 and 5 > 6        # 这里也和优先级有关系
Out[51]: False
```

通过逻辑运算符，可以连接任意一个表达式进行逻辑运算，然后得出一个布尔类型的值。具体的运算规则见表 2-3。

表 2-3　逻辑运算符

逻辑运算符	作　用	举　例
and	两个表达式同时为真结果才为真	1 < 2 and 2 < 3
or	两个表达式有一个为真，结果就为真	1 > 2 or 2 < 3
not	表达式为假，结果为真；表达式为真，结果为假	not 1 > 2

（4）赋值运算符

二元运算符中最常用的就是赋值运算符“=”，意思是把等号右边表达式的值赋值给左边的变量。当然要注意这么做的前提是赋值运算符的左值必须是可以修改的变量。如果赋值给了不可修改的量，就会产生错误，示例代码如下。

```
In [52]: 1 = 2
  File "<ipython-input-77-c0ab9e3898ea>", line 1
    1 = 2
         ^
SyntaxError: can't assign to literal

In [53]: True   = False
  File "<ipython-input-78-ee10fad43c38>", line 1
    True   = False
                  ^
SyntaxError: can't assign to keyword
```

对一个常量或者关键词进行赋值操作，这显然是没有意义并且不合理的，所以它报错的类型是 SyntaxError，意思是语法错误。这里是我们第一次接触到 Python 的异常机制，后面的章节会对其更加详细地介绍，因为这是编写出一个强鲁棒性程序的关键。

2.5.3　控制语句

Python 除了拥有进行基本运算的能力外，同时也具有写出一个完整程序的能力。那么对于程序中各种复杂的逻辑该怎么控制呢？这就到了控制语句派上用场的时候了。

对于一个结构化的程序来说，一共只有 3 种执行结构：顺序结构、选择结构、循环结构。如果用圆角矩形表示程序的开始和结束，直角矩形表示执行过程，菱形表示条件判断，那么这 3 种执行结构可以分别用下面 3 张图表示。

1）顺序结构：就是做完一件事后紧接着做另一件事，如图 2-33 所示。

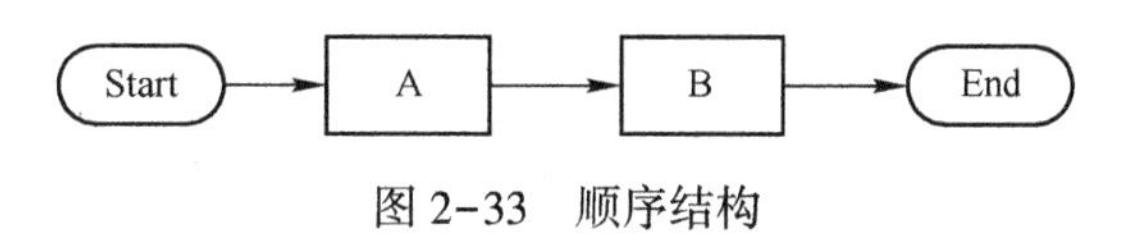

图 2-33　顺序结构

2）选择结构：在某种条件成立的情况下做某件事，反之做另一件事，如图 2-34 所示。

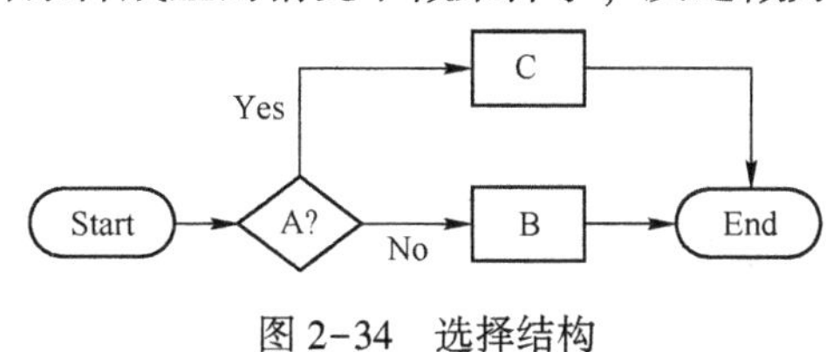

图 2-34　选择结构

3）循环结构：反复做某件事，直到满足某个条件为止，如图 2-35 所示。先执行 A 部分，再判断是否满足 B 条件。若满足则继续执行 A 部分，若不满足，则结束循环部分的代码运行。

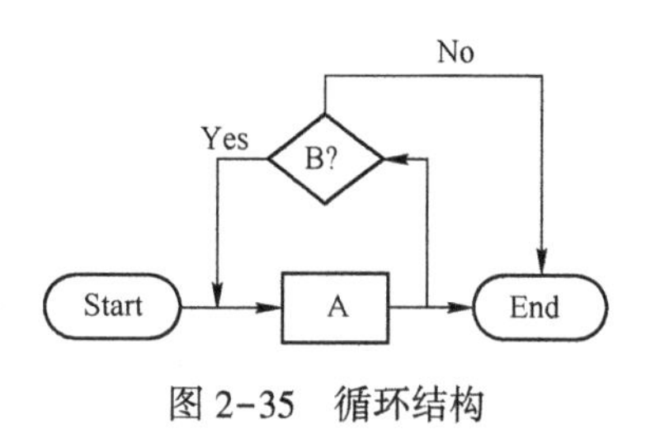

图 2-35　循环结构

程序语句的执行默认就是顺序结构，而选择结构和循环结构分别对应条件语句和循环语句，它们都是控制语句的一部分。

控制语句的作用是控制程序的流程，以实现各种复杂逻辑。下面将重点介绍选择结构和循环结构，以及部分关键字的作用。

（1）选择结构

选择结构是通过 if 语句来实现的，if 语句的常见语法如下。

```
if 条件 1:
    代码块 1
elif 条件 2:
    代码块 2
elif 条件 3:
    代码块 3
    ...
    ...
elif 条件 n-1:
    代码块 n-1
else
    代码块 n
```

上述语法的意思是，如果条件 1 成立就执行代码块 1，接着如果条件 1 不成立而条件 2 成立就执行代码块 2，如果条件 1 到条件 n-1 都不成立，那么就执行代码块 n。

另外 elif 和 else 以及相应的代码块是可以省略的，也就是说最简单的 if 语句格式如下。

```
if 条件：
    代码段
```

这里要注意的是，所有代码块前应该是 4 个空格，原因稍后会提到，这里先看下面一段具体的 if 语句。

```
a=4
if a <5:
    print('a is smaller than 5.')
elif a <6:
    print('a is smaller than 6.')
else :
    print('a is larger than 5.')
```

执行后得到结果如下。

```
a is smaller than 5.
```

这段代码表示的含义就是：如果 a 小于 5 则输出“a is smaller than 5.”；如果 a 不小于 5 而小于 6 则输出“a is smaller than 6.”，否则就输出“a is larger than 5.”。这里值得注意的一点是虽然 a 同时满足 a<5 和 a<6 两个条件，但是由于 a<5 在前面，所以最终输出的为“a is smaller than 5.”。

if 语句的语义非常直观易懂，但是这里还有一个问题没有解决，那就是为什么在代码块之前是 4 个空格？

我们依旧是先看一个示例，代码如下。

```
if 1>2:
    print('Impossible!')
print('done')
```

运行这段代码可以得到如下输出。

```
done
```

但是如果稍加改动，在 print('done')前也加 4 个空格，示例代码如下。

```
if 1>2:
    print('Impossible!')
    print('done')
```

再运行的话，什么也不会输出。

它们的区别是什么呢？对于第 1 段代码，print('done')和 if 语句是在同一个代码块中的，也就是说无论 if 语句的结果如何，print('done')一定会被执行。而在第 2 段代码，print('done')和 print('Impossible！') 在同一个代码块中，也就是说如果 if 语句中的条件不成立，那么 print('Impossible！')和 print('done')都不会被执行。

我们称第 2 段代码中这种拥有相同缩进的代码为一个代码块。虽然 Python 解释器支持使用任意多个但是数量相同的空格或者制表符来对齐代码块，但是一般约定用 4 个空格作为对齐的基本单位。

另外值得注意的是，在代码块中是可以再嵌套另一个代码块的，以 if 语句的嵌套为例，示例代码如下。

```
a=1
b =2
c =3
if a > b:                        # 第 4 行
    if a > c:
        print('a is maximum.')
    elif c > a:
        print('c is maximum.')
    else :
        print('a and c are maximum.')
elif a < b:                      # 第 11 行
    if b > c:
        print('b is maximum.')
    elif c > b:
        print('c is maximum.')
    else :
        print('b and c are maximum.')
else :                           # 第 19 行
    if a > c:
        print('a and b are maximum')
    elif a < c:
        print('c is maximum')
    else :
        print('a, b, and c are equal')
```

首先最外层的代码块是所有的代码，它的缩进是 0。接着它根据 if 语句分成了 3 个代码块，分别是第 5~10 行、第 12~18 行、第 20~27 行，它们的缩进是 4。接着在这 3 个代码块内又根据 if 语句分成了 3 个代码块，其中每个 print 语句是一个代码块，它们的缩进是 8。

从这个例子可以看到代码块是有层级的、是嵌套的，所以即使这个例子中所有的 print 语句拥有相同的空格缩进，但仍然不是同一个代码块。

（2）循环结构

程序单有顺序结构和选择结构是不够的，有时候某些逻辑执行的次数本身就是不确定的或者说逻辑本身就具有重复性，那么这时候就需要循环结构了。

Python 的循环结构用两个关键字可以实现，分别是 while 和 for。

while 循环的常见语法如下。

```
while 条件:
    代码块
```

这个代码块表达的含义是：如果条件满足就执行代码块，直到条件不满足为止；如果条件一开始就不满足，那么代码块一次都不会被执行。

请看下面这个例子。

```
a=0
while a <5:
    print(a)
    a +=1
```

运行这段代码可以得到的输出如下。

```
0
1
2
3
4
```

对于 while 循环，其实和 if 语句的执行结构非常接近，区别就是从单次执行变成了反复执行。判断条件除了用来判断是否进入代码块以外，还被用来判断是否终止循环。

对于上面这段代码，结合输出不难看出，前 5 次循环的时候 a < 5 为真，因此循环继续，而第 6 次经过的时候，a 已经变成了 5，条件就为假，自然也就跳出了 while 循环。

for 循环的常见语法如下。

```
for 循环变量 in 可迭代对象:
    代码段
```

Python 的 for 循环比较特殊，它并不是 C 系语言中常见的 for 语句，其本质上是遍历一个可迭代的对象，请看下面一个例子。

```
for i in range(5):
    print(i)
```

运行这段代码可以得到的输出如下。

```
0
1
2
```

```
3
4
```

for 循环实际上用到了迭代器的知识，但是在这里展开还为时尚早，我们只要知道用 range 配合 for 可以写出一个循环即可，比如计算 0~100 整数的和，示例代码如下。

```
sum=0
for i in range(101):        # range(n)产生的循环区间是[0, n-1)
    sum+=i
print(sum)
```

如果要计算 50~100 整数的和，只要多传入一个参数，示例代码如下。

```
sum=0
for i in range(50, 101):        # range(50 ,101) 产生的循环区间是 [50, 101)
    sum+=i
print(sum)
```

如果希望循环是倒序，比如从 10 循环到 1，只要再多传入一个参数作为步长即可，示例代码如下。

```
for i in range(10, 0, -1):        # 这里循环区间是 (1, 10],但是步长是 -1
    print(i)
```

也就是说 range 的完整用法应该是 range(start, end, step)，循环变量 i 从 start 开始，每次循环后 i 增加 step 直到超过 end 跳出循环。

（3）Break 和 Continue 关键字

Break 和 Continue 只能用在循环体中，下面通过一个例子来认识它们的作用。

```
i=0
while i<=50:
    i+=1
    if i==2:
        continue
    elif i==4:
        break
    print(i)
print('done')
```

这段代码会输出如下的结果。

```
1
3
done
```

这段循环中如果没有 continue 和 break 的话，应该是输出 1 到 51 的，但是这里输出只有 1 和 3，为什么呢？

首先考虑当 i=2 的那次循环，它进入了 if i==2 的代码块中，执行了 continue，这次循环就被直接跳过了，也就是说后面的代码包括 print(i)都不会再被执行，而是直接进入了下一次 i=3 的循环。

接着考虑当 i=4 的那次循环，它进入了 elifi == 4 的代码块中，执行了 break，直接跳出了循环到最外层，然后接着执行循环后面的代码输出了 done。

所以总结一下，continue 的作用是跳过剩下的代码进入下一次循环，break 的作用是跳出当前循环，然后执行循环后面的代码。

这里有一点需要强调的是，break 和 continue 只能对当前循环起作用，也就是说如果在循环嵌套的情况下想对外层循环起控制作用，需要多个 break 或者 continue 联合使用。

（4） pass 关键字

pass 的功能就是没有功能。请看下面这个例子。

```
a=0
if a >=10:
    pass
else :
    print('a is smaller than 10')
```

如果要想在 a > 10 的时候什么都不执行，但是如果什么都不写的话又不符合 Python 的缩进要求，为了使语法规范，这里使用 pass 来作为一个代码块，但是 pass 本身不会有任何效果。

2.6 重要的 Python 库

2.6.1 Pandas

Pandas 是一个构建在 NumPy 之上的高性能数据分析库。它的基本数据结构包括 Series 和 DataFrame，分别处理一维和多维数据。Pandas 能够对数据进行排序、分组、归并等操作，也能够进行包括求和、求极值、求标准差、协方差矩阵计算等统计计算。

2.6.2 scikit-learn

scikit-learn 是一个构建在 NumPy、SciPy 和 Matplotlib 上的机器学习库。包括多种分类、回归、聚类、降维、模型选择和预处理算法与方法，例如支持向量机、最近邻、朴素贝叶斯、LDA、特征选择、k-means、主成分分析、网格搜索、特征提取等。

2.6.3 Matplotlib

Matplotlib 是一个绘图库。Matplotlib 的功能非常强大，它可以绘制许多图形，包括直方图、折线图、饼图、散点图、函数图像等 2D、3D 图形，甚至是动画。

2.6.4 其他

上述的 Pandas、scikit-learn 和 Matplotlib 是本书用到的主要的 3 个 Python 库。除此之外，下面还将介绍其他 5 个科学计算/数据分析常用库。

（1）NumPy

NumPy 是一个基础的科学计算库。它是 SciPy、Pandas、scikit-learn、Matplotlib 等科学计算与数据分析库的基础。NumPy 的最大贡献在于，它提供了一个多维数组对象的数据结构，可以用于在数据量较大的情况下，数组与矩阵的存储和计算。除此之外，它还提供了具有线性代数、傅里叶变换和随机数生成等功能的函数。

（2）SciPy

Scipy 同样是一个科学计算库。和 NumPy 相比，它包含了统计计算、最优化、数值积分、信号处理、图像处理等多个功能模块；涵盖了更多的数学计算函数，是一个更加全面的 Python 科学计算工具库。

（3）Scrapy

对于研究网络爬虫的读者来说，Scrapy 可能是再熟悉不过的了。Scrapy 是一个简单易用的网页数据提取框架，几行代码就能够快速构建一个网络爬虫。在进行数据分析时，Scrapy 可以自动地从网页上获得需要分析的数据，而不需要人工进行数据的获取与整理。

（4）NLTK

NLTK（Natural Language Toolkit）是一个强大的自然语言处理库。NLTK 能够用于进行分类、分词、相似度计算、词干提取、语义推理等多种自然语言处理任务，它提供了针对 WordNet、Brown 等超过 50 个语料库和词汇资源的接口。

（5）statsmodels

statsmodels 是从 SciPy 中独立出来的一个模块（原本为 scipy. stats）。它是一个统计学计算库，主要功能包括线性回归、方差分析、时间序列分析、统计学分析等。

2.7 Jupyter

Jupyter 是一个交互式的数据科学与科学计算开发环境。在详细介绍 Jupyter 之前，另一个 Python 项目 IPython 是一定要提到的。和 Jupyter 类似，IPython 是一个 Python 语言环境下的交互式开发环境。2014 年，IPython 将和本项目程序设计语言无关的部分（包括 notebook 的 Web 应用程序、qtconsole 等）独立出来，成为一个新项目 Jupyter。和 IPython 不同的是，Jupyter 支持包括 Python、R、Scala 等在内的超过 40 多种编程语言；而 IPython 则一直专注于交互式 Python，反过来为 Jupyter 项目提供了 Python kernel。

Jupyter 为 Python 开发带来了全新的体验。JupyterNotebook 是一种基于 Web 的 Python 编辑器。它可以远程访问，这就意味着开发人员无须在本机安装 Python 环境，而是通过访问服务器上的 JupyterNotebook 即可进行开发。同时，Jupyter 能够为交互式的开发提供支持，在写代码的同时可以快速查看结果。除此之外，使用 Markdown 语言，还能够轻松地将样式丰富的文字添加到 Notebook 中，实现代码、运行结果和文字的穿插展示，方便用户快速构建开发文档甚至是论文。JupyterNotebook 的快捷键十分方便，能够极大地提高开发效率。

Jupyter 的安装非常简单，在命令提示符或终端中输入下面的代码即可。

```
pip install jupyter
```

如果是使用 Anaconda 或 WinPython 的用户，这些科学计算专业发行版已经自带了 Jupyter，因此不需要额外安装。输入如下命令，即可在基于 Web 的 Notebook 上进行 Python 程序开发。

```
jupyter notebook
```

习题

一、选择题

1. Python 之父是下列哪位？(　　)

A. 吉多·范罗苏姆　　B. 丹尼斯·里奇

C. 詹姆斯·高林思　　D. 克里夫·默勒

2. Python 的缩进功能有什么作用？(　　)

A. 增加代码可读性　　B. 方便放置各类符号

C. 决定程序的结构　　D. 方便修改程序

3. Python 的单行注释通过什么符号完成？(　　)

A. 双斜杠（//）　　B. 井号（#）

C. 三引号（‴）　　D. 双分号（;;）

4. 以下选项中，Python 数据分析方向的库是？(　　)

A. PIL　　B. Django

C. Pandas　　D. Flask

5. 以下选项中，Python 网络爬虫方向的库是？(　　)

A. Numpy　　B. Openpyxl

C. PyQt5　　D. scrapy

二、判断题

1. Winpython 会写入 Windows 注册表。(　　)

2. Python 与大多数程序设计语言的语法非常相近。(　　)

3. Python 的缩进是一种增加代码可读性的措施。(　　)

4. Pandas 是一个构建在 NumPy 之上的高性能数据分析库。(　　)

5. Jupyter 是一个交互式的数据科学与科学计算开发环境。(　　)

三、填空题

1. Python 中的多行注释使用________表示。

2. Pandas 能对数据进行________、________、________等操作。

3. scikit_learn 包括多种分类、________ 、________、________、________和预处理的

算法。

4. Matplotlib 是一个________库。

5. 将 IPython 项目中与其程序设计语言无关的部分独立出来形成的新项目是________。

四、简答题

1. 列举 Python 2.0 与 Python 3.0 的几个区别。

2. 找到本章提及的第三方库的官方文档。

3. Pandas 库有何功能?

第 3 章　数据预处理

数据预处理是数据分析的第一个重要步骤，只有当对数据充分了解，经过对数据质量的检验，并初步尝试解析数据间关系后，才能为后续的数据分析提供有力支撑。了解数据，是对数据本身的重视。由于数据分析是为解决实际问题，因此，数据往往来源于实际生活。而直接收集到的数据总是存在着一些问题，例如，存在缺失值、噪声数据、数据不一致、数据冗余或者与分析目标不相关等。这样的问题十分普遍，不了解数据，一切都是空谈。

而了解数据的过程就是首先观察统计数据的格式、内容和数量；分析数据质量，检查是否存在缺失值、噪声数据、数据不一致、数据冗余等问题；分析数据相关性，检查是否存在数据冗余或者与分析目标不相关等。而在现在的数据分析过程，尤其是利用机器学习的算法进行数据分析的过程中，特征工程也是十分重要的一环。所以本章内容如下：第 1 节讲解数据相关的一些概念；第 2 节讲解数据质量的评估标准；第 3 节讲解数据清理的主要目的；第 4 节讲解特征工程所需的步骤。

3.1　了解数据

数据分为定性数据和定量数据，如图 3-1 所示。定性数据包括两个基本层次，即定序（Ordinal）和名义（Nominal）层次。定序变量指该变量只是对某些特性的“多少”进行排序，但是各等级之间的差别不确定。例如对某一个事物进行评价，将其分为“好”“一般”“不好”3 个等级，其等级之间没有定量关系。名义变量则是指该变量只是测量某种特征的出现或者不出现。例如，性别“男”和“女”，两者之间没有任何关系，不能排序或者刻度化。

定量数据包含离散变量和连续变量两个层次。离散变量是通过计数方式取得的，即是对所要统计的对象进行计数，增大量是非固定的。连续变量是一直叠加上去的，增长量可以划分为固定的单位。

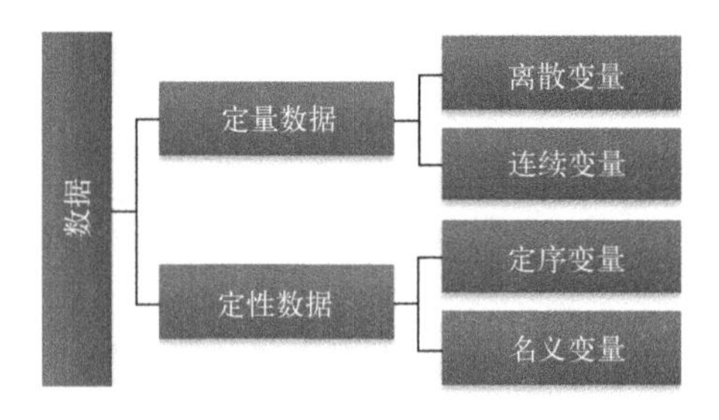

图 3-1　数据类别结构

数据分析者首先需要考察每个变量的关键特征。这个过程可以让数据分析者更好地感受数据，其中两个特征需要特别关注，即集中趋势（Central Tendency）和离散程度（Disperasion)。考察各变量间关系是了解数据十分重要的一步，有一系列方法进行变量间相关性的测量。关于数据本身的质量问题，需要了解数据缺失情况、噪声及离群点等，相关概念在下面内容中给出。

1. 集中趋势

集中趋势的主要测度是均值、中位数和众数。这 3 个概念对于大多数的读者来说应该都不陌生。对于定量数据，其均值、中位数和众数的度量都是有效的；对于定性数据，则这 3 个指标所能提供的信息很少。对于定序变量，均值无意义，中位数和众数能反映一定的含义；对于名义变量，均值和中位数均无意义，仅众数有一定的含义，但仍需注意，众数仅代表对应的特征出现得最多，但不能代表该特征占多数。其中，特殊的是，对于名义变量的二分变量，如果有合适的取值，均值就可以进行有意义的解释，详细的说明在稍后的章节中阐述。

2. 离散程度

考虑变量的离散程度主要考虑变量的差别如何。常见的测度有极差、方差和标准差，另外，还有四分位距、平均差和变异系数等。对于定量数据，极差代表数据所处范围的大小，方差、标准差和平均差等代表数据相对均值的偏离情况，但是方差、标准差和平均差等都是数值的绝对量，无法规避数值度量单位的影响。变异系数为了修正这个弊端，使用标准差除以均值得到的一个相对量来反映数据集的变异情况或者离散程度。对于定性数据，极差代表取值类别，相比定量数据，定性数据的极差所表达的含义有限，剩余的离散程度的测度对于定性数据的含义不大，尤其是名义变量。

3. 相关性测量

在进行真正的数据分析之前，可以通过一些简单的统计方法，计算变量之间的相关性，有以下一些方法。

（1）数据可视化处理

将想要分析的变量绘制成折线图或者散点图，做图表相关分析，变量之间的趋势和联系就会清晰浮现。虽然没有对相关关系进行准确度量，但是可以对相关关系有一个初步的探索和认识。

（2）计算变量间的协方差

协方差可以确定相关关系的正负，没有任何关于关系强度的信息。如果变量的测量单位发生变化，这一统计量的值就会发生变化，但是实际变量间的相关关系并没有发生变化。

（3）计算变量间的相关系数

相关系数是一个不受测量单位影响的相关关系的统计量，理论上限是+1（或-1），表示完全线性相关。

（4）进行一元回归或多元回归分析

假设两个变量都是定性数据（定序变量或者名义变量），如何评估它们之间的关系，上述的方法都变得不适用，包括画散点图等。定序变量可以采用肯德尔相关系数进行测量，当值为 1 时，表示两个定序变量拥有一致的等级相关性；当值为-1 时，表示两个定序变量拥有完全相反的等级相关性；当值为 0 时，表示两个定序变量是相互独立的。对于两个名义变量之间的关系，由于缺乏定序变量各值之间“多或者少”的特性，所以讨论“随着 X 增加，Y 也倾向于增加”这样的关系没有意义，需要一个概要性的相关测度，可以采用 lamda 系数。Lamda 系数是一个预测性的相关测度，表示在预测 Y 时，如果知道 X 能减少的误差。

4. 数据缺失

将数据集中不含缺失值的变量称为完全变量，含有缺失值的变量称为不完全变量。产生缺失值的原因有多种，具体如下。

- 数据本身被遗漏，由于数据采集设备的故障、存储介质的故障、传输媒介的故障、一些人为因素等原因而丢失。
- 某些对象的一些属性或者特征是不存在的，所以导致空缺。
- 某些信息被认为不重要，与给定环境无关，所以被数据库设计者或者信息采集者忽略。

5. 噪声

噪声是指被观测变量的随机误差或方差。用数学形式表示为：

观测量(Measurement)= 真实数据(True Data)+噪声 (Noise)

6. 离群点

数据集中包含这样一些数据对象，它们与数据的一般行为或模型不一致，这样的对象被称为离群点。离群点属于观测值。

3.2 数据质量

数据质量是数据分析结果有效性和准确性的前提保障。从哪些方面评估数据质量是数据分析需要考虑的重要问题，典型的数据质量评估标准有 4 个要素：完整性、一致性、准确性和及时性。

3.2.1 完整性

完整性指的是数据信息是否存在缺失的状况。数据缺失的情况可能是整个数据记录缺失，也可能是数据中某个字段信息的记录缺失。不完整的数据所能借鉴的价值就会大大降低，也是数据质量最为基础的一项评估标准。

数据质量的完整性比较容易去评估，一般可以通过数据统计中的记录值和唯一值进行评估。

例如，网站日志日访问量就是一个记录值，平时的日访问量在 1000 左右，突然某一天降到 100 了，就需要检查数据是否存在缺失了。再例如，网站统计地域分布情况的每一个地区名就是一个唯一值，我国包括了 34 个省级行政区，如果统计得到的唯一值小于 34，则可以判断数据有可能存在缺失。

完整性的另一方面，记录中某个字段的数据缺失，可以使用统计信息中空值 (NULL) 的个数进行审核。如果某个字段的信息理论上必然存在，如访问的页面地址、购买的商品 ID 等，那么这些字段的空值个数的统计就应该是 0，这些字段可以使用非空 (NOT NULL) 约束来保证数据的完整性；对于某些允许空值的字段，如用户的 cookie 信息不一定存在(用户可能禁用 cookie)，但空值的占比基本恒定，通常在 2%～3%之间，如果空值的占比明显增大，很有可能这个字段的记录出现了问题，信息出现了缺失。

3.2.2 一致性

一致性是指数据是否符合规范，数据集合内的数据是否保持了统一的格式。

数据质量的一致性主要体现在数据记录是否符合规范和数据是否符合逻辑。数据记录的规范主要是指数据编码和格式。一项数据存在特定的格式，例如手机号码一定是13位的数字，IP地址一定是由4个0~255的数字加上“.”组成的，或者一些预先定义的数据约束，比如完整性的非空约束、唯一值约束等。逻辑则指多项数据间存在固定的逻辑关系以及一些预先定义的数据约束，例如PV一定是大于等于UV的，跳出率一定是在0~1之间的。数据的一致性审核是数据质量审核中比较重要也是比较复杂的一项。

如果数据记录格式有标准的编码规则，那么对数据记录的一致性检验就比较简单，只要验证所有的记录是否满足这个编码规则就可以了，最简单的就是使用字段的长度、唯一值的个数这些统计量。比如对用户ID的编码是15位数字，那么字段的最长和最短字符数都应该是15；或者商品ID是P开始后面跟10位数字，可以用同样的方法检验；如果字段必须保证唯一，那么字段的唯一值个数跟记录数应该是一致的，比如用户的注册邮箱；再如地域的省级行政区一定是统一编码的，记录的一定是“上海”而不是“上海市”，一定是“浙江”而不是“浙江省”，可以把这些唯一值映射到有效的34个省市的列表，如果无法映射，那么字段就通不过一致性检验。

一致性中逻辑规则的验证相对比较复杂。很多时候指标的统计逻辑的一致性需要底层数据质量的保证，同时也要有非常规范和标准的统计逻辑的定义，所有指标的计算规则必须保证一致。我们经常犯的错误就是汇总数据和细分数据加起来的结果对不上，导致这个问题的原因很有可能就是数据在细分的时候把那些无法明确归到某个细分项的数据给排除了。比如在细分访问来源的时候，如果无法将某些非直接进入的来源明确地归到外部链接、搜索引擎、广告等这些既定的来源分类，也不应该直接过滤掉这些数据，而应该给一个“未知来源”的分类，以保证根据来源细分之后的数据加起来还是可以与汇总的数据保持一致。如果需要审核这些数据逻辑的一致性，可以建立一些“有效性规则”，比如A>=B，如果C=B/A，那么C的值应该在［0，1］的范围内等，如果数据无法满足这些规则就无法通过一致性检验。

3.2.3 准确性

准确性是指数据记录的信息是否存在异常或错误。和一致性不一样，导致一致性问题的原因可能是数据记录规则不同，但是不一定是错误的，而存在准确性问题的数据不仅仅只是规则上的不一致。准确性关注数据中的错误，最为常见的数据准确性错误，如乱码。其次，异常的大或者小的数据以及不符合有效性要求的数值，如访问量Visits一定是整数、年龄一般在1~100之间、转化率一定是介于0~1的值等。

数据的准确性问题可能存在于个别记录，也可能存在于整个数据集。如果整个数据集的某个字段的数据存在错误，比如常见的数量级的记录错误。这种错误很容易被发现，利用Data Profiling的平均数和中位数也可以发现这类问题。当数据集中存在个别的异常值时，可以使用最大值和最小值的统计量去审核，或者使用箱线图也可以让异常记录一目了然。

还有几个准确性的审核问题，字符乱码的问题或者字符被截断的问题，可以使用分布来发现这类问题。一般的数据记录基本符合正态分布或者类正态分布，那么那些占比异常小的数据项很可能存在问题。比如某个字符记录占总体的占比只有0.1%，而其他的占比都在3%以上，那么很有可能这个字符记录有异常，一些ETL工具的数据质量审核会标识出这类占比异常小的记录值。对于数值范围既定的数据，也可以有有效性的限制，超过数据有效的值域定义的数据记录就是错误的。

如果数据并没有显著异常，但可能记录的值仍然是错误的，只是这些值与正常的值比较接近而已。这类准确性检验最困难，一般只能与其他来源或者统计结果进行比对来发现问题，如果使用过其他数据收集系统或者网站分析工具，那么通过不同数据来源的数据比对可以发现一些数据记录的准确性问题。

3.2.4 及时性

及时性是指数据从产生到可以查看的时间间隔，也叫数据的延时时长。及时性对于数据分析本身来说要求并不高，但如果数据分析周期加上数据建立的时间过长，就可能导致分析得出的结论失去了借鉴意义。所以需要对数据的有效时间进行关注，例如每周的数据分析报告要两周后才能出来，那么分析的结论可能已经失去了时效性，分析师的工作只是徒劳；同时，某些实时分析和决策需要用到小时或者分钟级的数据，这些需求对数据的时效性要求极高，所以及时性也是数据质量的组成要素之一。

3.3 数据清洗

数据清洗的主要目的是对缺失值、噪声数据、不一致数据、异常数据进行处理和对上述数据质量分析时发现的问题进行处理，使得清理后的数据格式符合标准、不存在异常数据等。

1. 缺失值的处理

对于缺失值，处理方法有如下几种。

1）忽略有缺失值的数据。如果某条数据记录存在缺失项，就删除该条记录；如果某个属性列缺失值过多，则在整个数据集中删除该属性，但有可能因此损失大量数据。

2）进行缺失值填补。可以填补某一固定值、平均值或者根据记录填充最有可能值。最有可能值的确定可能会利用决策树、回归分析等。

2. 噪声数据的处理

（1）分箱技术

分箱技术是一种常用的数据预处理方法，通过考察相邻数据来确定最终值，可以实现异常或者噪声数据的平滑处理。基本思想是按照属性值划分子区间，如果属性值属于某个子区间，就将其放入该子区间对应“箱子”内，即为分箱操作。箱的深度表示箱中所含数据记录条数，宽度则表示对应属性值的取值范围。分箱后，考察每个箱子中的数据，按照某种方法对每个箱子中的数据进行处理，常用的方法有按照箱平均值、中值、边界值进行平滑等。在采用分箱技术时，需要确定的两个主要问题是：如何分箱以及如何对每个箱子中的数据进行平滑处理。

（2）聚类技术

聚类技术是将数据集合分组为由类似的数据组成的多个簇（或称为类）。聚类技术主要用于找出并清除那些落在簇之外的值（孤立点）。这些孤立点被视为噪声，不适合于平滑处理。聚类技术也可用于做数据分析，其分类及典型算法等在5.3节有详细说明。

（3）回归技术

回归技术是通过发现两个相关的变量之间的关系，寻找适合两个变量之间的映射关系来平滑处理，即通过建立数学模型来预测下一个数值，包括线性回归和非线性回归，其具体的方法在5.3节有详细说明。

3. 不一致数据的处理

对于数据质量中提到的数据不一致性问题，则需要根据实际情况给出处理方案。可以使用相关材料来进行人工修复，违反给定规则的数据可以用知识工程的工具进行修改。对于多个数据源集成处理时，不同数据源对某些含义相同的字段的编码规则会存在差异，此时则需要对不同数据源的数据进行数据转化。

4. 异常数据的处理

异常数据大部分情况是很难修正的，比如字符编码等问题引起的乱码、字符串被截断、异常的数值等。这些异常数据如果没有规律可循几乎不可能被还原，只能将其直接过滤掉。

有些数据异常则可以被还原，比如原字符串中掺杂了一些其他无用的字符，可以使用取子串的方法，用trim函数去掉字符串前后的空格等；字符串被截断的情况如果可以使用截断后字符子串推导出原完整字符串，那么也可以被还原。数值记录中存在异常大或者异常小的值是可以分析是否由数值单位差异引起的，比如克和千克差了1000倍，这样的数值异常可以通过转化进行处理。数值单位的差异也可以被认为是数据的不一致性，或者是某些数值被错误地放大或缩小，比如数值后面被多加了几个0导致了数据的异常。

3.4 特征工程

在很多应用中，所采集的原始数据维数很高，这些经过数据清洗后的数据成为原始特征。但并不是所有的原始特征都对于后续的分析可以直接提供信息，有些需要经过一些处理，有些甚至是干扰项。特征工程是利用领域知识来处理数据以创建一些特征，以便后续分析使用。特征工程包括特征选择、特征构建、特征提取。目的是能够用尽量少的特征描述原始数据，同时保持原始数据与分析目的相关的特性。

3.4.1 特征选择

特征选择是指从特征集合中挑选一组最具统计意义的特征子集，从而达到降维的效果。特征选择具体从以下几个方面进行考虑。

（1）特征是否发散

如果一个特征不发散，例如方差接近于0，也就是说样本在这个特征上基本没有差异，这个特征对于样本的区分并没有什么用。

（2）特征是否与分析结果相关

相关特征是指其取值能够改变分析结果。显然，与目标相关性高的特征，应当优先选择。

（3）特征信息是否冗余

特征中可能存在一些冗余特征，即两个特征本质上相同，也可以表示为两个特征的相关性比较高。

进行特征选择有以下几种方法。

（1）Filter（过滤法）

按照发散性或者相关性对各特征进行评分，设定阈值或者待选择阈值的个数，选择特征。

（2）Wrapper（包装法）

根据目标函数（通常是预测效果评分），每次选择若干特征或者排除若干特征。

（3）Embedded（集成法）

先使用某些机器学习的算法和模型进行训练，得到各特征的权值系数，根据系数从大到小选择特征。类似于 Filter 方法，不同的是通过训练来确定特征的优劣。

3.4.2 特征构建

特征构建是指从原始特征中人工构建新的特征。特征构建需要很强的洞察力和分析能力，要求能够从原始数据中找出一些具有物理意义的特征。假设原始数据是表格数据，可以使用混合属性或者组合属性来创建新的特征，也可以分解或切分原有的特征来创建新的特征。

3.4.3 特征提取

特征提取是在原始特征的基础上，自动构建新的特征，将原始特征转换为一组更具物理意义、统计意义或者核的特征。特征提取方法包括主成分分析、独立成分分析和线性判别分析。

1. 主成分分析（PrincipalComponent Analysis，PCA）

PCA 的思想是通过坐标轴转换，寻找数据分布的最优子空间，从而达到降维、去除数据间相关性的目的。在数学上，是先用原始数据协方差矩阵的前 N 个最大特征值对应的特征向量构成映射矩阵，然后原始矩阵左乘映射矩阵，从而对原始数据降维。图 3-2 列出了两个随机变量之间协方差的计算公式、怎么计算矩阵的协方差矩阵、矩阵的特征值、特征向量。特征向量可以理解为坐标轴转换中新坐标轴的方向，特征值表示矩阵在对应的特征向量上的方差，特征值越大，方差越大，信息量越多。

协方差：$\text{cov}(X,Y)=\dfrac{\sum_{i=1}^{n}(X_i-\overline{X})(Y_i-\overline{Y})}{n-1}$

协方差矩阵：$C=\begin{pmatrix}\text{cov}(x,x) & \text{cov}(x,y) & \text{cov}(x,z)\\ \text{cov}(y,x) & \text{cov}(y,y) & \text{cov}(y,z)\\ \text{cov}(z,x) & \text{cov}(z,y) & \text{cov}(z,z)\end{pmatrix}$

矩阵A，特征向量x，特征值λ，满足：

$$Ax=\lambda x$$

图 3-2　协方差矩阵的计算

2. 独立成分分析（IndependentComponent Analysis，ICA）

PCA 特征转换降维，提取的是不相关的部分，ICA 获得的是相互独立的属性。ICA 算法本质是寻找一个线性变换 $Z=W_x$，使得 Z 的各特征分量之间的独立性最大。ICA 相比于 PCA 更能刻画变量的随机统计特性，且能抑制噪声。ICA 认为观测到数据矩阵 X 是可以由未知的独立元矩阵 S 与未知的矩阵 A 相乘得到的。ICA 希望通过矩阵 X 求得一个分离矩阵 W，使得

W 作用在 X 上所获得的矩阵 Y 能够逼近独立元矩阵 S，最后通过独立元矩阵 S 表示矩阵 X，所以说 ICA 独立成分分析提取出的是特征中的独立部分。

3. 线性判别分析（Linear Discriminant Analysis，LDA）

LDA 的原理是将带上标签的数据（点），通过投影的方法，投影到维度更低的空间，使得投影后的点会形成按类别区分。相同类别的点，将会在投影后更接近，不同类别的点投影后距离更远。

习题

一、选择题

1. 下列哪项不是集中趋势的主要测度？(　　)

A. 均值　　B. 中位数　　C. 众数　　D. 方差

2. 下列哪项不是离散程度的主要测度？(　　)

A. 极差　　B. 方差　　C. 标准差　　D. 中位数

3. 下列哪项不属于数据质量的评估标准？(　　)

A. 完整性　　B. 一致性　　C. 可控性　　D. 及时性

4. 下列哪项不属于噪声数据处理方法？(　　)

A. 分箱技术　　B. 同化技术　　C. 聚类技术　　D. 回归技术

5. 下列哪项不属于特征提取方法？(　　)

A. 主成分分析　　B. 多重判别分析　　C. 独立成分分析D. 线性判别分析

二、判断题

1. 数据库中不含缺失值的变量被称为完全变量。(　　)

2. 噪声是指被观测变量的随机误差或标准差。(　　)

3. 一致性是指数据是否合乎规范、数据内的数据是否保持一致的格式。(　　)

4. 及时性是指数据产生到可以查看的时间间隔，也叫数据的延时时长。(　　)

5. 特征构建是指从预处理的数据中人工构建新的特征。(　　)

三、填空题

1. 数据分析需要特别关注________、________两点。

2. 一般可以通过数据统计中的________和________两个值来评估数据质量的完整性。

3. 数据质量是数据分析结果的________和________的前提保证。

4. 异常数据如果没有规律可循几乎不可能被还原，只能将其________。

5. 特征提取是在原始特征的基础上，自动________，将原始特征转换为一组更具物理意义、统计意义或者核的特征。

四、简答题

1. 定性数据和定量数据有何不同？

2. 质量好的数据应满足什么条件？

3. 什么是特征工程？特征提取会用到哪些方法？

第 4 章　NumPy——数据分析基础工具

NumPy 是 Python 处理数组和矢量运算的工具包，是进行高性能计算和数据分析的基础，是 Pandas、scikit-learn 和 Matplotlib 的基础。NumPy 提供了对数组进行快速运算的标准数学函数，并且提供了简单易用的面向 C 语言的 API。NumPy 对于矢量运算不仅提供了很多方便的接口，而且比自己手动用基础的 Python 实现数组的运算速度要快。虽然 NumPy 本身没有提供很多高级的数据分析功能，但是对于 NumPy 的了解将有助于后续数据分析工具的使用，所以在此对于 NumPy 进行一个简单的介绍，NumPy 的引入方式如代码 4-1 所示。

代码 4-1　NumPy 引入方式

```
In [1]:  import numpy as np
```

后文代码中如出现“np.”，均代指 numpy，不再赘述。这是 numpy 比较通用的一个表达方式，建议读者也可以这样使用。

4.1　多维数组对象：ndarray

NumPy 中一个重要的基础内容就是其 n 维数组对象：ndarray。该对象保存同一类型的数据，访问方式类似于 list，通过整数下标进行索引。ndarray 对象有一些常用的描述对象特征的属性：shape、ndim、size、dtype 和 itemsize，具体属性说明见表 4-1。代码 4-2 中展示了每个属性的具体使用。

表 4-1　ndarray 对象的常用属性

属　性　名	说　　明
shape	返回一个元组，用于表示 ndarray 各维度的长度，元组的长度为数组的维度（与 ndim 相同），元组每个元素的值代表了 ndarray 每个维度的长度
ndim	ndarray 对象的维度
size	ndarray 中元素的个数，相当于各维度长度的乘积
dtype	ndarray 中存储的元素的数据类型
istemsize	ndarray 中每个元素的字节数

代码 4-2　ndarray 对象每个属性的具体使用

```
In  [1]:  arr = np.array([[1,2,3],[4,5,6]])
In  [2]:  arr.shape
Out [2]:  (2, 3)
```

```
In  [3]: arr.ndim
Out [3]: 2
In  [4]: arr.size
Out [4]: 6
In  [5]: arr.itemsize
Out [5]: 8
In  [6]: arr.dtype
Out [6]: dtype('int64')
```

4.1.1 ndarray的创建

对于ndarray的创建，NumPy提供了很多方式。首先可以使用array函数，接收一切序列类型对象，生成一个新的ndarray对象。通过这个函数可以将别的序列对象转换为ndarray，并且可以显式指定dtype。其次NumPy提供了一些便利的初始化函数。例如，通过ones函数可以创建指定shape的全1数组；通过zeros函数可以创建全0数组；通过arange函数可以创建等间隔的数组等。表4-2中列出了常用的一些ndarray对象的创建函数，代码4-3~代码4-6展示了具体用法，表4-3中列出了ndarray对象存储的具体数据类型的说明。

表4-2 创建ndarray对象的常用函数

函数名称	说明
array	将输入的序列类型数据（如list、tuple、ndarray等）转换为ndarray，返回一个新的ndarray对象
asarray	将输入的序列类型数据（如list、tuple等）转换为ndarray，返回一个新的ndarray对象，但当输入数据是ndarray类型时，则不会生成新的ndarray对象，如代码4-3所示
arange	根据输入的参数，返回等间隔的ndarray，如代码4-4所示。第1行输入和第2行输入返回的ndarray是相同的，默认从0开始，间隔为1，可以自己指定区间和间隔
ones	指定shape，创建全1数组
ones_like	以另一个ndarray的shape为指定shape，创建全1数组
zeros	指定shape，创建全0数组
zeros_like	以另一个ndarray的shape为指定shape，创建全0数组
empty	指定shape，创建新数组，但只分配空间不填充值，默认的dtype为float64，如代码4-5所示
empty_like	以另一个ndarray的shape为指定shape，创建新数组，但只分配空间不填充值，默认的dtype为float64
eye,identity	创建n * n的单位矩阵，对角线为1，其余为0，如代码4-6所示

代码4-3 asarray函数传入参数为ndarray对象时

```
In  [1]: arr_1 = np.array([1,2,3])
In  [2]: arr_2 = np.asarray(arr_1)
In  [3]: arr_2[0] = 5
In  [4]: arr_1[0]
Out [4]: 5
```

代码 4-4　通过 arange 函数创建 ndarray 对象

```
In  [1]:  np.arange(5)
Out [1]:  array([0, 1, 2, 3, 4])
In  [2]:  np.arange(0,5,1)
Out [2]:  array([0, 1, 2, 3, 4])
In  [3]:  np.arange(1,5,2)
Out [3]:  array([1, 3])
```

代码 4-5　通过 empty 函数创建 ndarray 对象

```
In  [1]:  arr_emp = np.empty((2,3))
In  [2]:  arr_emp
Out [2]:  array([[-1.72723371e-077,  -1.72723371e-077,   2.25164165e-314],
                 [ 2.27146036e-314,   2.26750741e-314,   2.26752012e-314]])
In  [3]:  arr_emp.dtype
Out [3]:  dtype('float64')
```

代码 4-6　通过 eye 和 identity 函数创建 ndarray 对象

```
In  [1]:  np.eye(3)
Out [1]:  array([[ 1.,  0.,  0.],
                 [ 0.,  1.,  0.],
                 [ 0.,  0.,  1.]])
In  [2]:  np.identity (4)
Out [2]:  array([[ 1.,  0.,  0.,  0.],
                 [ 0.,  1.,  0.,  0.],
                 [ 0.,  0.,  1.,  0.],
                 [ 0.,  0.,  0.,  1.]])
```

表 4-3　ndarray 对象的数据类型说明

数据类型	类型命名	说　明
整型	int8（i1）、uint8（u1）；int16（i2）、uint16（u2）；int32（i4）、uint32（u4）；int64(i8)、uint64(u8)	有符号和无符号的 8 位、16 位、32 位、64 位整数
浮点型	float16（f2）、float32（f4 或 f）、float64（f8 或 d）、float128(f16 或 g)	float16 为半精度浮点数，存储空间为 16 位 2 字节； float32 为单精度浮点数，存储空间为 32 位 4 字节，与 C 语言的 float 对象兼容； float64 为双精度浮点数，存储空间为 64 位 8 字节，与 C 语言的 double 及 Python 的 float 对象兼容； float128 为扩展精度浮点数，存储空间为 128 位 16 字节
复数类型	complex64(c8)、complex128(c16)、complex256(c32)	两个浮点数表示的复数。 complex64 使用两个 32 位浮点数表示； complex128 使用两个 64 位浮点数表示； complex256 使用两个 128 位浮点数表示

（续）

数据类型	类型命名	说明
布尔型	bool	布尔类型，存储 True 和 False，字节长度为 1
Python 对象	Object	Python 对象类型
字符串	S10 U10	S 为固定长度的字符串类型，每个字符的字节长度为 1，S 后跟随的数字表示要创建的字符串的长度； unicode_为固定长度的 unicode 类型，每个字符的字节长度为 1，U 后跟随的数字表示要创建的字符串的长度

4.1.2 ndarray 的数据类型

若查询某个 ndarray 的 dtype 属性，可以返回一个 dtype 类型的对象，这是 NumPy 的一个特殊的类型。dtype 类型的对象含有 ndarray 将所在内存解释成特定数据类型所需的信息，dtype 的存在是 NumPy 强大和灵活的原因之一，其可以将 ndarray 的数据类型直接映射到相应的机器表示。dtype 中数值型对象的命名规则为：类型名+元素所占位数；例如：int64。对于 NumPy 支持的所有数据类型无须全部记住，只需通过 dtype 属性得知所处理的数据是浮点型、整型、复数类型、布尔型、字符串还是 Python 对象即可。

4.2 ndarray 的索引、切片和迭代

一维 ndarray 的索引（一维数组索引如代码 4-7 所示）、切片和迭代类似于 Python 中对 list 的操作。多维的 ndarray 则可以在每一个维度有一个索引，每个索引可以是数值、数值的 list、切片或者布尔类型的 list。可以通过索引获得 ndarray 的一个切片，与 Python 的 list 不同的是，获得的切片是原始 ndarray 的视图，所以对于切片的修改即是对原始 ndarray 的修改。

代码 4-7　一维数组索引示例

```
In  [1]:  arr = np.arange(0,12) * 4
In  [2]:  arr
Out [2]:  array([ 0, 4,  8, 12, 16, 20, 24, 28, 32, 36, 40, 44])
In  [3]:  arr.shape
Out [3]:  (12,)
In  [4]:  arr[0]
Out [4]:  0
In  [5]:  arr[2:5]
Out [5]:  array([ 8, 12, 16])
In  [6]:  arr[9:2:-1]
Out [6]:  array([36, 32, 28, 24, 20, 16, 12])
In  [7]:  arr[[3,2,4]]
Out [7]:  array([12, 8, 16])
```

在多维的 ndarray 中，可以对各元素进行递归访问，也可以传入一个用逗号隔开的列表来选取单个索引。如果对这句话感到困惑，可以查看代码 4-8 所示的示例。如果省略了后

面的索引，返回对象则是维度低一些的 ndarray，如代码 4-9 所示。如果只是指定第 1 个维度的值，得到的 ndarray 少了一个维度，但是其 shape 与原始 ndarray 后两个维度一致。

代码 4-8　多维数组索引示例 1

```
In  [1]: arr = (np.arange(0,12) * 4).reshape(3,2,2)
In  [2]: arr
Out [2]: array([[[ 0, 4],
                 [ 8, 12]],

                [[16, 20],
                 [24, 28]],

                [[32, 36],
                 [40, 44]]])
In  [3]: arr.shape
Out [3]: (3, 2, 2)
In  [4]: arr[2][1][0]
Out [4]: 40
In  [5]: arr[2,1,0]
Out [5]: 40
```

代码 4-9　多维数组索引示例 2

```
In  [1]: arr = (np.arange(0,12) * 4).reshape(3,2,2)
In  [2]: arr
Out [2]: array([[[ 0, 4],
                 [ 8, 12]],

                [[16, 20],
                 [24, 28]],

                [[32, 36],
                 [40, 44]]])
In  [3]: arr.shape
Out [3]: (3, 2, 2)
In  [4]: arr[1]
Out [4]: array([[16, 20],
                [24, 28]])
In  [5]: arr[1].shape
Out [5]: (2, 2)
In  [6]: arr[1,1]
Out [6]: array([24, 28])
In  [7]: arr[1,1,1]
Out [7]: 28
```

针对 ndarray 的迭代，一维数组则是与 Python 的 list 相同。如果是多维数组，迭代则是针对第 1 个维度进行迭代，也可以通过 ndarray 的 flat 属性实现对 ndarray 每个元素的迭代，如代码 4-10 所示。

代码 4-10　多维数组迭代示例

```
In  [1]:  arr = np. arange(0,12,2). reshape(2,3)
In  [2]:  arr
Out [2]:  array([[ 0, 2, 4],
                 [ 6, 8, 10]])
In  [3]:  for item in arr:
              print ("item:",item)
Out [3]:  item: [0 2 4]
          item: [ 6 8 10]
In  [4]:  for item inarr. flat:
              print ("item:",item)
Out [4]:  item: 0
          item: 2
          item: 4
          item: 6
          item: 8
          item: 10
```

4.3　ndarray 的 shape 操作

ndarray 对象的 shape 可以通过多种命令来改变，修改的方式见表 4-4。某些函数是对 ndarray 本身进行改变，如 resize 函数；有些则是返回一个新的 ndarray 对象，而不改变原来的 ndarray，如 reshape 函数、reval 函数和 T 属性。

表 4-4　修改 ndarray 的 shape

函数名/属性名	是否修改原 ndarray 对象	功 能 描 述
reshape	否	将 ndarray 的 shape 按照传入的参数进行修改，返回一个新的 ndarray 对象
reval	否	将多维 ndarray 的 shape 改为一维，返回一个一维的 ndarray
T	否	返回原 ndarray 对象的转置
resize	是	将 ndarray 的 shape 按照传入的参数进行修改

4.4　ndarray 的基础操作

对于一些用于标量的算术运算，NumPy 可以通过广播的方式将其作用到 ndarray 的每个元素上，返回一个或者多个新的矢量，如代码 4-11 所示。例如，对一个 ndarray 对象进行加一个标量的运算，会对 ndarray 对象的每一个元素进行与标量相加的操作，得到一个新的 ndarray 并返回。此外，同样可以通过通用函数（ufunc）对 ndarray 中的数据进行元素级的操作。这本来是对一些运用于一个或者多个标量的操作，运用在一个或者多个矢量的每一个元素（即标量）上，得到一组结果，返回一个或者多个新的矢量（多个的情况比较少见）。通用函数有一元操作（一元通用函数示例如代码 4-12 所示）和二元操作（二元通用函数示例如代码 4-13 所示）。

代码 4-11　元素级算术运算示例

```
In  [1]:  arr_a = np.arange(0,12,2).reshape(3,2)
In  [2]:  arr_a
Out [2]:  array([[ 0, 2],
                 [ 4, 6],
                 [ 8, 10]])
In  [3]:  arr_a +1
Out [3]:  array([[ 1, 3],
                 [ 5, 7],
                 [ 9, 11]])
In  [4]:  arr_b = np.ones((3,2),dtype='float64')
In  [5]:  arr_b
Out [5]:  array([[ 1., 1.],
                 [ 1., 1.],
                 [ 1., 1.]])
In  [6]:  arr_c = arr_a+arr_b
In  [7]:  arr_c
Out [7]:  array([[  1., 3.],
                 [  5., 7.],
                 [  9., 11.]])
In  [8]:  arr_c.dtype
Out [8]:  dtype('float64')
```

代码 4-12　一元通用函数示例

```
In  [1]:  arr = np.arange(0,12,2).reshape(3,2)
In  [2]:  arr_exp = np.exp(arr)
In  [3]:  arr_exp
Out [3]:  array([[  1.00000000e+00,   7.38905610e+00],
                 [  5.45981500e+01,   4.03428793e+02],
                 [  2.98095799e+03,   2.20264658e+04]])
In  [4]:  np.modf(arr_exp)
Out [4]:  (array([[ 0.          ,  0.3890561 ],
                  [ 0.59815003,  0.42879349],
                  [ 0.95798704,  0.46579481]]),
           array([[  1.00000000e+00,   7.00000000e+00],
                  [  5.40000000e+01,   4.03000000e+02],
                  [  2.98000000e+03,   2.20260000e+04]]))
```

代码 4-13　二元通用函数示例

```
In  [1]:  arr_a = np.arange(0,12,2).reshape(3,2)
In  [2]:  arr_a
Out [2]:  array([[ 0, 2],
                 [ 4, 6],
                 [ 8, 10]])
In  [3]:  arr_b = np.ones((3,2),dtype='float64')
In  [4]:  arr_b
Out [4]:  array([[ 1. , 1. ],
                 [ 1. , 1. ],
                 [ 1. , 1. ]])
In  [5]:  np.multiply(arr_a,arr_b)
Out [5]:  array([[  0. , 2. ],
                 [  4. , 6. ],
                 [  8. , 10. ]])
```

4.5　习题

一、选择题

1. 关于 NumPy 说法不正确的是（　　）。

A. NumPy 是 Python 处理数组和向量运算的库

B. NumPy 是高性能计算的基础

C. NumPy 是数据分析的基础

D. Pandas、scikit-learn 和 Matplotlib 是 NumPy 的基础

2. 关于 ndarray 对象说法不正确的是（　　）。

A. ndarray 对象指的是多维数组对象

B. ndarray 对象是 NumPy 中很重要的对象

C. ndarray 保存的是同一类型的对象

D. ndarray 的访问方式与列表相同

3. 下列哪项不是描述 ndarray 对象的属性（　　）。

A. shape　　B. ndim　　C. array　　D. size

4. 创建单位矩阵，对角线元素为 1，其余为 0，需要用到下列哪个函数（　　）。

A. ones　　B. ones_like　　C. empty_like　　D. eye、identity

5. 下列函数说法正确的是（　　）。

A. reshape 会修改原 adarray 对象

B. reval 不会修改原 adarray 对象

C. T 会修改原 adarray 对象

D. resize 不会修改原 adarray 对象

二、判断题

1. float16 为半精度浮点数。(　　)
2. float128 为双精度浮点数。(　　)
3. complex128(c16)为使用两个双精度浮点数表示的复数。(　　)
4. empty 指定 shape，创建新数组，且填充为 0。(　　)
5. size 指 ndarray 对象的维度。(　　)

三、填空题

1. 代码中用“________”指代 NumPy。
2. 查询某个 ndarray 对象的 dtype 属性，会返回一个________类型的对象。
3. T 函数返回原 ndarray 对象的________。
4. 布尔值的字节长度为________。
5. ndim 指 ndarray 对象的________。

四、简答题

1. ndarray 支持哪些数据类型？
2. 举例说明 Numpy 的广播机制。
3. ndarray 有哪些迭代方式？

第 5 章　Pandas——处理结构化数据

Pandas 是 Python 的一个开源工具包，为 Python 提供了高性能、简单易用的数据结构和数据分析工具。Pandas 提供了方便的类表格的统计操作和类 SQL 操作，使之可以方便地做一些数据预处理工作。同时提供了强大的缺失值处理等功能，使预处理工作更加便捷。

Pandas 可以完成以下工作。

1）索引对象：包括简单的索引和多层次的索引。

2）引擎集成组合：用于汇总和转换数据集合。

3）日期范围生成器以及自定义日期偏移（实现自定义频率）。

4）输入工具和输出工具：从各种格式的文件中（如 CSV、Delimited、Excel）加载表格数据，以及从 PyTables/HDF5 格式中保存和加载 Pandas 对象。

5）标准数据结构的“稀疏”形式：可以用于存储大量缺失或者大量一致的数据。

6）移动窗口统计：如滚动平均值、滚动标准偏差等。

5.1　基本数据结构

Pandas 提供了两种主要的数据结构：Series 与 DataFrame。两者分别适用于一维和多维数据，是在 NumPy 的 ndarray 基础上加入了索引而形成的高级数据结构。

为了方便起见，本书后文引入 Pandas 的方式默认采用代码 5-1 所示方式。

代码 5-1　Pandas 引入方式

```
In [1]: import pandas as pd
In [2]: from pandas import DataFrame, Series
```

后文代码中如出现“pd.”，均代指 pandas，不再赘述。

5.1.1　Series

Series 是 Pandas 中重要的数据结构，类似于一维数组与字典的结合。它是一个有标签的一维数组，标签在 Pandas 中有对应的数据类型 index。

1. Series 的创建

Series 创建时可以接收多种输入，包括 list、NumPy 的 ndarray、dict，甚至标量。index 参数可以选择性地传入。

代码 5-2 所示为创建简单的 Series 对象的示例。在示例中，由于在定义 Series 时并没有指定索引，因此 Pandas 自动创建了一个从 $0\sim n-1$ 的序列作为索引（n 为序列长度）。在 Series 对象输出时，每一行为 Series 中的一个元素，左侧为索引，右侧为值。

代码 5-2　创建简单的 Series 对象

```
In  [1]:  obj_a = Series([1,2,3,4])
In  [2]:  obj_a
Out [2]:  0   1
          1   2
          2   3
          3   4
          dtype: int64
```

代码 5-3 所示为利用字典创建 Series 对象的示例，其索引默认为字典的键值，也可以通过 index 参数指定。

代码 5-3　利用字典创建 Series 对象

```
In  [1]:  disc = {'a':1, 'b':2, 'c':3}
In  [2]:  obj_c = Series(disc)
In  [3]:  obj_c
Out [3]:  a   1
          b   2
          c   3
          dtype: int64
```

代码 5-4 所示为指定一个用字典创建的 Series 对象的索引的示例。在示例中可以看到，字典中与指定索引相匹配的值被放到了正确的位置上，而不能匹配的索引其对应的值被标记为 NaN，这个过程叫作数据对齐，在后面的章节会讲到。NaN 即 Not a Number（非数字），在 Pandas 中，这个标记被用来表示缺失值。

代码 5-4　指定一个用字典创建的 Series 对象的索引

```
In  [1]:  disc = {'a':1, 'b':2, 'c':3}
In  [2]:  obj_d = Series(disc, index = ['a', 'b', 'd'])
In  [3]:  obj_d
Out [3]:  a   1
          b   2
          d   NaN
          dtype: int64
```

2. Series 的访问

Series 既像一个 ndarray（对于大多数 NumPy 函数是类似 ndarray 的可用参数），同时又像一个固定大小的 dict。所以可以通过 iloc 函数和 loc 函数对 Series 进行访问。此外，可以直接通过类似数组和类似属性的方式对其进行访问。代码 5-5 所示为利用索引值筛选 Series 对象中的值的示例，具体的访问细节可以看后文中对索引的操作章节。

代码 5-5　利用索引值筛选 Series 对象中的值

```
In  [1]:  obj_b['a']
Out [1]:  1
```

```
In  [2]:  obj_b[['a', 'b', 'c']]
Out [2]:  a    1
          b    2
          c    3
          dtype: Int64

In  [3]:  obj_b['d'] = 100
In  [4]:  obj_b['d']
Out [4]:  100
In  [5]:  obj_b.d
Out [5]:  100
```

至此，可以发现，Series 与 Python 基本数据结构中的字典十分类似。严格来讲，Series 可以理解为一个定长、有序的字典结构，一些需要字典结构的地方也可以使用 Series。

3. Series 的操作

在进行数据分析工作时，通常像数组一样对 Series 的每个值进行循环的操作是没有必要的。NumPy 对 ndarray 可以进行的操作对于 Series 同样可以进行。同时由于索引的存在，在操作时存在数组对齐的问题。

4. Series 的 name 属性

Series 对象的索引与值可以分别通过 index 与 values 属性获取。对于代码 5-5 中的对象 obj_a，其 index、values 两个属性具体值如代码 5-6 所示。

代码 5-6　Series 对象的 index 与 values 属性的具体值

```
In  [1]:  obj_a.index
Out [1]:  Int64Index([0,1,2,3])
In  [2]:  obj_a.values
Out [2]:  array([1,2,3,4])
```

5.1.2　DataFrame

DataFrame 是有标签的二维数组，类似于一个表格或者 SQL 中的 table，或者是一个 Series 对象的 dict，是 Pandas 中最常用的数据结构之一。DataFrame 分为行索引（index）和列索引（columns）。

1. DataFrame 的创建

DataFrame 创建时可以接收多种输入，包括为一维的 ndarray、list、dict 或者 Series；二维的 ndarray；一个 Series；其他的 DataFrame 等。在创建 DataFrame 时，行索引和列索引可以通过 index 和 columns 参数指定，若没有明确给出，则会有默认值，默认值为从 0 开始的连续数字。对于通过 Series 的 dict 创建 DataFrame 的情况，若指定 index，则会丢弃所有未与指定 index 匹配的数据。

代码 5-7 所示为通过值为 list 的 dict 创建一个 DataFrame 对象的示例。与 Series 类似，DataFrame 对象在创建时会默认使用字典中的键值作为列索引，行索引默认为一个 $0 \sim n-1$ 的序列（n 为行数）。也可以使用 columns 参数指定列索引，如代码 5-8 所示。字典中的数据会按照指定的顺序排列，未定义的数据会标记为 NaN。

代码 5-7　通过值为 list 的 dict 创建一个 DataFrame 对象

```
In  [1]:  dict = {'a':[1,2,3], 'b':[4,5,6], 'c':[7,8,9]}
In  [2]:  obj_a =DataFrame(dict)
In  [3]:  obj_a
Out [3]:     a  b  c
          0  1  4  7
          1  2  5  8
          2  3  6  9
```

代码 5-8　使用 columns 参数指定列索引

```
In  [1]:  dict = {'a':[1,2,3], 'b':[4,5,6], 'c':[7,8,9]}
In  [2]:  obj_b =DataFrame(dict, columns = ['b', 'a', 'd'])
In  [3]:  obj_b
Out [3]:     b  a   d
          0  4  1  NaN
          1  5  2  NaN
          2  6  3  NaN
```

DataFrame 的行、列索引与数据可以通过 columns、index 以及 values 获取。

对于代码 5-8 所示的示例中的 obj_b，其 columns、index 以及 values 3 个属性结果如代码 5-9 所示。

代码 5-9　DataFrame 对象的 columns、index 以及 values 属性结果

```
In  [1]:  obj_b.columns
Out [1]:  Index(['b', 'a', 'd'],dtype='object')
In  [2]:  obj_b.index
Out [2]:  RangeIndex(start=0, stop=3, step=1)
In  [3]:  obj_b.values
Out [3]:  array( [[4, 1, nan],
                 [5, 2, nan],
                 [6, 3, nan]],dtype=object)
```

代码 5-10 所示为通过值为 Series 对象的 dict 创建一个 DataFrame 对象的示例。示例完成了从 Series 对象的 dict 中创建 DataFrame 对象，每个 Series 为一列，若不指定 index，则会以所有 Series 的 index 属性的并集作为 DataFrame 的 index。若某个 Series 中不存在对应的 index，则赋值为 NaN；若指定 index，则会与指定索引相匹配，不能匹配的索引其对应的值被标记为 NaN。也可以通过 from_dict 函数完成 Dataframe 对象的创建，要求 data 是一个 dict，from_dict 的 orient 参数默认值为 columns，可以修改为 index，生成 DataFrame 的 index 和 columns 与参数值为 columns 时相反。

代码 5-10　通过值为 Series 对象的 dict 创建一个 DataFrame 对象

```
In  [1]: dict_ser = {'one':pd.Series([1,2,3],index = ['a','b','c']),
                      'two':pd.Series([4,5,6],index = ['b','c','d'])}
In  [2]: df_dict_ser = pd.DataFrame(dict_ser)
In  [3]: df_dict_ser
Out [3]:    one  two
         a  1.0  NaN
         b  2.0  4.0
         c  3.0  5.0
         d  NaN  6.0
In  [4]: pd.DataFrame(dict_ser,index = ['c','d','e'])
Out [4]:    one  two
         c  3.0  5.0
         d  NaN  6.0
         e  NaN  NaN
In  [5]: pd.DataFrame.from_dict(dict_ser,orient='index')
Out [5]:      b  c    d    a
         one  2  3  NaN  1.0
         two  4  5  6.0  NaN
```

代码 5-11 所示是通过一个元素为 dict 的 list 创建 DataFrame 对象的示例。示例中，所有 dict 中的 key 值作为创建的 DataFrame 的 columns，每个 dict 作为一行，key 值不存在的列标记为 NaN，不指定 index，index 为默认值。

代码 5-11　通过一个元素为 dict 的 list 创建 DataFrame 对象

```
In  [1]: list_dict = [{'a':1,'b':2},
                      {'b':3,'c':3}]
In  [2]: pd.DataFrame(list_dict)
Out [2]:      a  b    c
         0  1.0  2  NaN
         1  NaN  3  3.0
```

代码 5-12 所示为通过一个 Series 对象创建 DataFrame 对象的示例。示例中，展示了从一个 series 中创建 DataFrame 对象，一个 series 为一列，其 name 为其列名。

代码 5-12　通过一个 Series 对象创建 DataFrame 对象

```
In  [1]: ser = pd.Series([1,2,3],index = ['a','b','c'],name='ser1')
In  [2]: pd.DataFrame(ser)
Out [2]:    ser1
         a     1
         b     2
         c     3
```

2. DataFrame 的访问

作为一个类似表格的数据类型，DataFrame 的访问方式有多种，可以通过列索引，也可以通过行索引，具体说明请见 5.2 节。代码 5-13 所示为 DataFrame 对象的访问示例，先通过一些简单示例让读者有一些直观感受。

代码 5-13　DataFrame 对象的访问

```
In  [1]: df = pd.DataFrame(np.random.randn(4,5), columns = list('ABCDE'), index = range
         (1,5))
In  [2]: df
Out [3]:        A         B         C         D         E
         1  1.006230 -0.099909 -1.581663 -0.850088  1.505144
         2 -0.594370  0.220057  1.356661 -1.464286 -0.382851
         3 -2.081844 -1.546638 -0.383995  0.036639  1.037210
         4 -1.447071 -2.357322 -1.676906 -2.264452 -1.268260
In  [4]: df.loc[1]
Out [4]: A    1.006230
         B   -0.099909
         C   -1.581663
         D   -0.850088
         E    1.505144
         Name: 1,dtype: float64
In  [5]: df.loc[1,'A']
Out [5]: 1.006230383161022
In  [6]: df['A']
Out [6]: 1    1.006230
         2   -0.594370
         3   -2.081844
         4   -1.447071
         Name: A,dtype: float64
In  [7]: df['A'][1]
Out [7]: -0.594370
In  [8]: df.iloc[0:2]
Out [8]:       A         B         C         D         E
         1  1.00623 -0.099909 -1.581663 -0.850088  1.505144
         2 -0.59437  0.220057  1.356661 -1.464286 -0.382851
```

代码 5-13 的示例中通过 loc 对 DataFrame 进行了基于行索引标签的访问，也可以直接通过列索引的标签对 DataFrame 进行访问，iloc 函数则是基于行索引的位置进行访问的。

DataFrame 本身可以进行很多算术运算操作，包括加减乘除和转置。NumPy 对矩阵可以进行代码 5-14、代码 5-15、代码 5-16 所示的示例，分别展示了通过 drop、del 和 pop 对 DataFrame 对象完成行和列的删除操作。DataFrame 的删除操作具体说明见表 5-1。一系列操作的函数都可以运用于 DataFrame，但是要注意数据对齐问题。

代码 5-14 DataFrame 对象的 drop 操作

```
In [1]: df = pd.DataFrame(np.random.randn(4,5),
                          columns = list('ABCDE'),
                          index = range(1,5))
In [2]: df
Out [3]:      A         B         C         D         E
        1  1.006230 -0.099909 -1.581663 -0.850088  1.505144
        2 -0.594370  0.220057  1.356661 -1.464286 -0.382851
        3 -2.081844 -1.546638 -0.383995  0.036639  1.037210
        4 -1.447071 -2.357322 -1.676906 -2.264452 -1.268260
In [4]: df.drop(['A'],axis=1)
Out [4]:      B         C         D         E
        1 -0.099909 -1.581663 -0.850088  1.505144
        2  0.220057  1.356661 -1.464286 -0.382851
        3 -1.546638 -0.383995  0.036639  1.037210
        4 -2.357322 -1.676906 -2.264452 -1.268260
In [5]: df.drop(1,inplace= True)
In [6]: df
Out [6]:      A         B         C         D         E
        2 -0.594370  0.220057  1.356661 -1.464286 -0.382851
        3 -2.081844 -1.546638 -0.383995  0.036639  1.037210
        4 -1.447071 -2.357322 -1.676906 -2.264452 -1.268260
```

代码 5-15 DataFrame 对象的 del 操作

```
In [1]: del df['A']
In [2]: df
Out [2]:      B         C         D         E
        2  0.220057  1.356661 -1.464286 -0.382851
        3 -1.546638 -0.383995  0.036639  1.037210
        4 -2.357322 -1.676906 -2.264452 -1.268260
```

代码 5-16 DataFrame 对象的 pop 操作

```
In [1]: column_B = df.pop('B')
In [2]: Column_B
Out [2]: 2     0.220057
         3    -1.546638
         4    -2.357322
         Name: B,dtype: float64
In [3]: type(Column_B)
Out [3]: <class 'pandas.core.series.Series'>
```

```
In  [4]: df
Out [4]:     C          D          E
         2  1.356661  -1.464286  -0.382851
         3  -0.383995  0.036639  1.037210
         4  -1.676906  -2.264452  -1.268260
```

表 5-1　DataFrame 对象的删除操作具体说明

操作	功　能	是否改变原 DataFrame 对象
del	对 DataFrame 完成列的删除	是
pop	对 DataFrame 完成列的删除，并以 Series 对象返回被删除列	是
drop	对 DataFrame 完成行或列的删除。默认 axis = 0，表示是对行的删除，当 axis = 1 时，则是对列的删除	inplace 参数默认为 False，若不指定 inpace = Ture，则不会对原 DataFrame 对象进行改变，而是返回一个新的 DataFrame 对象，所以代码 5-14 中的 out[6]、最后的 df 中并没有删除 A 列

代码 5-17 所示为 DataFrame 对象的增加列操作的示例。示例中，展示了为 DataFrame 对象增加列的简单操作。可以通过直接为一个不存在的列添加值的方式插入一列，通过传入一个标量值，标量值会通过广播的形式填充整个列；也可以传入一个 Series 对象来插入一列，如果 index 不匹配，将会遵循 DataFrame 对象的index，将不存在的赋值为 NaN。

代码 5-17　DataFrame 对象的增加列操作

```
In  [1]: df['F'] = 'f'
In  [2]: df
Out [2]:     C          D          E       F
         2  1.356661  -1.464286  -0.382851  f
         3  -0.383995  0.036639  1.037210   f
         4  -1.676906  -2.264452  -1.268260  f
In  [3]: df['part_C'] = df['C'][:2]
In  [4]: df
Out [4]:     C          D          E       F    part_C
         2  1.356661  -1.464286  -0.382851  f    1.356661
         3  -0.383995  0.036639  1.037210   f    -0.383995
         4  -1.676906  -2.264452  -1.268260  f    NaN
In  [5]: df['G'] = pd.Series(['one','two','three','four'],index = [1,2,3,4])
In  [6]: df
Out [6]:     C          D          E       F  part_C     G
         2  1.356661  -1.464286  -0.382851  f  1.356661   two
         3  -0.383995  0.036639  1.037210   f -0.383995   three
         4  -1.676906  -2.264452  -1.268260  f  NaN        four
In  [7]: df.insert(0,'before_C',df['C'])
In  [8]: df
Out [8]:    before_C     C          D          E       F  part_C     G
         2  1.356661   1.356661  -1.464286  -0.382851  f  1.356661   two
         3  -0.383995  -0.383995  0.036639  1.037210   f -0.383995   three
         4  -1.676906  -1.676906  -2.264452  -1.268260  f  NaN        four
```

5.2 基于 Pandas 的 Index 对象的访问操作

通过分片、分块等操作，Pandas 中的索引可以简便地获取数据集的子集。本节将讲解对 Series 和 DataFrame 的索引操作，操作包括访问、选取和过滤。

5.2.1 Pandas 的 Index 对象

前文介绍的 Pandas 中的两个重要数据结构都具备索引。Series 中的 index 属性，DataFrame 中的 index 属性和 columns 属性都是 Pandas 的 Index 对象[⊖]，Pandas 的 Index 对象负责管理轴标签和其他元素（如轴名称等），如代码 5-18 所示。在创建 Series 和 DataFrame 时，用到的数组或者 dict 等其他序列的标签都会转换为 Index 对象。Index 对象的特征包括不可修改、有序及可切片的。其中一个重要特征是不可修改，只有这样才能保证在多个数据结构间的安全共享，如代码 5-19 所示。

Index 对象有多种类型，常见的类型包括 Index、Int64Index、MultiIndex、DatetimeIndex 以及 PeriodIndex。其中 Index 是最泛化的类型，可以理解为其他类型的父类，意思是将轴标签表示为一个由 Python 对象组成的 NumPy 数组；Int64Index 针对的是整数；MultiIndex 针对的是多层索引；DatetimeIndex 针对的是存储时间戳；PeriodIndex 针对的是时间间隔数据。下述示例中可以看到部分 Index 对象类型。

关于 Index 对象的一些基本操作，Pandas 提供了许多类似集合的操作，包括元素是否在 Index 中，元素的插入、删除等（如代码 5-20 所示），以及两个 Index 的连接，计算交集、并集、差集等（如代码 5-21 所示）。Index 对象函数的具体操作说明见表 5-2，它们统一的特点是不改变原有的 Index 对象。

表 5-2　Index 对象函数的具体操作说明

函　数	说　明	示　例
delete	删除索引 i 处的元素，返回新的 Index 对象（可以传入索引的数组）	代码 5-20
drop	删除传入的元素 e，返回新的 Index 对象（可以传入元素的数组）	
insert	将元素插入索引 i 处，返回新的 Index 对象	
append	连接另一个 Index 对象，返回新的 Index 对象	代码 5-21
union	与另一个 Index 对象进行并操作，返回两者的并集	
difference	与另一个 Index 对象进行差操作，返回两者的差集	
Intersection	与另一个 Index 对象进行交操作，返回两者的交集	
isin	判断 Index 对象中每个元素是否在参数所给的数组类型对象中，返回一个与 Index 对象长度相同的 Bool 数组	
is_monotonic	当每个元素都大于前一个元素时，返回 True	
is_unique	当 Index 对象中没有重复值时，返回 True	
unique	返回没有重复数据的 Index 对象	

代码 5-18 所示为获取 DataFrame 的 index 和 columns 属性的示例。示例中创建了一个 DataFrame 对象并获取其 index 和 columns 属性，并对其类型进行了查看，类型包括 Date-

⊖ 本书首字母小写的 index 指 Series 和 DataFrame 的 index 属性，首字母大写的 Index 指 Pandas 的 Index 类。

timeIndex 类型和 Index 类型。

代码 5-18　获取 DataFrame 的 index 和 columns 属性

```
In  [1]:  dates = pd.date_range('1/1/2000', periods=8)
In  [2]:  df = pd.DataFrame(np.random.randn(8, 4), index=dates, columns=['A', 'B', 'C', 'D'])
In  [3]:  df
Out [3]:                    A          B          C          D
          2000-01-01  0.377461  -0.910223  -0.520959  -1.349375
          2000-01-02 -0.416904  -1.752739  -0.949096   0.115223
          2000-01-03  0.408090   0.120493  -0.683151  -1.631512
          2000-01-04  0.661525  -0.606332  -1.738339  -0.187278
          2000-01-05 -0.813269  -0.835680  -0.413794  -0.841676
          2000-01-06  0.557145   0.180618  -0.097099   0.003760
          2000-01-07 -0.874148   0.684596  -1.473793  -1.083367
          2000-01-08  0.027923   0.439115   0.005838  -0.573425
In  [4]:  df_index = df.index
In  [5]:  type(df_index)
Out [5]:  <class 'pandas.tseries.index.DatetimeIndex'>
In  [6]:  df_columns = df.columns
In  [7]:  type(df_columns)
Out [7]:  <class 'pandas.indexes.base.Index'>
```

代码 5-19 所示为 Index 对象的不可修改特性的示例。示例中初始化了一个 Index 对象并展示了 Index 对象的不可修改特性，修改时会报出不支持修改操作的错误（Index does not support mutable operations）。

代码 5-19　Index 对象的不可修改特性

```
In  [1]:  index = pd.Index(np.arange(1,5))
In  [2]:  index
Out [2]:  Int64Index([1, 2, 3, 4],dtype='int64')
In  [3]:  index[1] = 3
Out [3]:  Traceback (most recent call last):
            File "<stdin>", line 1, in <module>
            File "/Users/lasia/anaconda/lib/Python2.7/site-packages
                  /pandas/indexes/base.py", line 1404, in __setitem__
              raiseTypeError("Index does not support mutable operations")
          TypeError: Index does not support mutable operations
```

代码 5-20　Index 对象的切片、删除、插入操作

```
In  [1]:  index = pd.Index(np.arange(1,5))
In  [2]:  index
Out [2]:  Int64Index([1, 2, 3, 4],dtype='int64')
In  [3]:  index[1:3]
Out [3]:  Int64Index([2, 3],dtype='int64')
```

```
In  [4]:  index_2 = index.delete([0,2])
In  [5]:  Index_2
Out [5]:  Int64Index([2, 4],dtype='int64')
In  [6]:  index_3 = index.drop(2)
In  [7]:  Index_3
Out [7]:  Int64Index([1, 3, 4],dtype='int64')
In  [8]:  index_4 = index.insert(1,5)
In  [9]:  Index_4
Out [9]:  Int64Index([1, 5, 2, 3, 4],dtype='int64')
In  [10]: index
Out [10]: Int64Index([1, 2, 3, 4],dtype='int64')
```

代码 5-21　Index 对象间的并、交、差等操作

```
In  [1]:  index_a = pd.Index(['a','c','e'])
In  [2]:  index_b = pd.Index(['b','d','e'])
In  [3]:  index_c = index_a.append(index_b)
In  [4]:  index_c
Out [4]:  Index([u'a', u'c', u'e', u'b', u'd', u'e'],dtype='object')
In  [5]:  index_d = index_a.union(index_b)
In  [6]:  Index_d
Out [6]:  Index([u'a', u'b', u'c', u'd', u'e'],dtype='object')
In  [7]:  index_e = index_a.difference(index_b)
In  [8]:  Index_e
Out [8]:  Index([u'a', u'c'],dtype='object')
In  [9]:  index_f = index_a.intersection(index_b)
In  [10]: Index_f
Out [10]: Index([u'e'],dtype='object')
In  [11]: Index_a
Out [11]: Int64Index([1, 2, 3, 4],dtype='int64')
```

5.2.2　索引的不同访问方式

通过 Series 和 DataFrame 的 Index 对象可以对数据进行方便快捷的访问。在基本数据结构章节简略介绍了一些访问方式，但是没有详细说明其能接收哪些数据作为输入，以及它们之间的区别。

索引主要关注调用方式和接收参数类型两个方面。在调用方式方面分为 4 种：loc 方式、iloc 方式、类似 dict 的[ ]访问方式，以及类似属性通过“.”标识符的访问方式。前 3 种访问方式的输入数据类型有些相似，包括单个标量，数组或者 list，布尔类型数组或者回调函数。使用布尔类型数组或者回调函数作为输入数据一般很少见，所以会单独给出说明。

1. 调用方式

（1）loc 方式

Pandas 的 loc 函数的输入主要关注 index 的 label（标签），筛选条件与 label 相关，接收

index 的 label 作为参数输入，如代码 5-22 所示。

包括单个的 label、label 的数组或者 label 的分片（slice）表达形式；可以接收一个布尔数组作为参数输入；可以接收参数为调用 loc 函数的对象（Series 或者 DataFrame 类型）的回调函数作为参数输入。

（2）iloc 方式

iloc 函数与 loc 函数不同，其关注的则是 index 的 position。index 的 position 作为参数输入，包括表示 position 的单个整数、position 的数组或者 position 的分片（slice）表达形式；可以接收一个布尔数组作为参数输入；可以接收参数为调用 loc 函数的对象（Series 或者 DataFrame 类型）的回调函数作为参数输入，如代码 5-23 所示。

（3）类似 dict 方式的访问

可以将 Seires 和 DataFrame 看作为一个 dict，而 DataFrame 相当于每一个元素是 Series 的 dict，所以可以用类似 dict 访问的方式来访问 Series 和 DataFrame，如代码 5-24 所示。

（4）类似属性方式的访问

接收参数类型包括单个变量、数组形式（list 或者 NumPy 的 ndarray）、布尔数组或者回调函数。

2. 调用方式间的区别

（1）loc 函数和 iloc 函数的区别

loc 函数和 iloc 函数都是对 index 的访问（Series 的 index 和 DataFrame 的 index），对于 DataFrame 也可以实现对某个 index 下的某个 column 的访问。这两种方式接收的数据类型相同但是含义不同，loc 函数接收 Index 对象（index 和 columns）的 label，而 iloc 函数接收 Index 对象（index 和 columns）的 position。

（2）通过 loc 访问和通过[ ]访问的区别

loc 函数和[ ]都是接收 Index 对象（index 和 columns）的 label 作为参数，但是 loc 函数是对 index 的访问（Series 的 index 和 DataFrame 的 index），[ ]在 DataFrame 中则是对 columns 的访问，在 Series 中无差别。

代码 5-22　loc 的基础行索引相关操作

```
In  [1]: dates = pd.date_range('1/1/2000', periods=8)
In  [2]: df = pd.DataFrame(np.random.randn(8, 4), index=dates, columns=['A', 'B', 'C', 'D'])
In  [3]: df
Out [3]:                    A          B          C          D
         2000-01-01  1.997470   0.202733  -0.199973   1.226511
         2000-01-02 -0.572976  -0.444118  -0.644868   1.986125
         2000-01-03 -1.493009  -0.362707   0.086507  -0.914571
         2000-01-04  0.208049  -1.721350   0.771815  -0.635762
         2000-01-05  1.821612  -0.826492  -0.377324   0.633104
         2000-01-06  0.573561   0.406416  -0.204209   2.034564
         2000-01-07 -0.507856  -0.116242   0.677616   0.147244
         2000-01-08 -0.671501   0.252203  -2.193174   0.988134
```

```
In [4]: df.loc['2000-01-01']
Out [4]: A    1.997470
         B    0.202733
         C   -0.199973
         D    1.226511
         Name: 2000-01-01 00:00:00,dtype: float64
In [5]: df.loc['2000-01-01':'2000-01-04',['A','C']]
Out [5]:                   A         C
         2000-01-01  1.997470 -0.199973
         2000-01-02 -0.572976 -0.644868
         2000-01-03 -1.493009  0.086507
         2000-01-04  0.208049  0.771815
In [6]: df.loc[df['A'] > 0]
Out [6]:                   A         B         C         D
         2000-01-01  1.997470  0.202733 -0.199973  1.226511
         2000-01-04  0.208049 -1.721350  0.771815 -0.635762
         2000-01-05  1.821612 -0.826492 -0.377324  0.633104
         2000-01-06  0.573561  0.406416 -0.204209  2.034564
```

代码 5-23　iloc 的基础行索引相关操作

```
In [1]: dates = pd.date_range('1/1/2000', periods=8)
In [2]: df = pd.DataFrame(np.random.randn(8, 4), index=dates, columns=['A', 'B', 'C', 'D'])
In [3]: df
Out [3]:                   A         B         C         D
         2000-01-01  1.997470  0.202733 -0.199973  1.226511
         2000-01-02 -0.572976 -0.444118 -0.644868  1.986125
         2000-01-03 -1.493009 -0.362707  0.086507 -0.914571
         2000-01-04  0.208049 -1.721350  0.771815 -0.635762
         2000-01-05  1.821612 -0.826492 -0.377324  0.633104
         2000-01-06  0.573561  0.406416 -0.204209  2.034564
         2000-01-07 -0.507856 -0.116242  0.677616  0.147244
         2000-01-08 -0.671501  0.252203 -2.193174  0.988134
In [4]: df.iloc[0]
Out [4]: A    1.997470
         B    0.202733
         C   -0.199973
         D    1.226511
         Name: 2000-01-01 00:00:00,dtype: float64
In [5]: df.iloc[[0,4],1:3]
Out [5]:                   B         C
         2000-01-01  0.202733 -0.199973
         2000-01-05 -0.826492 -0.377324
In [6]: [df['A'] > 0]
```

```
Out [6]:                A          B          C          D
         2000-01-01  1.997470   0.202733 -0.199973   1.226511
         2000-01-04  0.208049  -1.721350  0.771815  -0.635762
         2000-01-05  1.821612  -0.826492 -0.377324   0.633104
         2000-01-06  0.573561   0.406416 -0.204209   2.034564
```

代码 5-24　基础列索引相关操作

```
In  [1]:  dates = pd.date_range('1/1/2000', periods=8)
In  [2]:  df = pd.DataFrame(np.random.randn(8, 4), index=dates, columns=['A', 'B', 'C', 'D'])
In  [3]:  df
Out [3]:                A          B          C          D
          2000-01-01  1.997470   0.202733 -0.199973   1.226511
          2000-01-02 -0.572976  -0.444118 -0.644868   1.986125
          2000-01-03 -1.493009  -0.362707  0.086507  -0.914571
          2000-01-04  0.208049  -1.721350  0.771815  -0.635762
          2000-01-05  1.821612  -0.826492 -0.377324   0.633104
          2000-01-06  0.573561   0.406416 -0.204209   2.034564
          2000-01-07 -0.507856  -0.116242  0.677616   0.147244
          2000-01-08 -0.671501   0.252203 -2.193174   0.988134
In  [4]:  df['A']
Out [4]:  2000-01-01    1.997470
          2000-01-02   -0.572976
          2000-01-03   -1.493009
          2000-01-04    0.208049
          2000-01-05    1.821612
          2000-01-06    0.573561
          2000-01-07   -0.507856
          2000-01-08   -0.671501
          Freq: D, Name: A,dtype: float64
In  [5]:  type(df['A'])
Out [5]:  pandas.core.series.Series
In  [6]:  df[['A','B']]
Out [6]:                A          B
          2000-01-01  1.997470   0.202733
          2000-01-02 -0.572976  -0.444118
          2000-01-03 -1.493009  -0.362707
          2000-01-04  0.208049  -1.721350
          2000-01-05  1.821612  -0.826492
          2000-01-06  0.573561   0.406416
          2000-01-07 -0.507856  -0.116242
          2000-01-08 -0.671501   0.252203
```

```
In  [7]:  type(df[['A','B']])
Out [7]:  pandas.core.frame.DataFrame
In  [8]:  df['2000-01-01':'2000-01-04']
Out [8]:                    A         B         C         D
          2000-01-01  1.997470  0.202733 -0.199973  1.226511
          2000-01-02 -0.572976 -0.444118 -0.644868  1.986125
          2000-01-03 -1.493009 -0.362707  0.086507 -0.914571
          2000-01-04  0.208049 -1.721350  0.771815 -0.635762
```

3. 特殊的输入类型

（1）输入为布尔类型数组

使用布尔类型数组作为输入参数也是常见的操作之一。可用的运算符包括：|（表示或运算）、&（表示与运算）以及~（表示非运算），但注意要使用圆括号来组合。

（2）输入为回调函数

loc、iloc 和[]都接收回调函数作为输入来进行访问，这个回调函数必须是以被访问的 Series 或者 DataFrame 作为参数。

5.3 数学统计和计算工具

5.3.1 统计函数：协方差、相关系数、排序

Pandas 提供了一系列统计函数接口，方便用户直接进行统计运算。包括协方差、相关系数、排序等。Pandas 提供了两个 Series 对象之间的协方差，以及一个 DataFrame 对象的协方差矩阵的计算接口。

通过 Series 对象提供的 cov 函数，可以计算 Series 对象和另一个 Series 对象的协方差。代码 5-25 所示为 Series 对象之间的协方差计算的示例。示例中，首先计算了 series_1 和 series_2 的协方差，经过验证，series_1.cov(series_2)与 series_2.cov(series_1)相等，这与协方差的性质相一致。series_1 与 series_3 的长度不一致，同样可以进行协方差运算，结果实质上是 series_1 的前 8 个元素与 series_3 的协方差，Pandas 自动进行了数据对齐操作。

代码 5-25 Series 对象之间的协方差计算

```
In  [1]:  series_1 = Series(np.random.randn(10))
In  [2]:  series_2= Series(np.random.randn(10))
In  [3]:  series_1
Out [3]:  0     3.066290
          1    -1.101062
          2     0.561304
          3     1.730506
          4     1.558158
```

```
     5    0.561590
     6   -2.144566
     7   -0.784433
     8   -0.130903
     9   -0.510790
     dtype: float64
In  [4]: series_2
Out [4]: 0    0.261430
     1    0.898765
     2    0.612580
     3    1.234522
     4   -0.232797
     5    1.142626
     6   -0.033724
     7   -1.467577
     8   -0.754890
     9   -1.020047
     dtype: float64
In  [5]: series_1.cov(series_2)
Out [5]: 0.47052410745437373
In  [6]: series_2.cov(series_1)
Out [6]: 0.47052410745437373
In  [7]: series_3= Series(np.random.randn(8))
In  [8]: series_3
Out [8]: 0   -0.575410
     1   -0.329546
     2   -1.269817
     3    0.359972
     4   -0.233465
     5    0.937982
     6   -0.758042
     7    1.161482
     dtype: float64
In  [9]: series_1.cov(series_3)
Out [9]: -0.044165854630934379
In  [10]: series_1[0:8].cov(series_3)
Out [10]: -0.044165854630934379
```

通过 DataFrame 提供的 cov 函数，可以计算 DataFrame 各列之间的协方差，得到协方差矩阵，如代码 5-26 所示。可以看到，协方差矩阵是一个对称矩阵，这与协方差的性质一致。当 DataFrame 对象中存在 NaN 值时，会排除它继续进行计算。

代码 5-26　DataFrame 对象之间的协方差计算

```
In  [1]: df =DataFrame(np.random.randn(4,5),index = [1,2,3,4],columns = list('abcde'))
In  [2]: df
Out [2]:        a         b         c         d         e
         1 -0.919210 -0.107936 -0.923730  0.498362  0.626886
         2  0.120940 -0.082737 -0.746093  0.905555 -0.735888
         3  0.119948  0.057370 -0.321150 -0.819500  0.026514
         4 -1.672109  0.271110  0.309165 -0.419110 -0.201435
In  [3]: df.cov()
Out [3]:        a         b         c         d         e
         a  0.762927 -0.092086 -0.261618  0.117018 -0.164024
         b -0.092086  0.030180  0.094923 -0.098350 -0.016695
         c -0.261618  0.094923  0.300511 -0.310956 -0.073400
         d  0.117018 -0.098350 -0.310956  0.636266 -0.093181
         e -0.164024 -0.016695 -0.073400 -0.093181  0.318548
In  [4]: df.loc[df.index[0:2],'a'] = np.nan
In  [5]: df
Out [5]:          a         b         c         d         e
         1       NaN -0.107936 -0.923730  0.498362  0.626886
         2       NaN -0.082737 -0.746093  0.905555 -0.735888
         3  0.119948  0.057370 -0.321150 -0.819500  0.026514
         4 -1.672109  0.271110  0.309165 -0.419110 -0.201435
In  [6]: df.cov()
Out [6]:          a         b         c         d         e
         a  1.605736 -0.191518 -0.564781 -0.358761  0.204248
         b -0.191518  0.030180  0.094923 -0.098350 -0.016695
         c -0.564781  0.094923  0.300511 -0.310956 -0.073400
         d -0.358761 -0.098350 -0.310956  0.636266 -0.093181
         e  0.204248 -0.016695 -0.073400 -0.093181  0.318548
```

Pandas 提供了几种计算相关系数的方法，包括皮尔森相关系数、斯皮尔曼相关系数和肯德尔相关系数，和协方差函数相同，存在 NaN 值时会排除它继续进行计算。

5.3.2　窗口函数

在移动窗口上计算统计函数对于处理时序数据也是十分常见的。为此，Pandas 提供了一系列窗口函数，其中包括计数、求和、求平均、中位数、相关系数、方差、协方差、标准差、偏斜度和峰度等。

针对窗口本身 Pandas 提供了 3 种对象：Rolling、Expanding 和 EWM。

1. Rolling 对象

Rolling 对象产生的是定长窗口，需要通过参数 window 指定窗口大小，可以通过参数 min_periods 指定窗口内所需的最小非 NaN 值的个数，否则在时间序列刚开始时，尚不足窗口期的数据将得到的均为 NaN 值。

代码 5-27 所示为通过 Rolling 对象进行统计运算的示例。示例中展示了使用 rolling 函数可以生成一个 Rolling 对象，并指定窗口大小，可以计算其均值、和、数量等一系列窗口的统计函数。其中调用了 Series 对象和 DataFrame 对象的 cumsum 函数计算累积和。本示例中给出了简单的示例图像（具体用 Matplotlib 库画图的方法在第 8 章详细介绍）。Rolling 对象能够调用的统计函数说明见表 5-3。如表中所示，除了经典的统计函数外，用户可通过 apply 操作自定义函数（如代码 5-28 所示）。对于自定义函数，要求从数组的各个片段中产生单一的值。

代码 5-27　通过 Rolling 对象进行统计运算

```
In  [1]:  s = pd.Series(np.random.randn(100),
                        index = pd.date_range('1/1/2000', periods=100))
In  [2]:  s = s.cumsum()
In  [3]:  r = s.rolling(window= 10)
In  [4]:  r
Out [4]:  Rolling [window=10,center=False,axis=0]
In  [5]:  r.mean()[5:15]
Out [5]:  2000-01-06         NaN
          2000-01-07         NaN
          2000-01-08         NaN
          2000-01-09         NaN
          2000-01-10    3.442182
          2000-01-11    3.806517
          2000-01-12    4.154518
          2000-01-13    4.392298
          2000-01-14    4.360012
          2000-01-15    4.100243
          Freq: D,dtype: float64
In  [6]:  import matplotlib.pyplot as plt
In  [7]:  s.plot(style='k--')
In  [8]:  r.mean().plot(style='k')
In  [9]:  plt.show()
Out [9]:
```



```
In  [10]: df = pd.DataFrame(np.random.randn(100, 4),
          index=pd.date_range('1/1/2000',
                              periods=100),
```

```
              columns=['A', 'B', 'C', 'D'])
In  [11]: df = df.cumsum()
In  [12]: df.rolling(window=5).count()[0:10]
Out [12]:             A    B    C    D
          2000-01-01  1.0  1.0  1.0  1.0
          2000-01-02  2.0  2.0  2.0  2.0
          2000-01-03  3.0  3.0  3.0  3.0
          2000-01-04  4.0  4.0  4.0  4.0
          2000-01-05  5.0  5.0  5.0  5.0
          2000-01-06  5.0  5.0  5.0  5.0
          2000-01-07  5.0  5.0  5.0  5.0
          2000-01-08  5.0  5.0  5.0  5.0
          2000-01-09  5.0  5.0  5.0  5.0
          2000-01-10  5.0  5.0  5.0  5.0
In  [13]: df.rolling(window=5).sum().plot(subplots=True)
In  [14]: plt.show()
Out [14]:
```


代码 5-28　通过 apply 自定义统计函数

```
In  [1]:  df = pd.DataFrame(np.random.randn(100, 4),
                            index=pd.date_range('1/1/2000', periods=100),
                            columns=['A', 'B', 'C', 'D'])
In  [2]:  df = df.cumsum()
In  [3]:  def get_dur(win):
              return win.max()-win.min()
In  [4]:  df.rolling(window= 5,min_periods = 2).apply(get_dur)[0:5]
Out [4]:                A         B         C         D
          2000-01-01       NaN       NaN       NaN       NaN
          2000-01-02  0.878200  0.715086  0.334314  0.529822
          2000-01-03  1.380826  1.357730  2.998010  0.529822
          2000-01-04  1.395683  2.118167  2.998010  0.529822
          2000-01-05  1.395683  2.118167  3.664276  1.200906
```

表 5-3　Rolling 对象能够调用的统计函数说明

函　　数	说　　明
count( )	移动窗口内非 NaN 值的计数
sum( )	移动窗口内数据的和
mean( )	移动窗口内数据的平均值
median( )	移动窗口内数据的中位数
min( )	移动窗口内数据的最小值
max( )	移动窗口内数据的最大值
std( )	移动窗口内数据的无偏估计标准差（分母为 n-1）
var( )	移动窗口内数据的无偏估计方差(分母为 n-1)
skew （）	移动窗口内数据的偏度
kurt （）	移动窗口内数据的峰度
quantile （）	移动窗口内数据的指定分位数位置的值（传入的应该是[0,1]的值）
apply( )	在移动窗口内使用普通的（可以自定义的）数组函数
cov( )	移动窗口内数据的协方差
corr( )	移动窗口内数据的相关系数

2. Expanding 对象

Expanding 对象产生的是扩展窗口，第 i 个窗口的大小为 i，可以将其看作为 Windows 为数据长度、min_periods 为 1 的特殊的 Rolling 对象，代码 5-29 所示为 Expanding 对象与 Rolling 对象的关系的示例。

代码 5-29　Expanding 对象与 Rolling 对象的关系

```
In [1]: df = pd.DataFrame(np.random.randn(100, 4),
                          index=pd.date_range('1/1/2000', periods=100),
                          columns=['A', 'B', 'C', 'D'])
In [2]: df = df.cumsum()
In [3]: df.expanding().mean()[0:10]
Out [3]:                A         B         C         D
        2000-01-01  1.321179 -0.536058 -0.111422  1.476260
        2000-01-02  0.882079 -0.893601  0.055735  1.211349
        2000-01-03  0.568171 -1.226996  0.999353  1.244115
        2000-01-04  0.407502 -1.583803  1.380664  1.214729
        2000-01-05  0.356421 -1.737582  1.815102  1.401252
        2000-01-06  0.432703 -1.734033  1.534664  1.553687
        2000-01-07  0.539809 -1.608736  1.378663  1.612745
        2000-01-08  0.745443 -1.607935  1.266380  1.565097
        2000-01-09  0.970083 -1.536245  1.279782  1.658089
        2000-01-10  1.042098 -1.371486  1.156417  1.793354
```

```
In  [4]:  df.rolling(window= len(df) , min_periods=1).mean()[0:10]
Out [4]:                A          B          C          D
          2000-01-01  1.321179  -0.536058  -0.111422  1.476260
          2000-01-02  0.882079  -0.893601   0.055735  1.211349
          2000-01-03  0.568171  -1.226996   0.999353  1.244115
          2000-01-04  0.407502  -1.583803   1.380664  1.214729
          2000-01-05  0.356421  -1.737582   1.815102  1.401252
          2000-01-06  0.432703  -1.734033   1.534664  1.553687
          2000-01-07  0.539809  -1.608736   1.378663  1.612745
          2000-01-08  0.745443  -1.607935   1.266380  1.565097
          2000-01-09  0.970083  -1.536245   1.279782  1.658089
          2000-01-10  1.042098  -1.371486   1.156417  1.793354
```

3. EWM 对象

EWM 对象产生指数加权窗口，其中需要定义衰减因子 α，定义方式有很多种，包括 span（时间间隔）、center of mass（质心）、half-life（指数权重减少到一半需要的时间）或者直接定义 alpha。各项指标计算衰减因子的方式如下。

$$\alpha=\begin{cases}\dfrac{2}{s+1}, & s\geqslant 1 \ (\text{span}) \\ \dfrac{1}{1+c}, & c\geqslant 0 \ (\text{center of mass}) \\ 1-\exp\dfrac{\log 0.5}{h}, & h>0 \ (\text{half-life})\end{cases}$$

衰减因子计算权重的方式如下。

$$y_t=\frac{\sum_{i=0}^{t} w_i x_{t-i}}{\sum_{i=0}^{t} w_i},$$

$$w_i=(1-\alpha)^i w_0$$

代码 5-30 所示为 EWM 对象得到衰减因子的不同方式的示例。由示例可知，定义参数时间间隔 span=3、质心 com=1 与衰减因子 alpha=0.5 是等价的。

代码 5-30　EWM 对象得到衰减因子的不同方式

```
In  [1]:  df = pd.DataFrame(np.random.randn(100, 4),
                            index=pd.date_range('1/1/2000', periods=100),
                            columns=['A', 'B', 'C', 'D'])
In  [2]:  df = df.cumsum()
In  [3]:  df.ewm(span= 3).mean()[0:5]
Out [3]:               A          B          C          D
          2000-01-01  1.321179  -0.536058  -0.111422  1.476260
          2000-01-02  0.735712  -1.012782   0.111454  1.123045
          2000-01-03  0.281222  -1.516214   1.697245  1.229675
          2000-01-04  0.091502  -2.123153   2.138500  1.174687
          2000-01-05  0.122775  -2.241628   2.868489  1.676703
```

```
In  [4]:  df.ewm(com=1).mean()[0:5]
Out [4]:                    A         B         C         D
          2000-01-01  1.321179 -0.536058 -0.111422  1.476260
          2000-01-02  0.882079 -0.893601  0.055735  1.211349
          2000-01-03  0.568171 -1.226996  0.999353  1.244115
          2000-01-04  0.407502 -1.583803  1.380664  1.214729
          2000-01-05  0.356421 -1.737582  1.815102  1.401252
          2000-01-06  0.432703 -1.734033  1.534664  1.553687
          2000-01-07  0.539809 -1.608736  1.378663  1.612745
          2000-01-08  0.745443 -1.607935  1.266380  1.565097
          2000-01-09  0.970083 -1.536245  1.279782  1.658089
          2000-01-10  1.042098 -1.371486  1.156417  1.793354
In  [5]:  df.ewm(alpha=0.5).mean()[0:5]
Out [5]:                    A         B         C         D
          2000-01-01  1.321179 -0.536058 -0.111422  1.476260
          2000-01-02  0.735712 -1.012782  0.111454  1.123045
          2000-01-03  0.281222 -1.516214  1.697245  1.229675
          2000-01-04  0.091502 -2.123153  2.138500  1.174687
          2000-01-05  0.122775 -2.241628  2.868489  1.676703
          2000-01-09  0.970083 -1.536245  1.279782  1.658089
          2000-01-10  1.042098 -1.371486  1.156417  1.793354
```

5.4 数学聚合和分组运算

如果是 SQL 的分组和聚合等操作，Pandas 同样提供了类似的接口，以实现对数据集进行分组，并对每个组执行一定的操作，这就是 Pandas 中的 group by 功能。

groupby 包括 split、apply、combine3 个阶段，其中 split 阶段通过一些原则将数据分组；apply 阶段每个组分别执行一个函数，产生一个新值；combine 阶段将各组的结果合并到最终对象中。

对于分组操作，Pandas 对象（Series 或者 DataFrame）根据提供的键在特定的轴上进行拆分。DataFrame 可以指定是在 index 轴或者 columns 轴。拆分键的形式在表 5-4 中进行了介绍并给出了示例，表中则是以代码 5-31 所创建的 DataFrame 为例，具体拆分效果在稍后的代码中展示。

表 5-4　拆分键的形式说明

拆分键的形式	示　　例	
和所选轴长度相同的数组（list 或者 NumPy 的 array，甚至是一个 Series 对象）	Demo1	df.groupby(group_list).count() group_series = pd.Series(group_list)
DataFrame 某个列名的值或者列名的 list	Dome2	df.groupby('a')
	Demo3	df.groupby(df['a']) #上述两个表述等价,df.groupby('a')是 df.groupby(df['a'])的简便形式
	Demo4	df.groupby(df.loc['one'],axis=1)

（续）

拆分键的形式	示　例
参数为 axis 标签的函数	Demo5　def get_index_number(index): 　　if index in ['one','two']: 　　　　return 'small' 　　else : 　　　　return 'big' df. groupby(get_index_number)
	Demo6　def get_column_letter_group(column): 　　if column is 'a': 　　　　return 'group_a' 　　else : 　　　　return 'group_others' df. groupby(get_column_letter_group,axis=1)
字典或者 Series，给出 axis 上的值与分组名之间的对应关系	Demo7　#该示例与 Demo1 的效果相同 group_list = ['one','two','one','two','two'] group_series = pd. Series(group_list,index = df. index) df. groupby(group_series).
组 1、2、3、4 的 list 或者 NumPy 的 array	Demo8　df. groupby(['a','b'])

代码 5-31　表 5-4 创建示例所使用的 DataFrame 对象

```
In  [1]:  df =DataFrame({'a':list('abcab'),
                         'b':['boy','girl','girl','boy','girl'],
                         'c':np. random. randn(5),
                         'd':np. random. randn(5)})
In  [2]:  df
Out [2]:     a   b          c          d
          0  a   boy   1.576954   0.485627
          1  b   girl -0.218261   1.112368
          2  c   girl  1.191002  -0.423385
          3  a   boy   0.214133  -1.142647
          4  b   girl  0.152979   1.369389
```

通过 groupBy 函数将拆分键传入，同时可以指定其 axis，默认为 0，返回的是一个 Pandas 的 groupBy 对象，如代码 5-32 所示。此时并未真正进行计算，可以查看 groupBy 对象的属性及函数。通过查看其属性和函数，可以知道 groupBy 后能进行哪些操作，groupBy 的常用函数见表 5-5，操作示例如代码 5-33 所示。其中 groupBy 的 groups 属性是一个 dict，其键名是组名。

代码 5-32　通过 groupby 函数生成 groupBy 对象及进行简单的 count 操作的示例

```
In  [1]:  grouped = df. groupby('b')
In  [2]:  grouped
Out [2]:  <pandas. core. groupby. DataFrameGroupBy object at 0x1135a3550>
In  [3]:  grouped. count()
Out [3]:  a    c  d  b
          boy 2  2  2
          girl 3  3  3
```

代码 5-33 groupBy 操作示例

```
In  [1]: df.groupby(['a','b']).mean()
Out [1]:              c          d
         a b
         a boy -1.417004  -0.647835
         b girl -1.384864   0.793963
         c girl -0.308348   0.260999
In  [2]: group_list = ['one','two','one','two','two']
In  [3]: df.groupby(group_list).describe()
Out [3]:                c          d
         one count  2.000000  2.000000
             mean   0.490311 -1.085794
             std    0.771839  1.200441
             min   -0.055461 -1.934634
             25%    0.217425 -1.510214
             50%    0.490311 -1.085794
             75%    0.763198 -0.661374
             max    1.036084 -0.236954
         two count  3.000000  3.000000
             mean   0.921424 -0.124803
             std    0.652764  0.795241
             min    0.170523 -1.004338
             25%    0.705364 -0.458946
             50%    1.240206  0.086446
             75%    1.296875  0.314965
             max    1.353543  0.543484

In  [4]: df.groupby('b').head(2)
Out [4]:        a    b        c          d
         one    a   boy   1.211025 -0.054924
         two    b   girl  0.473504 -0.268221
         three  c   girl  0.761906 -0.087040
         four   a   boy   1.459757  1.140943
```

表 5-5 groupBy 的常用函数说明

函 数 名	所实现功能
count	每个组中非 NA 值的数量
sum/prod	每个组中非 NA 值的和/积
mean	每个组中非 NA 值的平均值
median	每个组中非 NA 值的中位数
std/var	每个组中无偏估计的标准差/方差

（续）

函 数 名	所实现功能
min/max	每个组中非 NA 值的最小值/最大值
first/last	每个组中第一个和最后一个非 NA 值
quantile	每个组的样本分位数
describe	描述组内数据的基本统计量
size	计算每个组的规模（数量）
head	获取每个组前 n 行
fillna	填充每个组中为空的值
nth	若传入数字 n，返回每个组的第 n 行，若传入的是一个数组，则每个组返回 n 行。指定参数 as_index=False，则会返回第 n 个非 NA 值

对于应用部分，主要实现以下 3 类操作。

1）聚合操作：对于每个组经过计算得到一个概要性质的统计值，如求和、求平均值等。

2）转换操作：对于每个组经过计算得到和组的长度相同的一系列的值，如对数据的标准化、填充 NA 值等。

3）过滤操作：通过对每个组的计算，得到一个布尔类型的值以完成对组的筛选，如通过求得组的平均值来筛选组，或者在每个组内通过一定的条件进行筛选，如代码 5-32 中的 In[3]所示，筛选出每个组的前两个。

对于 groupBy 对象本身已有的常用操作已在表 5-5 中列出，对于自定义函数进行操作可以调用 groupBy 对象的 agg、transform 和 apply 函数。三者都能通过自定义函数来完成聚合操作。

5.4.1 agg 函数的聚合操作

除了 Pandas 给出的 groupBy 对象的聚合操作接口（mean、sum 等）外，还可以通过使用 groupBy 的 agg（或者 aggregate）函数实现自定义函数，如代码 5-34 所示。通过 agg 函数还可以实现一次进行多个聚合操作，如代码 5-35 所示，分别完成了对 df 的 c 列和 d 列的自定义函数 dur（在代码 5-34 中定义）和 mean 函数的聚合操作，每一列返回两个结果。同时，可以实现对不同列使用不同的函数，如代码 5-36 所示，所得结果与代码 5-35 结果对比，发现对 c 列实现了自定义函数 dur，对 d 列实现了 mean 函数。

代码 5-34　使用自定义函数进行聚合（agg）操作

```
In  [1]:  def dur(arr):
              returnarr.max()-arr.min()
In  [2]:  df.groupby(df['b']).agg(dur)
Out [2]:                c           d
          b
          boy    0.248732    1.195867
          girl   1.786030    1.304943
```

代码 5-35　通过 agg 函数实现一次进行多个聚合操作

```
In  [1]: df.groupby(df['b']).agg([dur,'mean'])
Out [1]:          c                     d
                dur       mean        dur       mean
         b
         boy   0.248732   1.335391   1.195867   0.543010
         girl  1.786030   0.070428   1.304943  -0.582415
```

代码 5-36　通过 agg 函数实现对不同列使用不同的函数

```
In  [1]: df.groupby(df['b']).agg([dur,'mean'])
Out [1]:          c          d
         b
         boy   0.248732   0.543010
         girl  1.786030  -0.582415
```

5.4.2　transform 函数的转换操作

数据聚合会将一个函数应用到每个分组内，最终每个组会得到一个标量值，transform 则是会将一个函数应用到每个分组内，然后返回的结果和原来数据的长度相同，而不是每个组仅有一个结果。如果函数作用于每个组，计算得到的是一个标量值，则会被广播出去，同一个组的成员会得到相同的值。代码 5-37 所示为 transform 函数的 mean 操作示例。示例中展示了 transform 函数的 mean 操作和普通 mean 操作的不同，transform 得到的结果中属于同组的元素会有相同的值，结果对象的 index 与原来的 Dataframe 对象相同。Transform 同样可以接收一个自定义函数，返回与组的大小相同的结果或者一个标量值可以广播给每个成员，如代码 5-38 所示。

代码 5-37　transform 函数的 mean 操作示例

```
In  [1]: df.groupby('b').transform('mean')
Out [1]:          c          d
         one     1.335391   0.543010
         two     0.070428  -0.582415
         three   0.070428  -0.582415
         four    1.335391   0.543010
         five    0.070428  -0.582415
In  [2]: df.groupby('b').mean()
Out [2]:          c          d
         b
         boy   1.335391   0.543010
         girl  0.070428  -0.582415
```

代码 5-38 transform 函数的自定义函数操作示例

```
In [1]: def demean(x):
            return x-x.mean()
In [2]: df.groupby('b').transform(demean)
Out [2]:          c          d
        one   -0.124366 -0.597933
        two    0.403075  0.314194
        three  0.691477  0.495375
        four   0.124366  0.597933
        five  -1.094553 -0.809568
```

5.4.3 apply 函数实现一般的操作

aggregate 和 transform 可以通过某些约束的自定义函数来对 groupBy 对象进行自定义操作，但是有些操作可能不符合这两类函数的约束，则需要 apply 函数来完成。apply 函数会将数据对象分成多个组，然后对每个组调用传入的函数，最后将其组合到一起，如代码 5-39 所示。

代码 5-39 groupBy 对象的 apply 函数操作示例

```
In [1]: def get_top_n(grouped_df,n=1,column = 'c'):
                return grouped_df.sort_index(by = column)[-n:]
In [2]: df.groupby('b').apply(get_top_n)
Out [2]:              a    b      c         d
        b
        boy  four     a  boy  1.459757  1.140943
        girl three    c  girl 0.761906 -0.087040
In [3]: df.groupby('b').apply(get_top_n,n=2,column = 'd')
Out [3]:              a    b      c         d
        b
        boy  one      a  boy  1.211025 -0.054924
             four     a  boy  1.459757  1.140943
        girl two      b  girl 0.473504 -0.268221
             three    c  girl 0.761906 -0.087040
```

习题

一、选择题

1. 以下哪一个 Series 对象与其他不同（　　）。

A. disC. = {'1':1, '2':2, '3':3 }

　obj_C. = Series(disc, index=['1', '2', '3'])

B. disC. = {'1':1, '2':2, '3':3 }
   obj_C. = Series(disc, index=[1, 2, 3])

C. disC. = {'a':1, 'b':2, 'c':3 }
   obj_C. = Series(disc, index=['1', '2', '3'])

D. disC. = {'a':1, 'b':2, 'c':3 }
   obj_C. = Series(disc, index=[1, 2, 3])

2. 以下哪一项不是 DataFrame 对象的属性（　　）。

A. columns　　B. index　　C. values　　D. length

3. 以下哪一项可以对 DataFrame 对象进行行的删除（　　）。

A. drop, axis=0　　B. drop, axis=1　　C. del　　D. pop

4. Index 对象中，以下哪一项针对时间间隔数据（　　）。

A. Int64Index　　B. MultiIndex　　C. DatetimeIndex　　D. PeriodIndex

5. “group by”包括“________”3 个阶段（　　）。

A. split-apply-combine　　B. split-combine-apply

C. combine-apply-split　　D. combine-split-apply

二、判断题

1. Index 对象可以修改。(　　)

2. Pandas 提供了缺失值处理功能。(　　)

3. Index 对象支持并、差、交的操作。(　　)

4. 在创建 Series 对象时并没有指定索引，Pandas 自动创建一个 1-n 的序列作为索引。(　　)

5. Pandas 提供的 cov 函数，能够自动进行数据对齐的操作。(　　)

三、填空题

1. Pandas 两种基本的数据结构为 ________ 和 ________。

2.

In[1]: obj_A. = Series([1, 2, 3, 4])

In[2]: obj_a. ________

Out[2]: Int64Index([0, 1, 2, 3])

In[3]: obj_a. ________

Out[3]: array([1, 2, 3, 4])

3. loc 函数接收 Index 对象的________；iloc 函数接收 Index 对象的________。

4. 可以通过 GroupBy 对象的________函数实现自定义函数；________函数会将数据对象分成多个组，然后对每个组调用传入的函数，最后将其组合到一起。

5. ________对象产生的是定长窗口；________对象产生的是扩展窗口；________对象产生的是指数加权窗口。

四、简答题

1. Pandas 的两种基本数据结构有哪些区别?

2. Pandas 有几种索引访问方式?

3. 找一组数据或者随机生成一组数据，用 Pandas 计算它们的统计信息。

第6章 数据分析与知识发现的一些常用方法

数据分析包括4个经典算法分类、关联、聚类、回归。本章就这4个算法进行理论上的阐述。

6.1 分类分析

分类是找出数据库中一组数据对象的共同特点，并按照分类模式将其划分为不同的类，其目的是通过分类模型，将数据库中的数据项映射到某个给定的类别。现实生活中会遇到很多分类问题，如经典的手写数字识别问题等。

分类学习是一类监督学习的问题，训练数据会包含其分类结果，根据分类结果分为以下几种问题。

1）二分类问题：是与非的判断，分类结果为两类，从中选择一个作为预测结果。

2）多分类问题：分类结果为多个类别，从中选择一个作为预测结果。

3）多标签分类问题：不同于前两者，多标签分类问题中一个样本的预测结果可能是多个，或者有多个标签。多标签分类问题很常见，比如一部电影可以同时被分为动作片和犯罪片，一则新闻可以同时属于政治和法律类等。

分类问题作为一个经典的问题，有很多经典模型产生并被广泛应用，就模型本质所能解决问题的角度来说，可以分为线性分类模型和非线性分类模型。

线性分类模型中，假设特征与分类结果存在线性关系，通常将样本特征进行线性组合，表达形式如下。

$$f(x)=w_1x_1+w_2x_2+\cdots+w_dx_d+b$$

表达成向量形式如下。

$$f(x)=w\cdot x+b$$

其中，$w=(w_1,w_2,\cdots,w_d)$，线性分类模型的算法则为对 w 和 b 的学习，典型的算法包括逻辑回归（Logistic Regression）、线性判别分析（Linear Discriminant Analysis）。

当所给的样本是线性不可分时，则需要非线性分类模型。非线性分类模型中的经典算法包括K邻近（K-Nearest Neighbor，KNN）、支持向量机（Support Vector Machine）、决策树（Decision Tree）和朴素贝叶斯（Naive Bayes）。下面就每种算法的思想做一个简要的介绍，以便给读者一个直观感受。介绍中，尽量不涉及公式的讲解，如果需要了解详细的推导过程，可以参考周志华编写的《机器学习》和李航编写的《统计学习方法》这两本书。

6.1.1 逻辑回归

线性回归特征和最终分类结果之间表示为线性关系，但是得到的 f 是映射到整个实数域中的分类问题。例如二分类问题需要将 f 映射到 $\{0,1\}$ 空间，因此仍需要一个函数 g 完成实数域到$\{0,1\}$空间的映射。逻辑回归中函数 g 则为 Logistic 函数，当 $g>0$ 时，x 的预测结果为正，反之为负。

逻辑回归的优点是直接对分类概率（可能性）进行建模，无须事先假设数据分布，是一个判别模型。并且 g 相当于对 x 为正样本的概率预测，对于一些任务可以得到更多的信息。Logistic 函数本身也有很好的性质，是任意阶可导凸函数，许多数学方面的优化算法可以使用它。

6.1.2 线性判别分析

线性判别分析的思想是，针对训练集，将其投影到一条直线上，使得同类样本点尽量接近，异类样本点尽量远离。即同类样本计算得到的 f 尽量比较相似，协方差较小；异类样本的中心间距尽可能大，同时考虑两者可以得到线性判别分析的目标函数。

6.1.3 支持向量机

支持向量机的想法来源是基于训练集在样本空间中，找到一个超平面可以将不同类别的样本分开，并且使得所有的点都尽可能地远离超平面。但实际上离超平面很远的点都已被分类正确，这里所关心的是离超平面较近的点，这是容易被误分类的点，应使离得较近的点尽可能远离超平面。如何找到一个最优的超平面以及最优超平面如何定义是支持向量机需要解决的问题。需要寻找的超平面应该对样本局部扰动的“容忍性”最好，即结果对于未知样本的预测更加准确。

可以定义超平面的方程如下。

$$w \cdot x+b=0$$

其中 w 为超平面的法向量，b 为位移项。样本 i 到超平面的距离为 $|w \cdot x^{(i)}+b|$。定义函数间隔 γ' 为：$\gamma'=y(w \cdot x+b)$，其中，y 是样本的分类标签（在支持向量机中使用 1 和−1）表示。y 与 x 同号代表分类正确，但是函数间隔不能正常反映点到超平面的距离。当 w 和 b 成比例增加时，函数间隔也成倍增长，所以加入对法向量 w 的约束，这样可以得到几何间隔 $\gamma=\frac{y(w \cdot x+b)}{\|w\|_2}$。

支持向量机中寻找最优超平面的思想是，离超平面最近的点与超平面之间的距离尽量大，如图 6-1 所示。如果所有样本不仅可以被超平面分开，还和超平面保持一定函数距离（图 6-1 中的函数距离为 1），这样的超平面为支持向量机中的最优超平面，和超平面保持一定函数距离的样本定义为支持向量。

支持向量机（SVM）模型的目的是让所有点到超平面的距离大于一定的值，即所有的点要在各自类别的支持向量的两边，数学表达如下。

$$\max\gamma=\frac{y(w \cdot x+b)}{\|w\|_2}, \text{s. t. } y^{(i)}(w \cdot x^{(i)}+b)=\gamma'^{(i)} \geq \gamma'(i=1,2,\cdots,n)$$

经过一系列推导，SVM 的优化目标等价于如下表达式。

$$\min \frac{1}{\|w\|_2}, \text{s. t. } y^{(i)}(w \cdot x^{(i)}+b) \geq 1(i=1,2,\cdots,n)$$

通过拉格朗日乘子法，可以将上述优化目标转化为如下的无约束的优化函数。

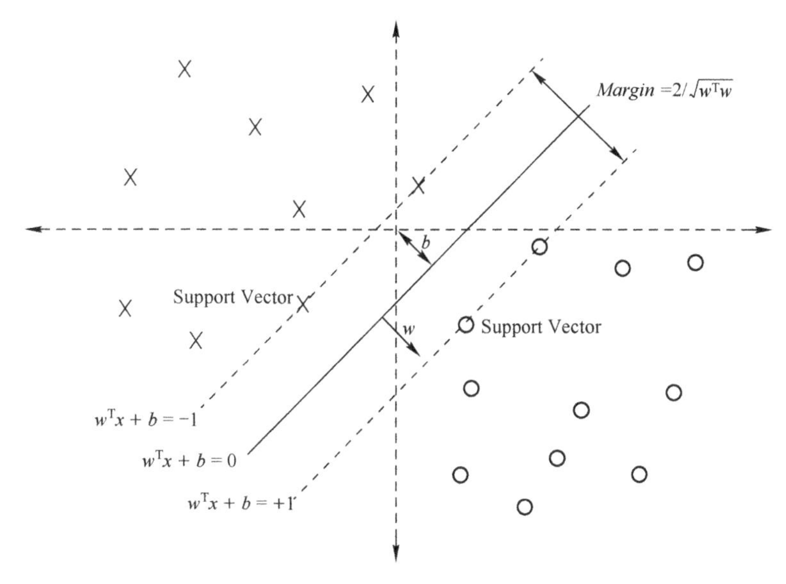

图 6-1　支持向量机基本思想

$$L(w,b,\alpha)=\frac{1}{2}\|w\|_2^2-\sum_{i=1}^{n}\alpha_i[y^{(i)}(w\cdot x^{(i)}+b)-1]，满足\alpha_i\geqslant 0$$

上述内容介绍了线性可分 SVM 的学习方法（即保证存在这样一个超平面使得样本数据可以被分开）。但是对于非线性数据集来说，这样的数据集中可能存在一些异常点导致不能线性可分，则可以利用线性 SVM 的软间隔最大化思想解决，具体方法本书不作详细介绍。

6.1.4　决策树

决策树可以完成对样本的分类，可以看作对于“当前样本是否属于正类”这一问题的决策过程，是模仿人类基于树的结果进行决策的处理机制。例如评估一个人是否可以通过信用卡申请时（分类结果为是与否），可能需要其多方面特征，如年龄、是否有固定工作、历史信用评价。在做类似的决策时会进行一系列子问题的判断，如是否有固定工作；年龄是属于青年、中年还是老年；历史信用评价是好还是差。在决策树过程中，则会根据子问题的搭建构造中间节点，叶节点则为总问题的分类结果，即是否通过信用卡申请。

图 6-2 所示为信用卡申请的决策树。由图可知，先审核“年龄”，如果为中年人的话，看“是否有房产”，如果没有再判断“是否有固定工作”，如果没有固定工作，则得到最终决策，不通过信用卡申请。

以上为决策树的基本决策过程，决策过程的每个判定问题都是对属性的“测试”，例如“年龄”“历史信用评价”等。每个判定结果都是得出最终结论或者进入下一个判定问题，考虑范围是上次判定结果的限定范围之内。

一般一棵决策树包含一个根节点、若干个中间节点和若干个叶节点，叶节点对应总问题的决策结果，根节点和中间节点对应中间的属性判定问题。每经过一次划分得到符合该结果的一个样本子集，从而完成对样本集的划分。

决策树的生成过程是一个递归过程。在决策树的构造过程中，当前节点所包含样本全部

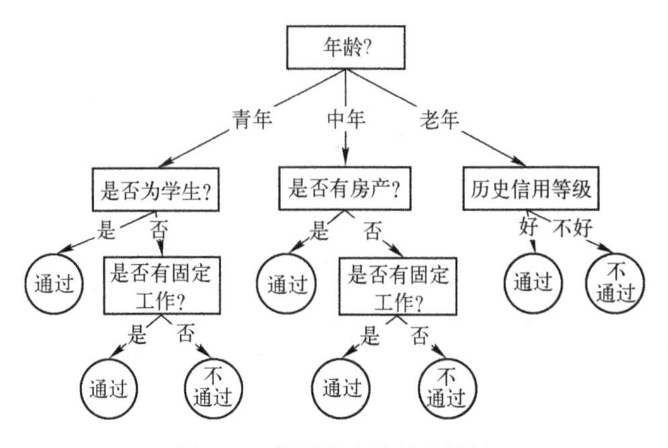

图 6-2　信用卡申请的决策树

属于同一类时，这个节点则可以作为叶节点，递归返回，当前节点所有样本在所有属性上取值相同时，只能将其类型设为集合中含样本数最多的类别，同时也实现了模糊分类的效果。

决策树学习主要是为了生成一棵泛化能力强的决策树。同一个问题和样本可能产生不同的决策树，如何评价决策树的好坏以及如何选择划分的属性是决策树学习需要考虑的，其目标是每一次划分使分支节点纯度尽量高，即样本尽可能属于同一个类别。度量纯度的指标有信息熵、增益率及基尼指数等。

6.1.5　K 邻近

K 邻近算法的工作机制是，给定测试集合，基于某种距离度量计算训练集中与其最接近的 k 个训练样本，基于这 k 个样本的信息对测试样本的类别进行预测。K 邻近算法需要考虑的有 k 值的确定、距离计算公式的确定，以及 k 个样本对于测试样本的分类影响的确定。

前两者的确定需要根据实际情况考虑。而分类影响基本的思想是，采用 k 个样本中样本最多的类别作为测试样本的类别，或者根据距离加入权重的因素。

K 邻近算法与前面提到的算法都不太相同，它似乎无须训练，训练时间开销为 0。这一类的算法被称为“懒惰学习”算法，而样本需要在训练阶段进行处理的算法被称为“急切学习”算法。

6.1.6　朴素贝叶斯

朴素贝叶斯是一个简单但十分实用的分类模型。朴素贝叶斯的基础理论是贝叶斯理论，贝叶斯理论公式如下。

$$P(y|x)=\frac{P(x|y)P(y)}{P(x)}$$

其中，x 代表 n 维特征向量，y 为所属类别，目标是训练出在所有类别中 $P(y|x)$ 最大的类别。

而朴素贝叶斯模型则是建立在条件独立假设的基础上的，即各维度上的特征是相互独立的，所以 $P(x|y)=P(x_1|y)P(x_2|y)\cdots P(x_n|y)$。

6.2 关联分析

6.2.1 基本概念

关联规则是描述数据库中数据项之间所存在的关系的规则，即根据一个事务中某些项的出现可导出另一些项在同一事务中也会出现，即隐藏在数据间的关联或相互关系。关联规则的学习属于无监督学习过程。实际生活中的应用很多，如分析顾客在超市的购物记录，可以发现很多隐含的关联规则，如其中经典的啤酒尿布问题。

1. 关联规则定义

首先给出一个项的集合 $I=\{I_1,I_2,\cdots,I_m\}$，关联规则是形如 $X\rightarrow Y$ 的蕴含式，X，Y 属于 I，且 X 与 Y 的交集为空。

2. 指标定义

在关联规则挖掘中有 4 个重要的指标。

（1）置信度（confidence）

定义：设 W 中支持物品集 A 的事务中，有 c %的事务同时也支持物品集 B，c %称为关联规则 A→B 的置信度，即条件概率 $P(Y|X)$。

实例说明：以啤酒和尿布为例，置信度回答了这样一个问题：如果一个顾客购买啤酒，那么他也购买尿布的可能性有多大呢？答案是，购买啤酒的顾客中有 50%的人购买了尿布，所以置信度是 50%。

（2）支持度（support）

定义：设 W 中有 s%的事务同时支持物品集 A 和 B，s%称为关联规则 A→B 的支持度。支持度描述了 A 和 B 这两个物品集的并集 C 在所有的事务中出现的概率有多大，即 $P(X\cap Y)$。

实例说明：如果某天共有 100 个顾客到商场购买物品，其中有 15 个顾客同时购买了啤酒和尿布，那么上述关联规则的支持度就是 15%。

（3）期望置信度（expected confidence）

定义：设 W 中有 e%的事务支持物品集 B，e%称为关联规则 A→B 的期望可信度，即 $P(B)$。期望置信度描述了单纯的物品集 B 在所有事务中出现的概率有多大。

实例说明：如果某天共有 100 个顾客到商场购买物品，其中有 25 个顾客购买了尿布，则上述关联规则的期望置信度就是 25%。

（4）提升度（lift）

定义：提升度是置信度与期望置信度的比值，反映了物品集 A 出现对物品集 B 出现的概率发生了多大的变化。

实例说明：上述实例中，置信度为 50%，期望置信度为 25%，则上述关联规则的提升度为 50%/25%=2。

3. 关联规则挖掘定义

给定一个交易数据集 T，找出其中所有支持度 support≥min_support、置信度 confidence≥min_confidence 的关联规则。

有一个简单的方法可以找出所需要的规则，那就是穷举项集的所有组合，并测试每个组合是否满足条件，一个元素个数为 n 的项集的组合个数为 2^n-1（除去空集），所需要的时间复杂度为 $O(2^N)$。对于普通的超市，其商品的项集数也在 1 万以上，用指数时间复杂度的算法不能在可接受的时间内解决问题。怎样快速挖掘出满足条件的关联规则是关联挖掘需要解决的主要问题。

仔细考虑下，会发现对于{啤酒→尿布}、{尿布→啤酒}这两个规则的支持度实际上只需要计算{尿布→啤酒}的支持度，即它们交集的支持度。于是把关联规则挖掘分成两步进行，具体如下。

- 生成频繁项集：这一阶段找出所有满足最小支持度的项集，找出的这些项集称为频繁项集。
- 生成规则：在上一步产生频繁项集的基础上，生成满足最小置信度的规则，产生的规则称为强规则。

6.2.2 典型算法

对于挖掘数据集合中的频繁项集，经典算法包括 Apriori 算法和 FP-Tree 算法，但是这两类算法都假设数据集合是无序的。对于序列数据集合中频繁项集的挖掘，则有 PrefixSpan 算法。项集数据和序列数据的区别如图 6-3 所示。左边的数据集是项集数据，每个项集数据由若干项组成，这些项没有时间上的先后关系。而右边的序列数据则不一样，它是由若干数据项集组成的序列。比如第一个序列<a(abc)(ac)d(cf)>，它由 a、abc、ac、d、cf 共 5 个项集数据组成，并且这些项集有时间上的先后关系。对于多于一个项的项集要加上括号，以便和其他的项集区分开。同时由于项集内部是不区分先后顺序的，为了方便数据处理，一般将序列数据的所有项集内部按字母顺序排序。

项集数据

TID	itemsets
10	a,b,d
20	a,c,d
30	a,d,e
40	b,e,f

序列数据

SID	sequences
10	<a(abd)(ac)d(cf)>
20	<(ad)c(bc)(ae)>
30	<(ef)(ab)(df)cb>
40	(eg(af)cbc>

图 6-3 项集数据和序列数据

1. Apriori 算法

Apriori 算法用于找出数据中频繁出现的数据集合，为了减少频繁项集的生成时间，应该尽早地消除一些完全不可能是频繁项集的集合，Apriori 的基本思想基于下面两条定律。

Apriori 定律 1：如果一个集合是频繁项集，则它的所有子集都是频繁项集。举例：假设一个集合{A,B}是频繁项集，即 A、B 同时出现在一条记录中的次数大于等于最小支持度 min_support，则它的子集{A}，{B}出现的次数必定大于等于 min_support，因为它的子集都是频繁项集。

Apriori 定律 2：如果一个集合不是频繁项集，则它的所有超集都不是频繁项集。举例：假设集合{A}不是频繁项集，即 A 出现的次数小于 min_support，则它的任何超集如{A,B}

出现的次数必定小于 min_support，因此其超集必定也不是频繁项集。

利用这两条定律，可以消除很多的候选项集。Apriori 算法采用迭代的方法，先搜索出 1 项集（长度为 1 的项集）及对应的支持度，对于支持度小于 min_support 的项进行剪枝，对于剪枝后的 1 项集进行排列组合得到候选 2 项集。再次扫描数据库得到每个候选 2 项集的支持度，对于支持度小于 min_support 的项进行剪枝，得到频繁 2 项集。以此类推进行迭代，直到没有频繁项集为止。算法流程如下。

输入：数据集合 D，支持度阈值 α。

输出：最大的频繁 k 项集。

1）扫描整个数据集，得到所有出现过的数据，将这些数据作为候选频繁 1 项集。$k=1$，频繁 0 项集为空集。

2）挖掘频繁 k 项集。

① 扫描数据计算候选频繁 k 项集的支持度。

② 去除候选频繁 k 项集中支持度小于阈值的数据集，得到频繁 k 项集。如果得到的频繁 k 项集为空，则直接返回频繁 $k-1$ 项集的集合作为算法结果，算法结束；如果得到的频繁 k 项集只有一项，则直接返回频繁 k 项集的集合作为算法结果，算法结束。

③ 基于频繁 k 项集，连接生成候选频繁 $k+1$ 项集。

3）令 $k=k+1$，转入步骤 2）。

从算法的步骤可以看出，Aprior 算法每轮迭代都要扫描数据集。因此，在数据集很大、数据种类很多的时候，算法效率很低。

2. FP-Tree 算法

FP-Tree 算法同样可以用于挖掘频繁项集。其中引入三部分来存储临时数据结构，首先是项头表，记录所有频繁 1 项集（支持度大于 min_support 的 1 项集）的出现次数，并按照次数进行降序排列；其次是 FP 树，将原始数据映射到内存中，以树的形式存储；最后是节点链表，所有项头表里的频繁 1 项集都是一个节点链表的头，它依次指向 FP 树中该频繁 1 项集出现的位置，将 FP 树中所有出现的相同项的节点串联起来。FP-Tree 算法的临时数据结构如图 6-4 所示。

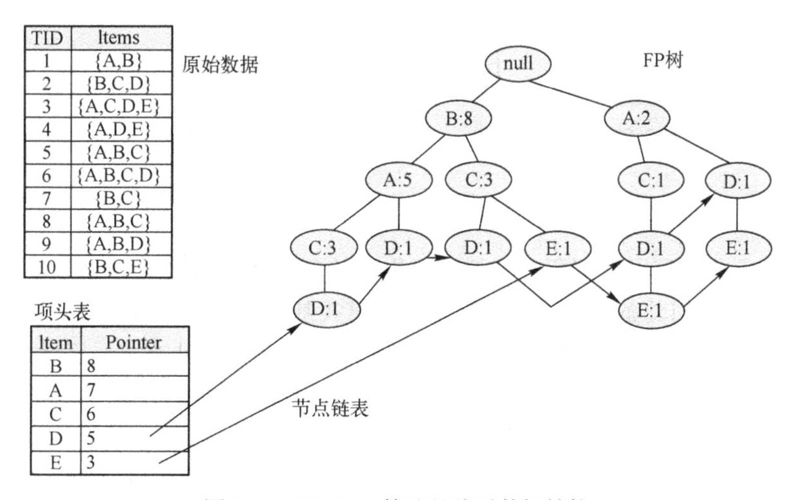

图 6-4　FP-Tree 算法的临时数据结构

FP-Tree 算法首先需要建立降序排列的项头表，并根据项头表中节点的排列顺序对原始数据集中每条数据中的节点进行排序，并剔除非频繁项得到排序后的数据集。项头表及排序后数据集如图 6-5 所示。

数据	项头表 支持度大于20%	排序后的数据集
A B C E F O	A:8	A C E B F
A C G	C:8	A C G
E I	E:8	E
A C D E G	G:5	A C E G D
A C E G L	B:2	A C E G
E J	D:2	E
A B C E F P	F:2	A C E B F
A C D		A C D
A C E G M		A C E G
A C E G N		A C E G

图 6-5　项头表及排序后数据集

建立项头表并得到排序后的数据集后，建立 FP 树。FP 树的每个节点由项和次数两部分组成。逐条扫描数据集，将其插入 FP 树。插入规则为，每条数据中排名靠后的作为前一个节点的子节点。如果有公用的祖先，则对应的公用祖先节点计数加 1。插入后，如果有新节点出现，则项头表对应的节点会通过节点链表链接上新节点。直到所有的数据都插入到 FP 树后，FP 树的建立才算完成。图 6-6 是插入第二条数据的过程，图 6-7 为构建好的 FP 树。

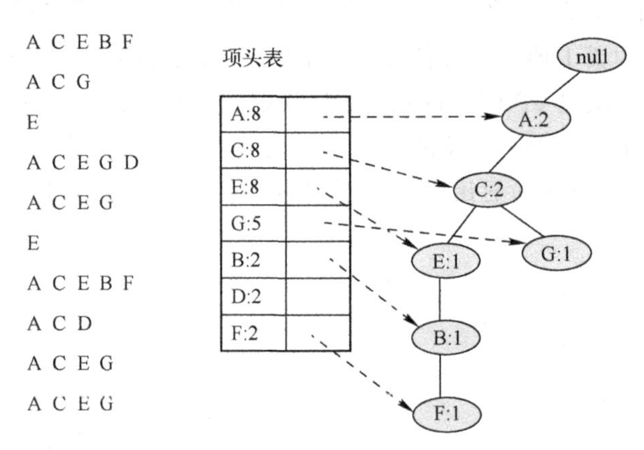

图 6-6　FP 树构建过程—插入第二条数据的过程

得到 FP 树后，则可以挖掘所有的频繁项集。从项头表底部开始，找到以该节点为子节点的子树，则可以得到其条件模式基。基于条件模式基可以递归发现所有包含该节点的频繁项集。以 D 节点为例，挖掘过程如图 6-8 所示。D 节点有两个叶节点，因此首先得到的 FP 子树如图 6-8a 所示。接着将所有的祖先节点计数设置为叶节点的计数，即变成{A:2, C:2, E:1 G:1,D:1, D:1}。此时，E 节点和 G 节点由于在条件模式基里面的支持度低于阈值被删除，最终在去除低支持度节点并不包括叶节点后，D 的条件模式基为{A:2, C:2}。通过它，很容易得到 D 的频繁 2 项集为{A:2,D:2}、{C:2,D:2}。递归合并 2 项集，得到频繁 3 项集为{A:2,C:2,D:2}。D 对应的最大的频繁项集为频繁 3 项集。

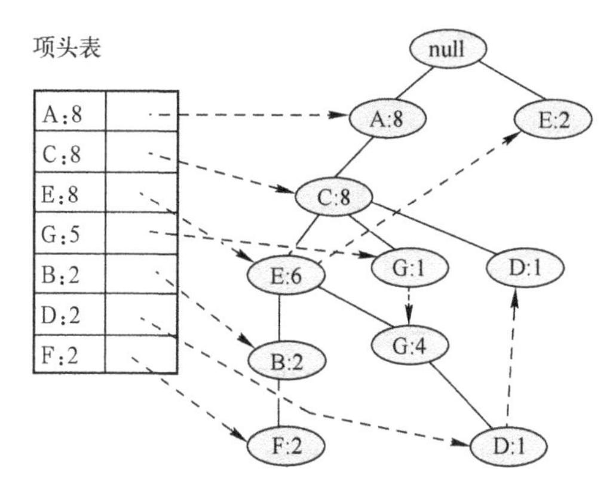

图 6-7　构建好的 FP 树

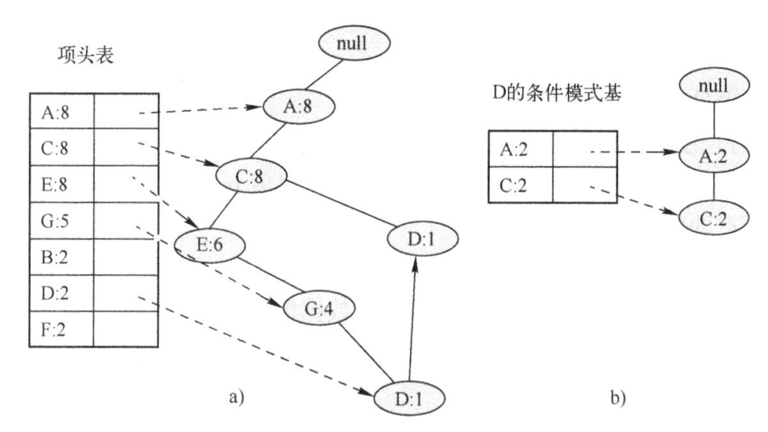

图 6-8　频繁项集挖掘过程（以 D 节点为例）

a）首先得到的 FP 子树　b）D 的条件模式基

算法具体流程如下。

1）扫描数据，得到所有频繁 1 项集的计数。然后删除支持度低于阈值的项，将频繁 1 项集放入项头表，并按照支持度降序排列。

2）扫描数据，将读取到的原始数据剔除非频繁 1 项集，并按照支持度降序排列。

3）读入排序后的数据集，插入 FP 树。插入时按照排序后的顺序，插入 FP 树中，排序靠前的节点是祖先节点，而靠后的是子孙节点。如果有共用的祖先，则对应的公用祖先节点计数加 1。插入后，如果有新节点出现，则项头表对应的节点会通过节点链表链接上新节点。直到所有的数据都插入到 FP 树后，FP 树的构建才算完成。

4）从项头表的底部项依次向上找到项头表项对应的条件模式基。从条件模式基递归挖掘得到项头表项的频繁项集。

5）如果不限制频繁项集的项数，则返回步骤 4）所有的频繁项集，否则只返回满足项数要求的频繁项集。

3. PrefixSpan 算法

PrefixSpan 算法是挖掘频繁序列的经典算法，子序列是指如果某序列 A 的所有项集都能在序列 B 的项集中找到，则 A 是 B 的子序列。PrefixSpan 算法的全称是 Prefix-Projected Pattern Growth，即前缀投影的模式挖掘。这里的前缀投影指的是前缀对应于某序列的后缀。前缀和后缀的示例如图 6-9 所示。

序列<a(abc)(ac)d(cf)>的前缀和后缀例子

前缀	后缀(前缀投影)
<a>	<(abc)(ac)d(cf)>
<aa>	<(_bc)(ac)d(cf)>
<ab>	<(_c)(ac)d(cf)>

图 6-9　前缀和后缀示例

PrefixSpan 的算法思想是，从长度为 1 的前缀开始挖掘序列模式，搜索对应的投影数据库，得到长度为 1 的前缀对应的频繁序列，然后递归地挖掘长度为 2 的前缀对应的频繁序列。以此类推，一直递归到不能挖掘到更长的前缀为止。算法流程如下。

输入：序列数据集 S 和支持度阈值 α。

输出：所有满足支持度要求的频繁序列集。

1）找出所有长度为 1 的前缀和对应的投影数据库。

2）对长度为 1 的前缀进行计数，将支持度低于阈值 α 的前缀对应的项从数据集 S 删除，同时得到所有的频繁 1 项序列，$i=1$。

3）对于每个长度为 i 且满足支持度要求的前缀进行递归挖掘。

① 找出前缀所对应的投影数据库。如果投影数据库为空，则递归返回。

② 统计对应投影数据库中各项的支持度计数。如果所有项的支持度计数都低于阈值 α，则递归返回。

③ 将满足支持度计数的各单项和当前的前缀进行合并，得到若干新的前缀。

④ 令 $i=i+1$，前缀为合并单项后的各前缀，分别递归执行步骤 3)。

PrefixSpan 算法由于不用产生候选序列，且投影数据库缩小得很快，内存消耗比较稳定，进行频繁序列模式挖掘的时候效率很高。比其他的序列挖掘算法，如 GSP、FreeSpan 有较大优势，因此是生产环境常用的算法。

PrefixSpan 运行时，最大的消耗在递归地构造投影数据库。如果序列数据集较大、项数种类较多时，算法运行速度会有明显下降。可以使用伪投影计数等方法来对其进行改进。

6.3　聚类分析

聚类分析是典型的无监督学习任务，训练样本的标签信息未知，通过对无标签样本的学习揭示数据内在的性质及规律，这个规律通常是样本间相似性的规律。聚类分析是把一组数据按照相似性和差异性分为几个类别，其目的是使得属于同一类别的数据间的相似性尽可能大，不同类别中数据间的相似性尽可能小。聚类分析试图将数据集样本划分为若干个不相交子集，这样划分出的子集可能有一些潜在规律和语义信息，但是其规律是事先未知的。概念语义和潜在规律是得到类别后分析得到的。

聚类分析既能作为一个单独过程寻找内部结构、分析其概念语义，也可作为其他学习任务的前驱过程，为其他学习任务将相似的数据聚到一起。

6.3.1　K均值算法

K均值算法是最经典的聚类算法之一，其基本思想是，给定样本集 $D=\{x_1,x_2,\cdots,x_m\}$，将样本划分得到 k 个簇 $C=\{C_1,C_2,\cdots,C_k\}$，使得所有样本到其聚类中心μ_i的距离和 E 最小。形式化表示如下。

$$E=\sum_{i=1}^{k}\sum_{x\in C_i}\|x-\mu_i\|_2^2$$

其中，μ_i是簇C_i的均值向量，即$\mu_i=\frac{1}{|C_i|}\sum_{x\in C_i}x$。

K均值算法采用迭代优化的策略，使用典型的EM算法求解。

K均值算法实现过程如下。

1）随机选取 k 个聚类中心。

2）重复以下过程直至收敛。

① 对每个样本计算其所属类别。

② 对每个类重新计算聚类中心。

其中聚类个数 k 需要提前指定。

K均值算法思想简单，应用广泛，且存在以下缺点。

1）需要提前指定 k，但是大多数情况下，对于 k 的确定是困难的。

2）K均值算法对噪声和离群点比较敏感，可能需要一定的预处理。

3）初始聚类中心的选择可能会导致算法陷入局部最优，而无法得到全局最优。

6.3.2　DBSCAN算法

DBSCAN（Density-Based Spatial Clustering of Applications with Noise，具有噪声的基于密度的聚类方法）是1996年提出的一种基于密度的空间数据聚类算法。该算法将具有足够密度的区域划分为簇，并在具有噪声的空间数据库中发现任意形状的簇。它将簇定义为密度相连的点的最大集合。

该算法将具有足够密度的点作为聚类中心，即核心点，不断对区域进行扩展。该算法利用基于密度的聚类概念，即要求聚类空间中的一定区域内所包含对象（点或其他空间对象）的数目不小于某一给定阈值。

DBSCAN算法实现过程如下

1）DBSCAN通过检查数据集中每个点的Eps邻域（半径Eps内的邻域）来搜索簇。如果点 p 的Eps邻域包含的点多于MinPts个，则创建一个以 p 为核心对象的簇。

2）DBSCAN迭代地聚集从这些核心对象直接密度可达的对象，这个过程可能涉及一些密度可达簇的合并（直接密度可达是指：给定一个对象集合 D，如果对象 p 在对象 q 的Eps邻域内，而 q 是一个核心对象，则称对象 p 是对象 q 直接密度可达的对象）；

3）当没有新的点添加到任何簇时，该过程结束。

其中Eps和MinPts即为需要指定的参数。

DBSCAN算法的优点如下。

1）聚类速度快且能够有效处理噪声点和发现任意形状的空间聚类。

2）与 K 均值算法比较起来，不需要输入要划分的聚类个数。

3）聚类簇的形状没有偏倚。

4）可以在需要时输入过滤噪声的参数。

DBSCAN 算法的缺点如下：

1）当数据量增大时，要求较大的内存支持，I/O 消耗也很大。

2）当空间聚类的密度不均匀、聚类间距差相差很大时，聚类质量较差，因为这种情况下参数 MinPts 和 Eps 选取困难。

3）聚类算法效果依赖于距离公式的选取，实际应用中常用欧式距离，对于高维数据，存在“维数灾难”。

关于 DBSCAN 的参数选择是一个值得探讨的话题，此处提供一个参数选取策略，供读者参考。

DBSCAN 需要指定参数 Eps 和 MinPts，Eps 为邻域的半径，MinPts 则是确定新对象时所要求的邻域内点的最小个数。两者之间存在着一些隐含关系。

DBSCAN 聚类使用到一个 k-距离的概念，k-距离是指：给定数据集 $P=\{p(i);\ i=0,1,\cdots,n\}$，对于任意点 $P(i)$，计算点 $P(i)$ 到集合 D 的子集 $S=\{p(1),p(2),\cdots,p(i-1),p(i+1),\cdots,p(n)\}$ 中所有点之间的距离。距离按照从小到大的顺序排序，假设排序后的距离集合为 $D=\{d(1),d(2),\cdots,d(k-1),d(k),d(k+1),\cdots,d(n)\}$，则 $d(k)$ 就被称为 k-距离。也就是说，k-距离是点 $p(i)$ 到所有点（除了 $p(i)$ 点）之间距离第 k 近的距离。对待聚类集合中每个点 $p(i)$ 都计算 k-距离，最后得到所有点的 k-距离集合 $E=\{e(1),e(2),\cdots,e(n)\}$。

根据经验计算半径 Eps：根据得到的所有点的 k-距离集合 E，对集合 E 进行升序排序后得到 k-距离集合 E'。需要拟合一条排序后的 E' 集合中 k-距离的变化曲线，然后绘出曲线。通过观察，将急剧发生变化的位置所对应的 k-距离的值，确定为半径 Eps 的值。

根据经验计算最少点的数量 MinPts：确定 MinPts 的大小，实际上也是确定 k-距离中 k 的值，如 DBSCAN 算法取 $k=4$，则 MinPts=4。

另外，如果觉得经验值聚类的结果不满意，可以适当调整 Eps 和 MinPts 的值。经过多次迭代计算对比，选择最合适的参数值。可以看出，如果 MinPts 不变，Eps 取的值过大，会导致大多数点都聚到同一个簇中；Eps 过小，会导致一个簇的分裂；如果 Eps 不变，MinPts 的值取得过大，会导致同一个簇中点被标记为离群点，MinPts 过小，会导致发现大量的核心点。

需要知道的是，DBSCAN 算法，需要输入 2 个参数，这 2 个参数的计算都来自经验知识。半径 Eps 的计算依赖于计算 k-距离，DBSCAN 取 $k=4$，也就是设置 MinPts=4。然后需要根据 k-距离曲线和经验观察找到合适的半径 Eps 的值。

6.4 回归分析

回归分析方法反映的是事务数据库中属性值在时间上的特征，回归分析方法产生一个将数据项映射到一个实值预测变量的函数，发现变量或属性间的依赖关系。其主要研究问题包括数据序列的趋势特征、数据序列的预测以及数据间的相关关系等。

回归分析的目的在于了解变量间是否相关，以及它们的相关方向和强度，并建立数学模型来进行预测。

回归问题与分类问题相似，也是典型的监督学习问题。与分类问题的区别在于，分类问题预测的目标是离散变量，而回归问题预测的目标是连续变量。由于回归分析与线性分析之间有着很多的相似性，所以用于分类的经典算法经过一些改动即可以应用于回归分析。典型的回归分析模型包括：线性回归分析、支持向量回归、K 邻近回归等。

6.4.1 线性回归分析

线性回归分析与分类分析算法中的逻辑回归类似，逻辑回归是为了将实数域的计算结果映射到分类结果，例如二分类问题需要将f映射到$\{0,1\}$空间，引入 Logistic 函数。而在线性回归问题中，预测目标直接是实数域上的数值，因此优化目标更简单，即最小化预测结果与真实值之间的差异。样本数量为 m 的样本集，特征向量 $X=\{x_1,x_2,\cdots,x_m\}$，对应的回归目标 $y=\{y_1,y_2,\cdots,y_m\}$。线性回归则是用线性模型刻画特征向量 X 与回归目标 y 之间的关系，表达式如下。

$$f(x_i)=w_1x_{i1}+w_2x_{i2}+\cdots+w_nx_{in}+b,\text{使得} f(x_i)\cong y_i\text{。}$$

关于 w 和 b 的确定，则是使$f(x_i)$和y_i的差别尽可能小。如何衡量两者之间的差别，在回归任务中最常用的则为均方误差。基于均方误差最小化模型的求解方法称为最小二乘法，即找到一条直线使样本到直线的欧氏距离最小。基于此思想，损失函数 L 可以被定义为如下形式。

$$L(w,b)=\sum_{i=1}^{m}(y_i-w^{\mathrm{T}}x_i-b)^2$$

求解 w,b 使得损失函数最小化的过程，称为线性回归模型的最小二乘参数估计。

以上为简单形式的线性模型，但是还可以有一些变化，如可以加入一个可微函数 g，使得 y 和$f(x)$之间存在非线性关系，形式如下。

$$y_i=g^{-1}(w^{\mathrm{T}}x_i+b)$$

这样的模型被称为广义线性模型，函数 g 被称为联系函数。

6.4.2 支持向量回归

支持向量回归与传统回归模型不同的是，传统回归模型通常直接基于 y 和 $f(x)$之间的差别来计算损失。当$f(x)=y$ 时，损失为 0。支持向量回归对于 $f(x)$和 y 之间的差别有一定的容忍度，可以容忍 ϵ 的偏差。所以当$f(x)$和 y 之间的偏差小于 ϵ 时，不被考虑。这相当于以$f(x)$为中心构建了一个宽度为 2ϵ 的间隔带，落入此间隔带，则被认为预测正确。

6.4.3 K 邻近回归

用于回归的 K 邻近算法与用于分类的 K 邻近算法思想类似。通过找出一个样本的 k 个最近邻居，将这些邻居回归目标的平均值赋给该样本，就可以预测出该样本的回归目标值。更进一步地，可以将不同距离的邻居对该样本产生的影响给予不同的权值，距离越近影响越大，如权值与距离成正比。

习题

一、选择题

1. 以下哪一项不属于非线性分类模型（　　）。

A. 逻辑回归　　B. 支持向量机　　C. 决策树　　D. k 近邻

2. 以下哪一项属于懒惰学习（　　）。

A. 逻辑回归　　B. 支持向量机　　C. 决策树　　D. k 近邻

3. 以下哪一项算法用于序列数据中频繁序列的挖掘（　　）。

A. Dijstra　　B. Apriori　　C. FP-Tree　　D. PrefixSpan

4. 支持度用概率公式表示为（　　）。

A. $P(B|A)$　　B. $P(A\cap B)$　　C. $P(B)$　　D. $P(B|A)/P(B)$

5. （　　）是把一组数据按照相似性和差异性分为几个类别。

A. 分类分析　　B. 关联分析　　C. 聚类分析　　D. 回归分析

二、判断题

1. k 近邻算法的训练时间开销为 0。(　　)

2. 线性判别分析，针对训练集将其投影到一条直线上，使得同类样本点尽可能接近，异类样本点尽量远离。(　　)

3. 同一个问题和样本产生的决策树一定相同。(　　)

4. 回归分析的目的在于了解变量间是否相关、相关方向和相关强度，并建立数学模型来进行预测。(　　)

5. DBSCAN 聚类速度快且能够有效处理噪声数据和发现任意形状的空间聚类。(　　)

三、填空题

1. 贝叶斯公式：________。

2. 关联规则挖掘分为________和________。

3. Apriori 算法定律 1：如果一个集合是频繁项集，则它的所有________都是频繁项集；Apriori 算法定律 2：如果一个集合不是频繁项集，则它的所有________都不是频繁项集。

4. 关联规则分析中，如果穷举项集的所有组合，并测试每个组合是否满足条件。那么对于一个元素个数为 n 的项集，所需要的时间复杂度为________。

5. 列举典型的无监督学习：________和________。

四、简答题

1. 数据分析经典的 4 大算法是什么？

2. 什么是关联分析？

3. 写出线性回归分析的损失函数。

第 7 章　Pandas 与 scikit-learn——实现数据的分析

SciPy 是一个常用的开源 Python 科学计算工具包，众多开发者针对不同领域的特性发展出了众多的 SciPy 分支，统称为 scikits。其中又以 scikit-learn 最为著名，常常被运用在数据挖掘建模以及机器学习领域。scikit-learn 所支持的算法、模型均是经过广泛验证的，涵盖分类、回归、聚类 3 大类。scikit-learn 也提供数据降维、模型选择与数据预处理的功能。

7.1　分类方法

7.1.1　Logistic 回归

scikit-learn 中 Logistic 回归在 sklearn. linear_model. LogisticRegression 类中实现，支持二分类（binary），一对多分类（onevsrest）以及多项式回归，并且可以选择 L1 或 L2 正则化。Logistic 回归示例如代码 7-1 所示。

代码 7-1　Logistic 回归示例

```
In [1]:  import numpy as np
         from sklearn import linear_model,datasets
In [2]:  iris =datasets. load_iris()
         X = iris. data
         Y = iris. target
In [3]:  log_reg =linear_model. LogisticRegression()
         log_reg. fit(X,Y)
Out [3]: LogisticRegression (C=1. 0,class_weight=None,dual=False,
                    fit_intercept=True,intercept_scaling=1,max_iter=100,
                    multi_class='ovr',n_jobs=1,penalty='l2',
                    random_state=None,solver='liblinear', tol=0. 0001,
                    verbose=0, warm_start=False)
In [4]:  log_reg. predict([1,2,3,4])
Out [4]: array([2])
```

代码 7-1 中使用 sklearn 内自带的 iris 数据集演示了如何利用 LogisticRegression 类进行训练、预测。LogisticRegression 类中提供了 liblinear、newton-cg、lbfgs、sag 和 saga 共计 5 种优化方案。声明时，通过 solver 字段进行选择，其中 liblinear 是默认选项。各 Solver 的选择基本遵循表 7-1 所示的规则。

表 7-1　logistic 回归 solver 选择基本遵循的规则

Case	Solver
L1 正则	liblinear、saga
多项式损失（multinomial loss）	lbfgs、sag、saga、newton-cg
大数据集（n_samples）	sag、saga

liblinear 应用了坐标下降算法（Coordinate Descent，CD），并基于 scikit-learn 内置的高性能 C++库 LIBLINEAR library 实现。不过 CD 算法训练的模型不是真正意义上的多分类模型，而是基于 one-vs-rest 思想分解了这个优化问题，为每个类别都训练了一个二元分类器。

lbfgs、sag 和 newton-cg 的 solvers（求解器）只支持 L2 惩罚项，对某些高维数据收敛更快。这些求解器的参数'multi_class'设为 multinomial，即可训练一个真正的多项式 Logistic 回归，其预测的概率比默认的 one-vs-rest 设定更为准确。

sag 求解器基于平均随机梯度下降算法（Stochastic Average Gradient descent）。在大数据集上的表现更快，大数据集是指样本量大且特征数多的数据集。

saga 求解器是 sag 的变体，它支持非平滑（non-smooth）的 L1 正则选项 penalty="l1"。因此对于稀疏多项式 Logistic 回归，往往选用该求解器。

7.1.2　支持向量机

SVC，NuSVC，LinearSVC 都能够实现多元分类，其中 SVC 与 NuSVC 比较接近，两者参数略有不同。而 LinearSVC 则如其名字所写，仅支持线性核函数的分类。代码 7-2 所示为 SVC、NuSVC、LinearSVC 示例，示例中分别演示了三者的基本操作。

代码 7-2　SVC、NuSVC、LinearSVC 示例

```
In  [1]:  import numpy as np
          from sklearn import svm,datasets
In  [2]:  iris =datasets.load_iris()
          X = iris.data
          Y = iris.target
In  [3]:  clf1 = svm.SVC()
          clf2 = svm.NuSVC()
          clf3 = svm.LinearSVC()
In  [4]:  clf1.fit(X,Y)
Out [4]:  SVC(C=1.0, cache_size=200, class_weight=None,coef0=0.0,
              decision_function_shape=None, degree=3, gamma='auto',
              kernel='rbf',max_iter=-1, probability=False, random_state=None,
              shrinking=True,tol=0.001, verbose=False)
In  [5]:  clf2.fit(X,Y)
Out [5]:  NuSVC(cache_size=200, class_weight=None, coef0=0.0,
            decision_function_shape=None, degree=3, gamma='auto',
            kernel='rbf',max_iter=-1, nu=0.5, probability=False,
```

```
                random_state=None,shrinking=True, tol=0.001, verbose=False)
In  [6]:  clf3.fit(X,Y)
Out [6]:  LinearSVC(C=1.0, class_weight=None, dual=True, fit_intercept=True,
                intercept_scaling=1, loss='squared_hinge', max_iter=1000,
                multi_class='ovr', penalty='l2', random_state=None, tol=0.0001,
                verbose=0)
In  [7]:  clf1.predict([1,2,3,4])
Out [7]:  array([2])
In  [8]:  clf2.predict([1,2,3,4])
Out [8]:  array([2])
In  [9]:  clf3.predict([1,2,3,4])
Out [9]:  array([2])
```

对于多元分类问题，SVC 与 NuSVC 可以通过 decesion_function_shape 字段来声明选择 ovo（one-vs-one）或 ovr（one-vs-rest）（默认为 one-vs-rest）。而 LinearSVC 可以通过 multi_class 字段选择 ovr（one-vs-rest）或 crammer_singer 策略。

在拟合以后，可以通过 support_vectors_，support_和 n_support 3 个参数来获得模型的支持向量（LinearSVC 不支持）。代码 7-2 中 clf1 的支持向量如代码 7-3 所示。

代码 7-3　3 个参数获取 clf1 的支持向量

```
In  [10]:  clf1.support_vectors_
Out [10]:  array([[4.3,  3.  ,  1.1,  0.1],
                  ………….,
                  [5.9,  3.  ,  5.1,  1.8]])
In  [11]:  clf1.support_
Out [10]:  array([13,15,18,23,24,41,44,50,52,54,56,57,60,63,66,68,70,72,76,77,
                  78,83,84,85,86,98,100,106,110,118,119,121,123,126,127,129,
                  131, 133, 134,138, 141, 142, 146, 147, 149],dtype=int32)
In  [12]:  clf1.n_support
Out [12]:  array([ 7, 19, 19],dtype=int32)
```

support_vectors_参数获取支持向量机的全部支持向量，support_参数获取支持向量的索引，n_support 获取每一个类别的支持向量的数量。

7.1.3　近邻算法

scikit-learn 实现了两种不同的最近邻分类器：KNeighborsClassifier 与 RadiusNeighborsClassifier。其中，KNeighborsClassifier 基于每个查询点的 k 个最近邻实现，其 k 是用户指定的整数值；RadiusNeighborsClassifier 基于每个查询点的固定半径 r 内的邻居数量实现，其中 r 是用户指定的浮点数值。两者相比，K-近邻相对应用更多。代码 7-4 所示为一个简单的最近邻分类示例。

代码 7-4　一个简单的最近邻分类示例

```
In  [1]:  import numpy as np
          from sklearn import neighbors, datasets
In  [2]:  iris =datasets. load_iris()
          X = iris. data
          Y = iris. target
In  [3]:  kclf = neighbors. KNeighborsClassifier()
          rclf = neighbors. RadiusNeighborsClassifier()
In  [4]:  kclf. fit(X,Y)
Out [4]:  KNeighborsClassifier(algorithm='auto', leaf_size=30, metric='minkowski',
                     metric_params=None, n_jobs=1, n_neighbors=5, p=2,
                     weights='uniform')
In  [5]:  rclf. fit(X,Y)
Out [5]:  RadiusNeighborsClassifier(algorithm='auto',leaf_size=30,
                     metric='minkowski',metric_params=None,
                     outlier_label=None,p=2, radius=1. 0,weights='uniform')
In  [6]:  kclf. predict([[1,2,3,4]])
Out [6]:  array([1])
In  [7]:  rclf. predict([[1,2,3,4]])
Out [7]:  array([1])
```

对于两种最近邻分类器，用户可以分别通过 n_neighbors 与 radius 两个参数来设置 k 与 r 的值。K 近邻分类 k 值的选择与数据相关，较大的 k 值能够减少噪声的影响，但是过大的话会影响分类的效果。

通过 weights 参数可以对近邻进行加权，默认为 uniform，即各“邻居”权重相等；也可声明为 distance，即按照距离给各“邻居”进行加权，较近点产生的影响更大；也可声明为一个用户自定义的函数给近邻加权。

通过 algorithm 参数能够指定查找最近邻所用的算法，可选的算法有 ball_tree、kd_tree、brute 和 auto，分别对应 balltree、kd-tree、bruteforcesearch 以及自动。

7.1.4 决策树

scikit-learn 用 tree. DecisionTreeClassifier 实现了决策树分类，支持多分类。决策树分类示例如代码 7-5 所示。

代码 7-5　决策树分类示例

```
In  [1]:  import numpy as np
          from sklearn import tree, datasets
In  [2]:  iris =datasets. load_iris()
          X = iris. data
          Y = iris. target
```

```
In  [3]:  clf = tree.DecisionTreeClassifier()
          clf.fit(X,Y)
out [3]:  DecisionTreeClassifier(class_weight=None,criterion='gini',
                max_depth=None,max_features=None,
                max_leaf_nodes=None,min_impurity_split=1e-07,
                min_samples_leaf=1,min_samples_split=2,
                min_weight_fraction_leaf=0.0,presort=False,
                random_state=None, splitter='best')
In  [4]:  clf.predict([[1,2,3,4]])
Out [4]:  array([2])
```

7.1.5 随机梯度下降

scikit-learn 中 linear_model.SGDClassifier 类实现了简单的随机梯度下降分类拟合线性模型，支持不同的 loss functions（损失函数）和 penalties for classification（分类处罚）。随机梯度下降分类示例如代码 7-6 所示。

代码 7-6 随机梯度下降分类示例

```
In  [1]:  import numpy as np
          from sklearn import linear_model, datasets
In  [2]:  iris =datasets.load_iris()
          X = iris.data
          Y = iris.target
In  [3]:  clf = linear_model.SGDClassifier
          clf.fit(X,Y)
Out [3]:  SGDClassifier(alpha=0.0001, average=False, class_weight=None,
              epsilon=0.1,eta0=0.0, fit_intercept=True, l1_ratio=0.15,
              learning_rate='optimal', loss='hinge', n_iter=5, n_jobs=1,
              penalty='l2', power_t=0.5, random_state=None, shuffle=True,
              verbose=0, warm_start=False)
In  [4]:  clf.predict([[1,2,3,4]])
Out [4]:  array([2])
```

在使用 SGDClassifier 类时，需要预先打乱训练数据或在声明时将 shuffle 参数设置为 True（默认为 True），以在每次迭代后打乱数据。

通过 loss 参数来设置损失函数，可选的选项有 hinge、modified_huber 以及 log（默认为 hinge），分别对应软间隔 SVM（soft-margin SVM）、平滑 hinge 和 logistic 回归。其中 hinge 与 modified_huber 是惰性的，能够提高训练效率。

通过 class_weight 字段能够设置分类权重。默认所有类别权重相等，均为 1。使用时可以用形如{class:weight}的 dict 指明权重或声明为 balance，以自动设置各类权重与其出现概率成反比。

7.1.6 高斯过程分类

gaussian_process. GaussianProcessClassifier 类实现了一个用于分类的高斯过程。高斯过程分类示例如代码 7-7 所示。

代码 7-7 高斯过程分类示例

```
In [1]: import numpy as np
        from sklearn import gaussian_process, datasets
In [2]: iris =datasets. load_iris( )
        X = iris. data
        Y = iris. target
In [3]: clf = gaussian_process. GaussianProcessClassifier( )
        clf. fit( X, Y)
Out [3]: GaussianProcessClassifier( copy_X_train=True, kernel=None,
                  max_iter_predict=100, multi_class='one_vs_rest',
                  n_jobs=1, n_restarts_optimizer=0,
                  optimizer='fmin_l_bfgs_b', random_state=None,
                  warm_start=False)
In [4]: clf. predict([[1,2,3,4]])
Out [4]:array([2])
```

高斯过程分类支持多元分类，支持 ovr（one-vs-rest）与 ovo（one-vs-one）策略（默认为 one-vs-rest）。在 one-vs-rest 策略中，为每个类都训练一个二元高斯过程分类器，以将该类与其余类分开；而在 one-vs-one 策略中，每两个类训练一个二元高斯过程分类器，以将两个类分开。对于高斯过程分类，one-vs-one 策略可能在计算上更高效，但是不支持预测概率估计。

7.1.7 神经网络分类（多层感知器）

neural_network. MLPClassifier 类实现了通过反向传播进行训练的多层感知器（MLP）算法。MLP 分类示例如代码 7-8 所示。

代码 7-8 MLP 分类示例

```
In [1]: import numpy as np
        from sklearn import neural_network, datasets
In [2]: iris =datasets. load_iris( )
        X = iris. data
        Y = iris. target
In [3]: clf = neural_network. MLPClassifier( hidden_)
        clf. fit( X, Y)
Out [3]: MLPClassifier( activation='relu', alpha=0. 0001, batch_size='auto',
              beta_1=0. 9,beta_2=0. 999, early_stopping=False, epsilon=1e-08,
              hidden_layer_sizes=(100,), learning_rate='constant'
```

```
                learning_rate_init=0.001, max_iter=200, momentum=0.9,
                nesterovs_momentum=True, power_t=0.5,
                random_state=None,shuffle=True, solver='adam', tol=0.0001,
                validation_fraction=0.1,verbose=False, warm_start=False)
In [4]: clf.predict([[1,2,3,4]])
Out [4]: array([2])
In [5]: clf.predict_proba([[1,2,3,4]])
Out [5]: array([[ 0.0017448 ,  0.00269137,  0.99556383]])
```

hidden_layer_sizes 参数可以用一个 tuple 声明中间层的单元数，tuple 的每一项为中间层各层的单元数（默认只有一层中间层，100 个单元）。

目前，MLPClassifier 类只支持交叉熵损失函数，通过运行 predict_proba 方法进行概率估计。MLP 算法使用的是反向传播的方式，通过反向传播计算得到的梯度和某种形式的梯度下降来进行训练。对于分类来说，它的最小化交叉熵损失函数，为每个样本给出了一个向量形式的概率估计，如代码 7-8 中 Out[5]所示。

7.1.8 朴素贝叶斯

scikit-learn 支持高斯朴素贝叶斯、多项分布朴素贝叶斯与伯努利朴素贝叶斯算法，分别由 naive_bayes.GaussianNB、naive_bayes.MultinomialNB 与 naive_bayes.BernoulliNB 三个类实现。朴素贝叶斯示例如代码 7-9 所示。

代码 7-9 朴素贝叶斯示例

```
In [1]: import numpy as np
        from sklearn import naive_bayes, datasets
In [2]: iris =datasets.load_iris()
        X = iris.data
        Y = iris.target
In [3]: gnb = naive_bayes.GaussianNB()
        mnb = naive_bayes.MultinomialNB()
        bnb = naive_bayes.BernoulliNB()
In [4]: gnb.fit(X,Y)
Out [4]: GaussianNB(priors=None)
In [5]: mnb.fit(X,Y)
Out [5]: MultinomialNB(alpha=1.0, class_prior=None, fit_prior=True)
In [6]: bnb.fit(X,Y)
Out [6]: BernoulliNB(alpha=1.0, binarize=0.0, class_prior=None, fit_prior=True)
In [7]: gnb.predict([[1,2,3,4]])
Out [7]: array([2])
In [8]: mnb.predict([[1,2,3,4]])
Out [8]: array([2])
In [9]: bnb.predict([[1,2,3,4]])
Out [9]: array([2])
```

MultinomialNB、BernoulliNB 和 GaussianNB 类还提供 partial_fit 方法用于动态地加载数据，以解决大数据量的问题。与 fit 方法不同，首次调用 partial_fit 方法需要传递一个所有期望的类标签的列表。

7.2 回归方法

7.2.1 最小二乘法

linear_model. LinearRegression 类实现了普通的最小二乘法。最小二乘法示例如代码 7-10 所示。

代码 7-10 最小二乘法示例

```
In  [1]:  import numpy as np
          from sklearn import linear_model, datasets
In  [2]:  diabetes = datasets.load_diabetes()
          X = diabetes.data
          Y = diabetes.target
In  [3]:  reg = linear_model.LinearRegression()
          reg.fit(X,Y)
Out [3]:  LinearRegression (copy_X=True,fit_intercept=True,n_jobs=1,
                           normalize=False)
In  [4]:  reg.coef_
Out [4]:  array([ -10.01219782, -239.81908937,  519.83978679,  324.39042769,
                -792.18416163, 476.74583782, 101.04457032,  177.06417623,
                 751.27932109,   67.62538639])
```

本例中使用自带的 diabetes 数据集，此数据集含有 442 条包括 10 个特征的数据。

7.2.2 岭回归

linear_model. Ridge 类实现的岭回归通过对系数的大小施加惩罚来改进普通最小二乘法。岭回归示例如代码 7-11 所示。

代码 7-11 岭回归示例

```
In  [1]:  import numpy as np
          from sklearn import linear_model, datasets
In  [2]:  diabetes = datasets.load_diabetes()
          X = diabetes.data
          Y = diabetes.target
In  [3]:  rid = linear_model.Ridge()
          rid.fit(X,Y)
Out [3]:  Ridge(alpha=1.0, copy_X=True, fit_intercept=True, max_iter=None,
             normalize=False, random_state=None, solver='auto', tol=0.001)
```

```
In [4]:  rid.coef_
Out [4]:  array([ 29.46574564, -83.15488546, 306.35162706, 201.62943384,
                  5.90936896,   -29.51592665, -152.04046539,   117.31171538,
                  262.94499533,   111.878718   ])
```

Ridge 类有 6 种优化方案，通过 solver 参数指定，可选择的选项有 auto、svd、cholesky、lsqr、sparse_cg、sag 或 saga，默认为 auto。

7.2.3 Lasso

Lasso 是估计稀疏系数的线性模型。在某些情况下是有用的，因为它倾向于使用具有较少参数值的情况，有效地减少所依赖变量的数量。scikit-learn 实现的 linear_model.Lasso 类使用了坐标下降算法来拟合系数。Lasso 示例如代码 7-12 所示。

代码 7-12　Lasso 示例

```
In [1]:  import numpy as np
         from sklearn import linear_model, datasets
In [2]:  diabetes = datasets.load_diabetes()
         X = diabetes.data
         Y = diabetes.target
In [3]:  las = linear_model.Lasso()
         las.fit(X,Y)
Our [3]:  Lasso(alpha=1.0, copy_X=True, fit_intercept=True,max_iter=1000,
               normalize=False,positive=False,precompute=False,
               random_state=None,selection='cyclic',tol=0.0001,
               warm_start=False)
In [4]:  las.coef_
Out [4]:  array([ 0, -0. , 367.70185207, 6.30190419,0. , 0. , -0. , 0. ,307.6057, 0. ])
```

scikit-learn 中也有一个使用 LARS（最小角回归）算法的 Lasso 模型。LassoLars 示例如代码 7-13 所示。

代码 7-13　LassoLars 示例

```
In [1]:  impor tnumpy as np
         from sklearn import linear_model, datasets
In [2]:  diabetes = datasets.load_diabetes()
         X = diabetes.data
         Y = diabetes.target
In [3]:  larlas = linear_model.LassoLars()
         larlas.fit(X,Y)
Out [3]:  LassoLars(alpha=1.0, copy_X=True, eps=2.2204460492503131e-16,
                   fit_intercept=True, fit_path=True, max_iter=500, normalize=True,
                   positive=False,precompute='auto', verbose=False)
```

```
In  [4]:  larlas. coef_
Out [4]:  array([0. ,0. ,367. 69961855,6. 31274948,0. ,0. ,0. ,0. ,307. 60242913,0. ])
```

7.2.4 贝叶斯岭回归

linear_model. BayesianRidge 类实现了贝叶斯岭回归，能在回归问题的估计过程中引入参数正则化，得到的模型与传统的岭回归也比较相似。贝叶斯岭回归示例如代码 7-14 所示。

代码 7-14 贝叶斯岭回归示例

```
In  [1]:  import numpy as np
          from sklearn import linear_model, datasets
In  [2]:  diabetes = datasets. load_diabetes()
          X = diabetes. data
          Y = diabetes. target
In  [3]:  byr = linear_model. BayesianRidge
          byr. fit(X,Y)
Out [3]:  BayesianRidge(alpha_1=1e-06, alpha_2=1e-06, compute_score=False,
                copy_X=True,fit_intercept=True,lambda_1=1e-06,
                lambda_2=1e-06, n_iter=300,normalize=False, tol=0. 001,
                verbose=False)
In  [4]:  byr. coef_
Out [4]:  array([-4. 2352425, -226. 33093567, 513. 46816685, 314. 91003904,
                  -182. 28443825, -4. 36973384, -159. 20264426, 114. 63609758,
                  506. 824866, 76. 25520655])
```

虽然因贝叶斯框架的缘故，贝叶斯岭回归得到的权值与普通最小二乘法得到的有所区别。但是，贝叶斯岭回归对病态问题（ill-posed）的鲁棒性相对要更好一些。

7.2.5 决策树回归

决策树用于回归问题时与用于分类时类似，scikit-learn 中 tree. DecisionTreeRegressor 类实现了一个用于回归的决策树模型。决策树回归示例如代码 7-15 所示。

代码 7-15 决策树回归示例

```
In  [1]:  import numpy as np
          from sklearn import tree, datasets
In  [2]:  diabetes = datasets. load_diabetes()
          X = diabetes. data
          Y = diabetes. target
In  [3]:  reg =tree. DecisionTreeRegressor()
          reg. fit(X,Y)
Out [3]:  DecisionTreeRegressor(criterion='mse', max_depth=None,
```

```
                    max_features=None,max_leaf_nodes=None,
                    min_impurity_split=1e-07,min_samples_leaf=1,
                    min_samples_split=2,min_weight_fraction_leaf=0.0,
                    presort=False, random_state=None,plitter='best')
In [4]: reg.predict([[0,1,2,3,4,5,6,7,8,9]])
Out [4]: array([ 279. ])
```

7.2.6 高斯过程回归

gaussian_process. GaussianProcessRegressor 类实现了一个用于回归问题的高斯过程。高斯过程回归示例如代码 7-16 所示。

代码 7-16 高斯过程回归示例

```
In [1]: import numpy as np
        from sklearn import gaussian_process, datasets
In [2]: diabetes = datasets.load_diabetes()
        X = diabetes.data
        Y = diabetes.target
In [3]: gpr = gaussian_process. GaussianProcessClassifier()
        gpr.fit(X,Y)
Out [3]: GaussianProcessRegressor(alpha=1e-10, copy_X_train=True,
                kernel=None,n_restarts_optimizer=0,
                normalize_y=False,optimizer='fmin_l_bfgs_b',
                random_state=None)
In [4]: gpr.predict([[0,1,2,3,4,5,6,7,8,9]])
Out [4]: array([ -6.86424900e-53])
```

7.2.7 最近邻回归

最近邻回归与最近邻分类一样，scikit-learn 也实现了两种最近邻回归。KNeighborsRegressor 与 RadiusNeighborsRegressor 分别基于每个查询点的 *k* 个最近邻、每个查询点的固定半径 *r* 内的邻居数量实现。最近邻回归示例如代码 7-17 所示。

代码 7-17 最近邻回归示例

```
In [1]: import numpy as np
        from sklearn import neighbors, datasets
In [2]: diabetes = datasets.load_diabetes()
        X = diabetes.data
        Y = diabetes.target
In [3]: kreg = neighbors.KNeighborsRegressor()
        rreg = neighbors.RadiusNeighborsRegressor()
```

```
In [4]: kreg.fit(X,Y)
Out [4]: KNeighborsRegressor(algorithm='auto', leaf_size=30,
                   metric='minkowski',metric_params=None, n_jobs=1,
                   n_neighbors=5, p=2,weights='uniform')
In [5]: rreg.fit(X,Y)
Out [5]: RadiusNeighborsRegressor(algorithm='auto', leaf_size=30,
                   metric='minkowski',metric_params=None, p=2,
                   radius=1.0, weights='uniform')
In [6]: kreg.kneighbors_graph(X).toarray()
Out [6]: array([[ 1.,  0.,  1., ...,  0.,  0.,  0.],
                [ 0.,  1.,  0., ...,  0.,  0.,  0.],
                [ 1.,  0.,  1., ...,  0.,  0.,  0.],
                ...,
                [ 0.,  0.,  0., ...,  1.,  0.,  0.],
                [ 0.,  0.,  0., ...,  0.,  1.,  0.],
                [ 0.,  0.,  0., ...,  0.,  0.,  1.]])
In [7]: rreg.radius_neighbors_graph (X).toarray()
Out [7]: array([[ 1.,  1.,  1., ...,  1.,  1.,  1.],
                [ 1.,  1.,  1., ...,  1.,  1.,  1.],
                [ 1.,  1.,  1., ...,  1.,  1.,  1.],
                ...,
                [ 1.,  1.,  1., ...,  1.,  1.,  1.],
                [ 1.,  1.,  1., ...,  1.,  1.,  1.],
                [ 1.,  1.,  1., ...,  1.,  1.,  1.]])
```

该算法与最近邻分类器类似，用户也可以通过 n_neighbors 与 radius 两个参数来设置 k 与 r 的值。通过 weights 参数对近邻进行加权，选择 uniform、distance 或直接自定义一个函数。

7.3 聚类方法

7.3.1 K-means 算法

scikit-learn 中实现 K-means 算法的有两个类。其中 cluster.KMeans 类实现了一般的 K-means 算法；cluster.MiniBatchKMeans 实现了 K-means 的小批量变体，在每一次迭代的时候进行随机抽样，减少了计算量和计算时间，而最终聚类结果与正常的 K-means 算法相比，差别不大。K-means 聚类示例如代码 7-18 所示。

代码 7-18 K-means 聚类示例

```
In [1]: import numpy as np
        from sklearn import cluster, datasets
In [2]: irist = datasets.load_iris()
```

```
            X = iris.data
In  [3]:    kms = cluster.KMeans()
            mbk = cluster.MiniBatchKMeans()
In  [4]:    kms.fit(X)
Out [4]:    KMeans(algorithm='auto', copy_x=True, init='k-means++', max_iter=300,
                n_clusters=8, n_init=10, n_jobs=1,precompute_distances='auto',
                random_state=None, tol=0.0001, verbose=0)
In  [5]:    mbk.fit(X)
Out [5]:    MiniBatchKMeans(batch_size=100, compute_labels=True,
                    init='k-means++', init_size=None, max_iter=100,
                    max_no_improvement=10, n_clusters=8,
                    n_init=3, random_state=None, reassignment_ratio=0.01,
                    tol=0.0,verbose=0)
In  [6]:    kms.cluster_centers_
Out [6]:    array([[ 6.46666667,  2.98333333,  4.6       ,  1.42777778],
                   [ 5.26538462,  3.68076923,  1.50384615,  0.29230769],
                   [ 7.475     ,  3.125     ,  6.3       ,  2.05      ],
                   [ 5.675     ,  2.8125    ,  4.24375   ,  1.33125   ],
                   [ 6.56818182,  3.08636364,  5.53636364,  2.16363636],
                   [ 4.725     ,  3.13333333,  1.42083333,  0.19166667],
                   [ 5.39230769,  2.43846154,  3.65384615,  1.12307692],
                   [ 6.03684211,  2.70526316,  5.        ,  1.77894737]])
In  [7]:    mbk.cluster_centers_
Out [7]:    array([[ 5.15596708,  3.53744856,  1.5345679 ,  0.28683128],
                   [ 6.55851852,  3.05037037,  5.49481481,  2.13888889],
                   [ 5.5016129 ,  2.58548387,  3.90870968,  1.20225806],
                   [ 6.31748466,  2.93067485,  4.58588957,  1.45122699],
                   [ 7.45238095,  3.12789116,  6.28707483,  2.06394558],
                   [ 4.70839161,  3.10524476,  1.40524476,  0.18776224],
                   [ 5.5325    ,  4.03125   ,  1.4675    ,  0.29      ],
                   [ 5.95478723,  2.74734043,  5.00265957,  1.8       ]])
```

两种 K-means 算法在使用时都需要通过 n_clusters 指定聚类的个数，如不指定则默认为 8。

给定足够的时间，K-means 算法总能够收敛，但有可能得到的是局部最小值，而质心初始化的方法将对结果产生较大的影响，通过 init 参数可以指定聚类质心的初始化方法。默认为 k-means++，即使用一种比较智能的方法进行初始化，各初始化质心彼此相距较远，能加快收敛速度。也可以选择 random 或指定为一个 ndarray，即初始化为随机的质心或直接初始化为一个用户自定义的质心。指定 n_init 参数也可以改善结果。算法将初始化 n_init 次（默认为 3 次），并选择结果最好的一次作为最终结果。

另外，在使用 cluster.KMeans 类时，n_jobs 参数能指定该模型使用的处理器个数。若为正值，则使用 n_jobs 个处理器；若为负值，-1 代表使用全部处理器，-2 代表“除了一个处理器以外全部使用”，-3 代表“除了两个处理器以外全部使用”，以此类推。

7.3.2 AffinityPropagation 算法

AffinityPropagation 算法通过在样本对之间发送消息（吸引信息与归属信息）直到收敛来创建聚类，使用少量示例样本作为聚类中心。scikit-learn 中使用 cluster. AffinityPropagation 类实现了 AP 聚类算法。AffinityPropagation 聚类示例如代码 7-19 所示。

代码 7-19　AffinityPropagation 聚类示例

```
In  [1]:  impor tnumpy as np
          from sklearn import cluster, datasets
In  [2]:  irist = datasets. load_iris( )
          X = iris. data
In  [3]:  ap = cluster. AffinityPropagation( )
          ap. fit(X)
Out [3]:  AffinityPropagation( affinity='euclidean', convergence_iter=15,
                    copy=True, damping=0. 5, max_iter=200, preference=None,
                    verbose=False)
In  [4]:  ap. cluster_centers_
Out [4]:  array([[ 4.7,  3.2,  1.3,  0.2],
                [ 5.3,  3.7,  1.5,  0.2],
                [ 6.5,  2.8,  4.6,  1.5],
                [ 5.6,  2.5,  3.9,  1.1],
                [ 6. ,  2.7,  5.1,  1.6],
                [ 7.6,  3. ,  6.6,  2.1],
                [ 6.8,  3. ,  5.5,  2.1]])
```

AffinityPropagation 类有 3 个比较关键的参数：affinity、damping 与 preference。affinity 为相似度度量方式，支持 precomputed 和 euclidean 两种，对应预先计算与欧几里得两种算法。damping 为阻尼因子，可以设置为 0.5~1 之间的浮点数，减少信息以防止更新信息时引起的数据振荡。preference 则是一个向量，代表对各点的偏好，值越高的点越可能被选为样本。

7.3.3 Mean-shift 算法

Mean-shift 均值漂移算法与 K-means 一样也是基于质心的算法，但是此算法会自动设定聚类个数。Mean-Shift 聚类示例如代码 7-20 所示。

代码 7-20　Mean-Shift 聚类示例

```
In  [1]:  import numpy as np
          from sklearn import cluster, datasets
In  [2]:  irist = datasets. load_iris( )
          X = iris. data
In  [3]:  ms = cluster. MeanShift( )
```

```
         ms.fit(X)
Out [3]: MeanShift(bandwidth=None, bin_seeding=False, cluster_all=True,
             min_bin_freq=1,n_jobs=1, seeds=None)
In  [4]: ms.cluster_centers_
Out [4]: array([[ 6.21142857,  2.89285714,  4.85285714,  1.67285714],
                [ 5.01632653,  3.44081633,  1.46734694,  0.24285714]])
```

Mean-shift 算法不是高度可扩展的，因为在执行算法期间需要执行多个最近邻搜索。此算法收敛，但是当质心的变化较小时，就直接停止迭代。MeanShift 类声明时，可以用 bandwidth 参数设置一个浮点数的“带宽”以选择搜索区域，若不设定，则默认使用 sklearn.cluster.estimate_bandwidth 这一自带的评估函数。

7.3.4 SpectralClustering 算法

SpectralClustering 算法可视为 K-means 的低维版，适用于聚类较少时的情景，对于聚类较多的情况不适用。SpectralClustering 算法示例如代码 7-21 所示。

代码 7-21 SpectralClustering 示例

```
In  [1]: import numpy as np
         from sklearn import cluster, datasets
In  [2]: irist = datasets.load_iris()
         X = iris.data
In  [3]: sc = cluster.SpectralClustering ()
         sc.fit(X)
Out [3]: SpectralClustering(affinity='rbf', assign_labels='kmeans', coef0=1,
              degree=3,eigen_solver=None, eigen_tol=0.0, gamma=1.0,
              kernel_params=None,n_clusters=8, n_init=10, n_jobs=1,
              n_neighbors=10,andom_state=None)
In  [4]: sc.labels_
Out [4]: array([2, 4, 4, 4, 2, 2, 4, 2, 4, 4, 2, 4, 4, 4, 2, 2, 2, 2, 2, 2, 2, 2, 4,
                2, 4, 4, 2, 2, 2, 4, 4, 2, 2, 2, 4, 4, 2, 4, 4, 2, 2, 4, 4, 2, 2, 4,
                2, 4, 2, 4, 5, 5, 5, 1, 5, 1, 5, 7, 5, 1, 7, 1, 1, 5, 1, 5, 1, 1, 1,
                1, 3, 1, 3, 5, 5, 5, 5, 5, 1, 7, 7, 7, 1, 3, 1, 5, 5, 5, 1, 1, 1, 5,
                1, 7, 1, 1, 1, 5, 7, 1, 0, 3, 0, 0, 0, 6, 1, 6, 0, 6, 0, 3, 0, 3, 3,
                0, 0, 6, 6, 3, 0, 3, 6, 3, 0, 6, 3, 3, 0, 6, 6, 6, 0, 3, 3, 6, 0, 0,
                3, 0, 0, 0, 3, 0, 0, 0, 3, 0, 0, 3],dtype=int32)
```

在该算法中，可以设置 assign_labels 参数以使用不同的分配策略。默认的 kmeans 策略可以匹配更精细的数据细节，但是也可能更加不稳定，且除非设置 random_state，否则可能由于随机初始化的原因，而无法复现运行的结果。而使用 discretize 策略则是一定能复现的，但往往会产生过于均匀的几何边缘。

7.3.5 HierarchicalClustering 算法

（HierarchicalClustering 层次聚类）是一个常用的聚类算法，其将数据进行不断的分割或合并来构建聚类。cluste. AgglomerativeClustering 类实现了自下而上的层次聚类，由单个对象的聚类逐渐合并得到最终聚类。层次聚类示例如代码 7-22 所示。

代码 7-22 层次聚类示例

```
In [1]: import numpy as np
        from sklearn import cluster, datasets
In [2]: irist = datasets.load_iris()
        X = iris.data
In [3]: ag = cluster.AgglomerativeClustering()
        ag.fit(X)
Out [3]: AgglomerativeClustering(affinity='euclidean', compute_full_tree='auto',
                  connectivity=None, linkage='ward',
                  memory=Memory(cachedir=None), n_clusters=2,
                  pooling_func=<function mean at 0x10cf20ae8>)
In [4]: ag.labels_
Out [4]: array([1, 1, 1, 1, 1, 1, 1, 1, 1, 1, 1, 1, 1, 1, 1, 1, 1, 1, 1, 1, 1, 1, 1,
              1, 1, 1, 1, 1, 1, 1, 1, 1, 1, 1, 1, 1, 1, 1, 1, 1, 1, 1, 1, 1, 1, 1,
              1, 1, 1, 1, 0, 0, 0, 0, 0, 0, 0, 0, 0, 0, 0, 0, 0, 0, 0, 0, 0, 0, 0,
              0, 0, 0, 0, 0, 0, 0, 0, 0, 0, 0, 0, 0, 0, 0, 0, 0, 0, 0, 0, 0, 0, 0,
              0, 0, 0, 0, 0, 0, 0, 0, 0, 0, 0, 0, 0, 0, 0, 0, 0, 0, 0, 0, 0, 0, 0,
              0, 0, 0, 0, 0, 0, 0, 0, 0, 0, 0, 0, 0, 0, 0, 0, 0, 0, 0, 0, 0, 0, 0,
              0, 0, 0, 0, 0, 0, 0, 0, 0, 0, 0, 0])
```

该算法利用 n_clusters 参数可以指定聚类个数，默认为 2。linkage 参数则是用于合并的策略，可选择 ward、complete 或 average 3 种策略。其中 ward 为默认选项，是指最小化所有聚类内的平方差总和，是一种方差最小化的优化方向，与 K-means 的目标函数相似；complete 是指最小化聚类内两个样本之间的最大距离；average 是指最小化聚类两个聚类中样本距离的平均值。

AgglomerativeClustering 类也支持使用连接矩阵（connectivity matrix）标明每个样本的相邻项，从而增加连接约束，其只对相邻的聚类进行合并。在某些问题中，这样做能够取得更好的局部结构，使得结果更加合理。

7.3.6 DBSCAN 算法

DBSCAN 算法将聚类视为被低密度区域分隔的高密度区域。其核心概念是 core samples，即位于高密度区域的样本。因此一个聚类可视为一组核心样本和一组接近核心样本的非核心样本，其中核心样本之间彼此接近。DBSCAN 示例如代码 7-23 所示。

代码 7-23　DBSCAN 示例

```
In  [1]:  import numpy as np
          from sklearn import cluster, datasets
In  [2]:  irist = datasets. load_iris()
          X = iris. data
In  [3]:  db = cluster. DBSCAN()
          db. fit(X)
Out [3]:  DBSCAN(algorithm='auto',eps=0. 5, leaf_size=30, metric='euclidean',
              min_samples=5, n_jobs=1, p=None)
In  [4]:  db. labels_
Out [4]:  array([ 0, 0, 0, 0, 0, 0, 0, 0, 0, 0, 0, 0, 0, 0, 0, 0, 0,0, 0, 0, 0, 0, 0, 0, 0, 0, 0,
               0, 0, 0, 0, 0, 0, 0,0, 0, 0, 0, 0, 0, 0,-1, 0, 0, 0, 0, 0, 0, 0, 0, 1,1, 1, 1,
               1, 1, 1,-1, 1, 1,-1, 1, 1, 1, 1, 1, 1, 1,-1, 1, 1, 1, 1, 1, 1, 1, 1, 1, 1, 1, 1,
               1, 1, 1, 1,1, 1,-1, 1, 1, 1, 1, 1,-1, 1, 1, 1, 1,-1, 1, 1, 1,1, 1, 1,-1,-1, 1,
               -1,-1, 1, 1, 1, 1, 1, 1, 1,-1,-1,1, 1, 1,-1, 1, 1, 1, 1, 1, 1, 1, 1,-1, 1, 1,-1,
               -1,1, 1, 1, 1, 1, 1, 1, 1, 1, 1, 1, 1, 1, 1])
```

在此算法中，min_samples 与 eps 两个参数决定了 DBSCAN 的密度，较大的 min_samples 或者较小的 eps 表示形成聚类所需的密度较高。eps 指的是两个点能被视为邻居的最大距离，min_samples 指的是一个点被视为核心所需要的最少邻居。

algorithm 参数指定了在计算邻居时所用的算法，与 Nearestneighbor 一样，可选的有 ball_tree、kd_tree、brute 和 auto。

7.3.7　Birch 算法

Birch 为提供的数据构建一棵聚类特征树（CFT）。数据实质上是被有损压缩成一组聚类特征节点（CF Nodes）。节点中有一部分子聚类被称为聚类特征子聚类（CF Subclusters），并且这些位于非终端位置的 CF Subclusters 可以拥有聚类特征节点作为子节点。Birch 示例如代码 7-24 所示。

代码 7-24　Birch 示例

```
In  [1]:import numpy as np
        from sklearn import cluster, datasets
In  [2]:irist = datasets. load_iris()
        X = iris. data
In  [3]:bir = cluster. Birch()
        bir. fit(X)
Out  [3]Birch(branching_factor=50, compute_labels=True, copy=True,
             n_clusters=3,threshold=0. 5)
In  [4]:bir. labels_
```

```
Out [4]: array([2, 2, 2, 2, 2, 2, 2, 2, 2, 2, 2, 2, 2, 2, 2, 2, 2, 2, 2, 2, 2, 2, 2,
                2, 2, 2, 2, 2, 2, 2, 2, 2, 2, 2, 2, 2, 2, 2, 2, 2, 2, 2, 2, 2, 2, 2,
                2, 2, 2, 2, 0, 0, 0, 1, 0, 0, 0, 1, 0, 1, 1, 0, 1, 0, 1, 0, 0, 1, 0,
                1, 0, 1, 0, 0, 0, 0, 0, 0, 0, 1, 1, 1, 1, 0, 0, 0, 0, 0, 1, 1, 1, 0,
                1, 1, 1, 1, 1, 0, 1, 1, 0, 0, 0, 0, 0, 0, 1, 0, 0, 0, 0, 0, 0, 0, 0,
                0, 0, 0, 0, 0, 0, 0, 0, 0, 0, 0, 0, 0, 0, 0, 0, 0, 0, 0, 0, 0, 0, 0,
                0, 0, 0, 0, 0, 0, 0, 0, 0, 0, 0, 0])
```

此算法有两个重要参数：threshold（阈值）和 branching_factor（分支因子）。分支因子限制了一个节点中子集群的数量，阈值限制了新加入样本和存在于现有子集群中样本的最大距离。

该算法可以视为将一个实例或者数据简化的方法，可以直接从 CFT 的叶节点中获取一组子聚类。这种简化的数据可以通过全局聚类来处理。全局聚类可以通过 n_clusters 参数来设置，如果设置为 None，将直接读取叶节点中的子聚类，否则将逐步标记其子聚类到全局聚类，样本将被映射到距离最近的子聚类的全局聚类。

习题

一、选择题

1. 在支持向量机分类方法中，在拟合以后，可以通过以下哪一个参数获取支持向量的索引（　　）。

A. support_vectors_　　B. support_

C. n_support　　D. 以上均不是

2. 下列能够实现多元分类的是（　　）。

A. SVC　　B. NuSVC

C. 高斯过程分类　　D. 以上均是

3. 下列说法不正确的是（　　）。

A. scikit-learn 实现的 linear_model. Lasso 类使用了坐标上升算法来拟合系数

B. linear_model. BayesianRidge 类实现了贝叶斯岭回归，能够在回归问题的估计过程中引入参数正规化

C. gaussian_process. GaussianProcessRegressor 类实现了一个用于回归问题的高斯过程

D. 与最近邻分类一样，scikit-learn 也实现了两种邻回归，KNeighborsRegressor 与 RadiusNeighborsRegressor 分别基于每个查询点的 k 个最近邻、每个查询点的固定半径内的“邻居”数量实现

4. 下列关于 k 均值下列说法不正确的是（　　）。

A. 两种 k 均值算法在使用时都需要通过 n_clusters 参数指定聚类的个数

B. 给足够多的时间，k 均值算法总能够收敛，但可能得到的是局部最小值

C. 在使用 cluster. KMeans 时，通过 n_jobs 参数能指定该模型使用的处理器个数。若为正值，则使用“n_jobs”个处理器，-3 代表使用全部处理器，-2 代表除了两个处理器以外

全部使用，-1 代表除了某个处理器以外全部使用

D. cluster. MiniBatchKMeans 类实现了 k 均值的算法的小批量变体

5. 下列关于聚类说法不正确的是（　　）。

A. 在谱聚类中，可以设置 assign_labels 参数以使用不同的分配策略

B. 在层次聚类中使用 n_ clusters 参数可以指定聚类个数，linkage 参数用于指定合并的策略，可选用 warD. complete、average

C. DBSCAN 的核心概念是 Core Samples，即位于高密度区域的样本，其中较小的 min_samples 或者较大的 esp 表示形成聚类的密度较高

D. 在 Birch 中，有两个重要的参数：branching_factor（分支因子）和 threshold（阈值），分支因子限制了一个节点中的子集群的数量，阈值限制了新加入的样本和存在于现有子集群中样本的最大距离

二、判断题

1. 在逻辑回归中，saga 求解器基于随机平均梯度下降算法，其在大数据集上的收敛速度更快。（　　）

2. 在最近邻分类方法中，KNeighborsClassifier 是基于每个查询点的固定半径 r 内的邻居数量实现，其中 r 是用户指定的浮点数。（　　）

3. MultinomialNB. BernoulliNB. GaussianNB 还提供了 partial_fit 方法，该方法能够动态地解决加载大数据集的问题；与 fit 使用方法相同，操作比较简单。（　　）

4. 岭回归从本质上来说也是最小二乘法，只不过是通过对系数的大小施加惩罚来改进。（　　）

5. Mean-Shift 算法不是高度可扩展的，因为在执行算法期间需要执行多个最近邻搜索。因为当质心较少时，会停止迭代，所以此算法不收敛。（　　）

三、填空题

1. scikit-learn 是 SciPy 中一个非常典型的分支，scikit-learn 所支持的算法、模型均是经过广泛验证的。在本章的学习中，主要介绍了________、________、________ 3 大类。

2. 在随机梯度下降分类方法中，linear_model. SGDClassifier 类实现了简单的随机梯度下降分类，可以通过 loss 函数来设置损失函数，要软间隔对应向量机、平滑 Hinge 或逻辑回归，loss 的值应分别选用________、________、________。

3. 目前，MLPClassifier 只支持________函数，通过运行________方法进行概率估计，MLP 算法使用的是________传播的方式。

4. Scikit-learn 支持高斯朴素贝叶斯、多项分布朴素贝叶斯与伯努利朴素贝叶斯算法，分别由________、________、________实现。

5. AffinintyPropagation 类中，若要设置相似度度量方式、设置阻尼因子、设置向量，代表对各点的偏好应该要分别设置________、________、________等参数。

四、简答题

1. 查找 scikit-learn 的文档，查看其有哪些自带数据集。

2. 用自带数据集或者随机生成的数据，试验本章中的几种回归方法。

3. 尝试调整决策树算法用到的参数，对比不同参数的分类效果。

第 8 章　Matplotlib——交互式图表绘制

Matplotlib 是利用 Python 进行数据分析的一个重要的可视化工具。利用 Matplotlib，只需少量的代码，用户就能够绘制多种高质量的 2D、3D 图形。作为 Matplotlib 的关键模块，pyplot 提供了诸多接口，能够快速构建多种图表，例如函数图像、直方图、散点图等。pyplot 和 MATLAB 的画图接口非常相似，因此对于熟悉 MATLAB 的数据分析人员几乎可以直接上手使用。同时，由于 pyplot 的画图方式简单清晰，对于初次接触数据分析的学习者，学习成本也是较低的。由于篇幅限制，本章仅对 Matplotlib 中的基本概念和常用接口进行介绍，详细的信息及更复杂的示例可以阅读官方提供的详细文档。

8.1　基本布局对象

在 Matplotlib 中，figure 对象是所有图表绘制的基础。一切图表元素，包括点、线、图例、坐标等，都是包含在 figure 中的。在 figure 的基础上，可以构建多个 axes，将一个 figure 切分成多个区域，以展示不同的图表对象。例如，建立一个拥有 2×2 的 axes 布局的 figure，这一过程可以由代码 8-1 实现。

代码 8-1　建立 figure 示例

```
In [1]: import matplotlib.pyplot as plt
In [2]: fig,axes=plt.subplots(2,2)
In [3]: plt.show()
```

代码 8-1 运行后的多个 axes 的布局结果如图 8-1 所示。

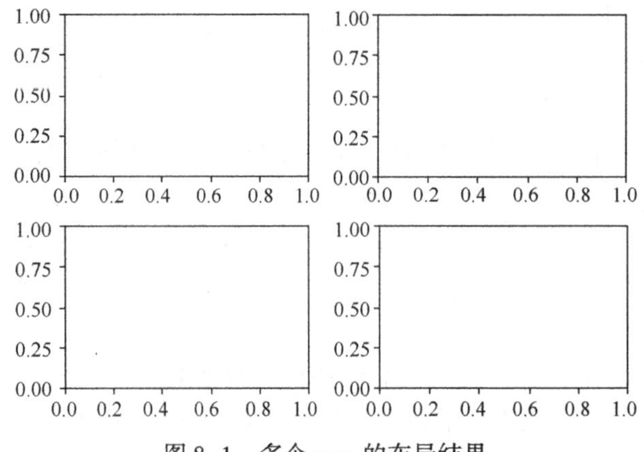

图 8-1　多个 axes 的布局结果

在代码 8-1 中，首先建立了一个 figure 对象，并在其上建立了 4 个 axes。In[2]建立了一个拥有 2×2 个 subplot 的 figure（这里的 subplot 可以理解为 axes）。目前，这些 axes 还是空的，可以为其添加图表内容。

建立多个 axes 示例如代码 8-2 所示。

代码 8-2　建立多个 axes 示例

```
In [1]: import matplotlib.pyplot as plt
        import numpy as np
In [2]: fig,axes=plt.subplots(2,2, figsize=(10,10))
In [3]: #simple plots
        t = np.arange(0.0, 2.0, 0.01)
        s = 1 + np.sin(2 * np.pi * t)
        axes[0,0].plot(t,s)
        axes[0,0].set_title('simple plot')
In [4]: #histograms
        np.random.seed(20180201)
        s=np.random.randn(2,50)
        axes[0,1].hist(s[0])
        axes[0,1].set_title('histogram')
In [5]: #scatter plots
        axes[1,0].scatter(s[0],s[1])
        axes[1,0].set_title('scatter plot')
In [6]: #pie charts
        labels = 'Taxi', 'Metro', 'Walk', 'Bus','Bicycle','Drive'
        sizes = [10, 30, 5, 25, 5, 25]
        explode = (0, 0.1, 0, 0, 0, 0)
        axes[1,1].pie(sizes, explode=explode, labels=labels,autopct='%1.1f%%',
                shadow=True,startangle=90)
        axes[1,1].axis('equal')
        axes[1,1].set_title('pie chart');
In [7]: plt.savefig('figure.svg')
        plt.show()
```

通过代码 8-2，在 figure 的 4 个 axes 中分别绘制了一个正弦函数图像（simple plot）、一个直方图（histogram）、一个散点图（scatter plot）和一个饼图（pie chart），如图 8-2 所示。构建这些图表的主要步骤包括：准备数据、生成图表对象并将数据传入以及调整图表装饰项。以正弦函数图像为例，首先定义了横、纵坐标轴的数据，其中横坐标轴是以 0.01 为间隔的所有[0,2]范围内的数，纵坐标利用 sin 函数计算，并整体向上平移了一个单位，两者组合形成多个点，描述了函数图像的形状。然后，为左上角（索引为[0,0]）的 subplot 建立一个 plot 对象，并将生成的多个点传入其中，生成函数图像。最后，修改该 subplot 的图表装饰项，为其添加了标题。在 In[7]中，savefig()函数能够将生成的 plot 保存为图片，图片的常用可选格式包括 png、pdf 和 svg 等，所有支持的格式详见官方文档。保存图片时，可以使用 dpi 参数指定图片的清晰度，该参数表示的是“每英寸点数”，因此数值越大图片越清晰。除此之外，还可以使用 bbox_inches 参数指定图片周边的空白部分。bbox_inches 常用参数值为 tight，表示图片带有最小宽度的空白。当图表中有些部分（如图例或注解）超出了 axes 的范围（如图 8-6 所示，右上角的图例已经超出了 axes 的范围），则一定需要指定 bbox_inches 参数，否则超出范围的部分将无法被保存在图片中。

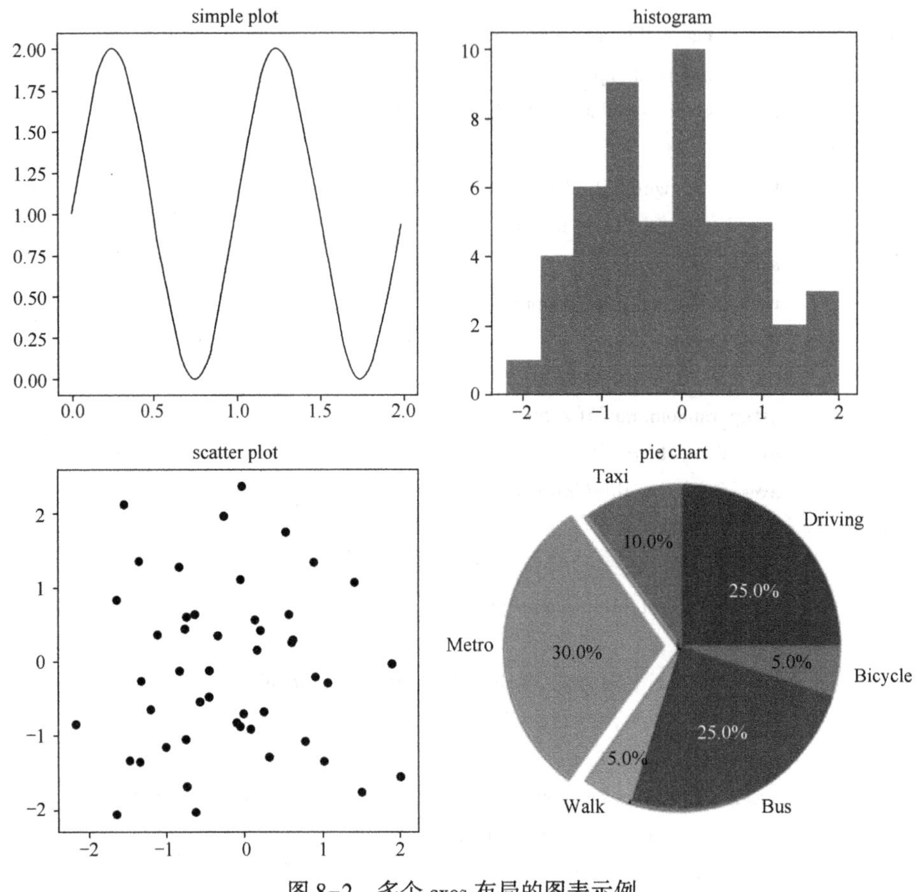

图 8-2　多个 axes 布局的图表示例

除了代码 8-1 中的方法，也可使用代码 8-3 所示的直接建立并选中一个 subplot 的方式。

代码 8-3　直接建立并选中一个 subplot 的方式

```
In  [1]:  import matplotlib. pyplot as plt
In  [2]:  fig=plt. figure()
In  [3]:  axe=plt. subplot(2,2,1)
          axe=plt. subplot(2,2,3)
In  [4]:  fig. suptitle('Example of multiple subplots')
In  [5]:  plt. show()
```

使用 pyplot、subplot()函数建立并选中 axe 的运行结果如图 8-3 所示。In[3]表示 figure 中的 subplot 布局为 2×2，同时分别选中了索引为 1 和 3 的 subplot。subplot 从 1 开始编号，和 C++中多维数组按行存储的方式类似，先对同一行的 subplot 进行编号，全部编号完成后再对下一行进行编号。

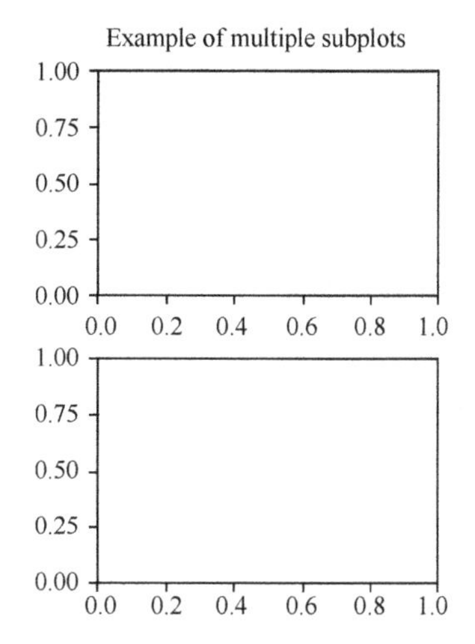

图 8-3 使用 pyplot. subplot( ) 函数建立并选中 axe 的运行结果

图 8-4 详细地展示了一个 figure 对象中的组成元素。组成图标的每一个元素几乎都可以通过 Matplotlib 提供的接口进行修改，包括坐标轴的刻度、标签等细节也可以进行个性化修改。在 8. 2 节中，将会详细介绍如何对图表样式进行修改。

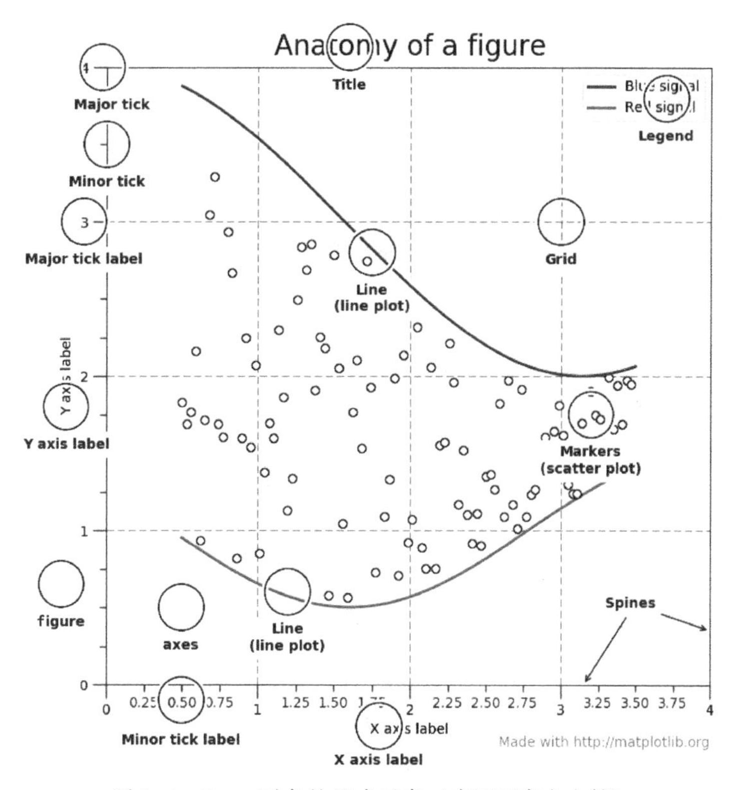

图 8-4 figure 对象的组成元素（来源于官方文档）

8.2 图表样式的修改以及装饰项接口

Matplotlib 定义了详细的图表装饰项接口，能够对图表的每一个细小的样式进行更改。例如，可以自由地变换函数图像线条的种类和颜色，也可以对坐标轴的刻度和标签进行更改，甚至可以在图表的任意位置加上一行文字注释。本节将选择部分样式和装饰项，讲解其创建及修改方法。

1. 修改图表样式——以函数曲线图为例

有时需要在一个图表中绘制两条线以表示不同函数的图像，如果使用默认的线条样式两条线条将会相互产生干扰，无法辨别其轮廓。Matplotlib 会自动为两条线条选择不同的样式以方便区分。也可以为另一条线条设置个性化的样式。通过代码 8-4 为两条交叉的正弦函数图像设置了不同的线条颜色和样式，其中一条为黑色实线，另一条为浅蓝色虚线。两条使用不同样式的交叉函数曲线如图 8-5 所示。在 In[3]的第 3 行和 In[4]的第 2 行，在新建 plot 的同时指定了线条的样式（详细的信息请查阅 Matplotlib 文档中对 plot 函数的详细说明，了解设置颜色的 color 参数和设置线条形状的 linestyle 参数的所有参数值列表）。表 8-1 列举了常用的 color 参数值和 linestyle 参数值以供参考。

代码 8-4　图表样式修改示例

```
In [1]: import matplotlib.pyplot as plt
        import numpy as np
In [2]: fig=plt.figure()
        fig,axes=plt.subplots()
In [3]:
        t = np.arange(0.0, 2.0, 0.01)
        s = np.sin(2 * np.pi * t)
        axes.plot(t,s,color='k',linestyle='-')
In [4]:
        s = np.sin(2 * np.pi * (t+0.5))
        axes.plot(t,s,color='c',linestyle='--')
In [5]: plt.show()
```

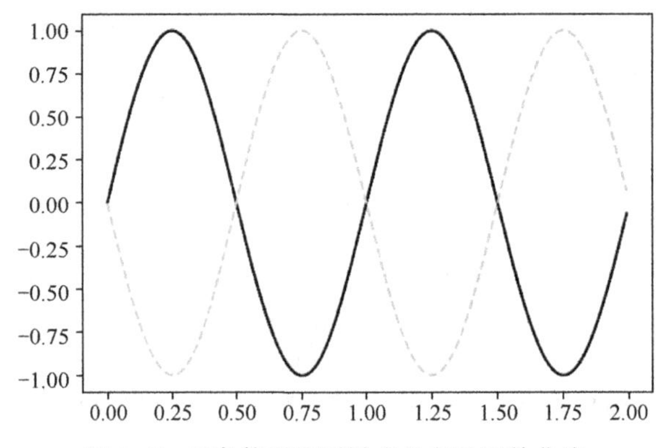

图 8-5　两条使用不同样式的交叉函数曲线

表 8-1　常用的 color 参数值和 linestyle 参数值

color 参数值	含　义	linestyle 参数值	含　义
r	红色	-	实线
y	黄色	--	虚线（短画线）
g	绿色	-.	虚线（短画线和点交替）
c	青色	:	虚线（点）
b	蓝色		
m	紫红色		
w	白色		

Matplotlib 提供的丰富图表样式修改接口，可以使用户进行图表的个性化更改。例如，对于散点图，可以将标记点修改成圆点、三角形、星形等多种形状；对于直方图，可以变换条纹的颜色等（官方文档提供了所有接口的详细信息，可在需要更改图表样式时随时查阅）。

2. 修改装饰项——以坐标轴的样式设置为例

图表中的装饰项包括坐标轴、网格、图例和边框等。在不同的图表绘制任务中，可能会对这些装饰项的样式有不同的要求。在代码 8-5 所示的装饰项修改示例中，将修改图 8-5 中坐标轴的位置、坐标轴刻度的密度和刻度的种类，并为图像加上图例，以更加清晰地显示图像的关键信息。代码 8-5 在代码 8-4 的基础上进行了装饰项的修改，生成的图表如图 8-6 所示。

代码 8-5　装饰项修改示例

```
In [1]: import matplotlib.pyplot as plt
        import numpy as np
In [2]: fig=plt.figure()
        fig,axes=plt.subplots()
In [3]:
        t = np.arange(0.0, 2.0, 0.01)
        s = np.sin(2 * np.pi * t)
        axes.plot(t,s,color='k',linestyle='-',label='line1')
In [4]:
        s = np.sin(2 * np.pi *(t+0.5))
        axes.plot(t,s,color='c',linestyle='--', label='line2')
In [5]:
        axes.set_xticks(np.arange(0.0,2.5,0.5))
        axes.set_yticks([-1,0,1])
        axes.minorticks_on()
In [6]:
        axes.spines['right'].set_color('none')
        axes.spines['top'].set_color('none')
        axes.spines['bottom'].set_position(('data', 0))
```

```
            axes.spines['left'].set_position(('data', 0))
In [7]:     #legend
            axes.legend(loc='upper right',bbox_to_anchor=(1.2, 1))
In [8]:     plt.show()
```

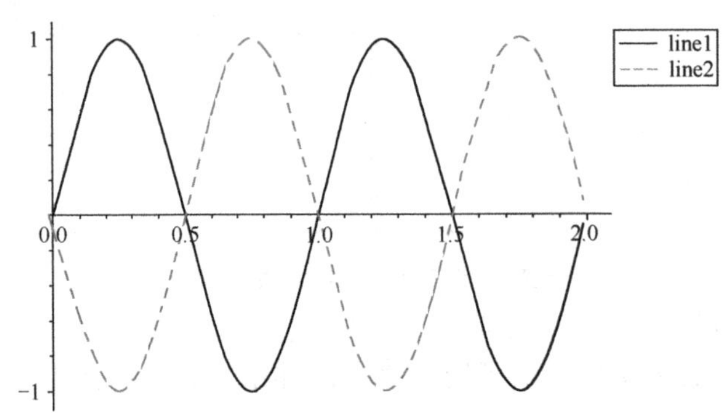

图 8-6　修改了装饰项后的函数图像

相比图 8-5，在图 8-6 中将坐标轴的 majortick 数量减少了，并添加了 minortick。同时，为了更加清晰直观地了解两个函数图像交点的位置，将 x 坐标轴向上平移至 $y=0$ 处。除此之外，还去掉了 axes 的边框。这些装饰项的修改过程相当简单，基本只需要调用 1～2 个函数就能够完成修改。首先，In[5]的第 2、3 行分别设置了 x 轴和 y 轴 majortick 的数量，由于主要关注交点处的坐标，因此只在相应位置设置了 majortick。为了方便观察其他位置的坐标，在 In[5]的第 4 行为 x、y 轴同时添加了 minortick。minortick 不显示具体的坐标值，且比 major tick 更短。

然后，In[6]对坐标轴的位置和 axes 的边框进行了修改。In[6]的第 2、3 行隐藏了右边框和上边框，使 axes 仅剩下了下边框和左边框，即 x 轴和 y 轴。In[6]的第 4、5 行指定了下边框和左边框的位置，其中第 2 个参数表示边框的位置，第 1 个参数表示位置的种类。例如，在 In[6]的第 4 行，位置参数的第 1 个参数 data 表示的是 x 坐标轴位置的坐标值，因此坐标轴将被调整至 $y=0$ 处；同理，y 坐标轴将会位于 $x=0$ 的位置。除此之外，还可以指定第 1 个参数为 axes，此时第 2 个参数将会是一个位于[0,1]区间内的值，表示坐标轴和另一坐标轴的交点与另一坐标轴最底端的距离在整个坐标轴上所占的比例。例如，为代码 8-5 中下边框指定第 1 个参数为 axes，第 2 个参数为 0.6，则 x 轴将会位于 y=0.2 处。matplotlib.spines 的 set_position()函数还提供了一种简便方法以指定两个常用坐标轴的位置，如下所示。

```
axes.spines['bottom'].set_position('center')
```

与

```
axes.spines['bottom'].set_position('zero')
```

其中 center 参数等同于('axes', 0.5)，即坐标轴位于整个 axes 的中央；zero 参数等同于('data', 0)。

最后，在 In[7]，matplotlib.pyplot.legend 为整个图像设置了图例，用于对两个函数图像添加解释文本。loc 和 bbox_to_anchor 都是用于确定图例位置的参数。为了添加图例，在使用 matplotlib. pyplot. plot 函数生成函数图像时（In[3]的第 4 行与 In[4]的第 3 行）额外添加了 label 属性。label 的值将会作为图例中两个函数图像对应的文字内容。

3. 注释的添加

在实际的应用中，仅仅使用图例对函数进行注释往往并不能满足特定的需求，结合 matplotlib. pyplot. text 和 matplotlib. pyplot. annotate 函数可以生成定制化的注释。代码 8-6 所示为添加注释示例。示例中展示了这两个函数的使用方法。示例中将收集到某一天的天气数据并绘制出相应的折线图，同时为折线图加入两个注解。In[5]利用 annotate 函数生成了一个带箭头的注解，传入的参数依次为注解文字、箭头尖端的位置（xy）、注解文字位置（xytext）、箭头的样式参数（arrowprops）以及文字在水平（horizontalalignment）和垂直（verticalalignment）方向上对齐的方式。其中，箭头的样式指定了箭头颜色（facecolor）和箭头与文字之间的空隙（shrink）。In[6]利用 text 函数生成了一个带背景框的注解，传入的参数分别是文字位置的横坐标与纵坐标、注解文字以及背景框的样式（bbox）。其中，边框样式指定了背景框的背景颜色（facecolor）、透明度（alpha）和文字与背景框之间的距离（pad）。为图表添加注释的效果如图 8-7 所示。

代码 8-6　添加注释示例

```
In [1]: import matplotlib. pyplot as plt
        import numpy as np
In [2]: fig=plt. figure()
        fig,axes=plt. subplots()
In [3]: axes. plot(np. arange(0,24,2),[14,9,7,5,12,19,23,26,27,24,21,19], '-o')
In [4]: axes. set_xticks(np. arange(0,24,2))
In [5]: axes. annotate('hottest at 16:00', xy=(16, 27), xytext=(16, 22),
                       arrowprops=dict(facecolor='black', shrink=0. 2),
                       horizontalalignment='center', verticalalignment='center')
In [6]: axes. text(12, 10, 'Date: March 26th, 2018', bbox={'facecolor': 'cyan',
        'alpha': 0. 3, 'pad': 6})
In [7]: plt. show()
```

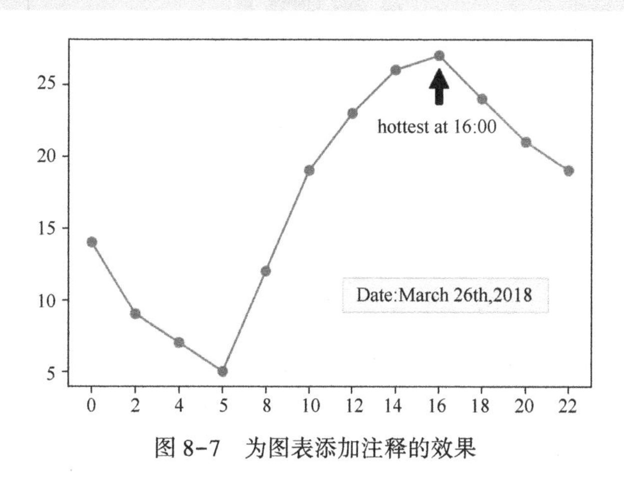

图 8-7　为图表添加注释的效果

8.3 基础图表绘制

8.3.1 直方图

直方图（histogram）是一种直观描述数据集中每一个区间内数据值出现频数的统计图。通过直方图可以大致了解数据集的分布情况，并判断数据集中的区间。代码 8-7 所示为建立一个直方图示例。在代码 8-7 中，首先利用随机数生成了一组数据集。接下来定义直方图的组数为 50，即将所有数据分别放入平均划分的 50 个区间内并统计频数。在第 6 行，调用 matplotlib. pyplot. hist 函数，生成一个数据集 data 的直方图。还可以为该函数传入一些参数来改变直方图的样式，例如控制条纹宽度的 rwidth 参数、控制条纹颜色的 color 参数、控制条纹对齐方向的 align 参数等。代码 8-7 的运行结果如图 8-8 所示。

代码 8-7　建立一个直方图示例

```
In  [1]:import matplotlib. pyplot as plt
        import numpy as np
In  [2]:
        data = np. random. standard_normal(1000)
In  [3]:bins = 50
        fig, axes = plt. subplots()
        axes. hist(data, bins)
        axes. set_title(r'histogram')
In  [4]:plt. show()
```

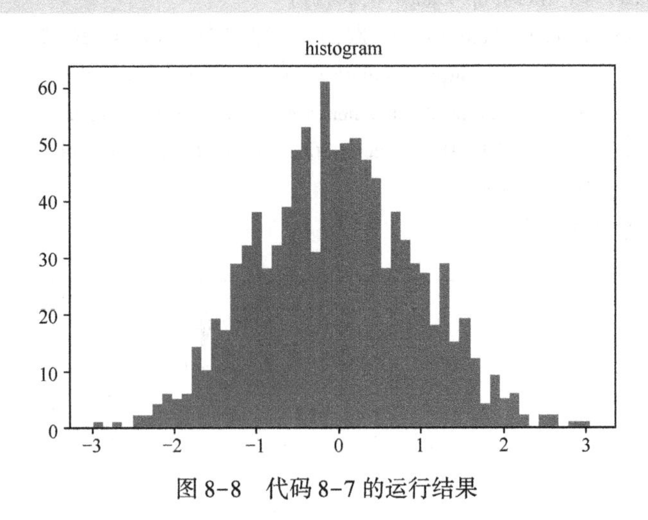

图 8-8　代码 8-7 的运行结果

由于 numpy. random. standard_normal( )函数从标准正态分布的随机样本中任意取数，因此，直方图的形状应该和标准正态分布的密度函数形状相近。还可以在直方图上叠加一个标准正态函数的密度曲线，以表示理想状态下的直方图形状。通过代码 8-8，绘制了一张直方图和密度曲线叠加组合的图，运行结果如图 8-9 所示。和代码 8-7 不同的是，我们为 hist

函数设置了参数 density=True，使直方图的条纹面积和为 1，从而保证了标准正态分布密度函数曲线和直方图能够在同一 axes 中清晰地显示出来。否则，直方图的值区间将会大大高于标准正态分布密度函数曲线的值区间，而后者的图像接近于一条直线。

代码 8-8　为直方图加上标准正态分布密度函数图像

```
In [1]: import matplotlib.pyplot as plt
        import numpy as np
In [2]:
        data = np.random.standard_normal(1000)
In [3]: number_of_bins = 50
In [4]: fig, axes = plt.subplots()
        n, bins, patch=ax.hist(data, number_of_bins,density=True)
In [5]: #standard normal distribution
        standard_data= ((1 / (np.sqrt(2 * np.pi) * 1)) *
            np.exp(-0.5 * (1 / 1 * (bins - 0)) * * 2))
        axes.plot(bins,standard_data,0,'-')
In [6]: plt.show()
```

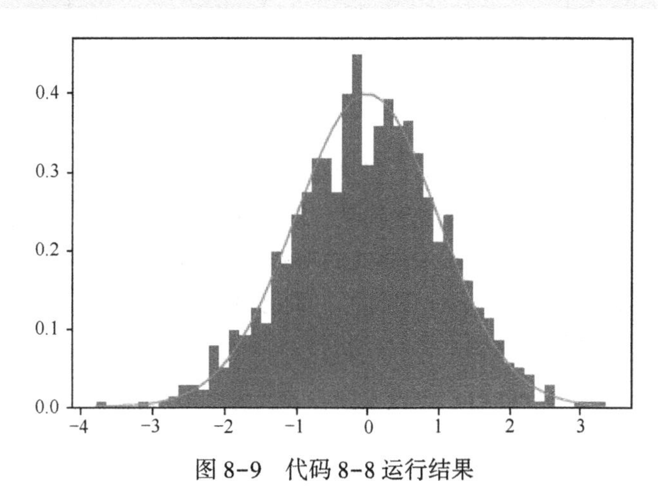

图 8-9　代码 8-8 运行结果

8.3.2　散点图

散点图（scatter plot）可以将样本数据绘制在二维平面上，直观地显示这些点的分布情况，以便判断两个变量之间的关系。代码 8-9 所示为散点图示例，可用于绘制最简单的散点图。In[2]随机生成了一组横坐标值和一组纵坐标值，代表 60 个坐标点。在 In[3]中调用 matplotlib.pyplot.scatter 函数并传入坐标点，生成一个散点图。绘制的散点图效果如图 8-10 所示。

代码 8-9　散点图示例

```
In [1]: import matplotlib.pyplot as plt
        import numpy as np
```

```
In [2]: #randomdata
        N = 60
        np.random.seed(100)
        x = np.random.rand(N)
        y = np.random.rand(N)
In [3]: fig,axes=plt.subplots()
        axes.scatter(x, y)
In [4]: plt.show()
```

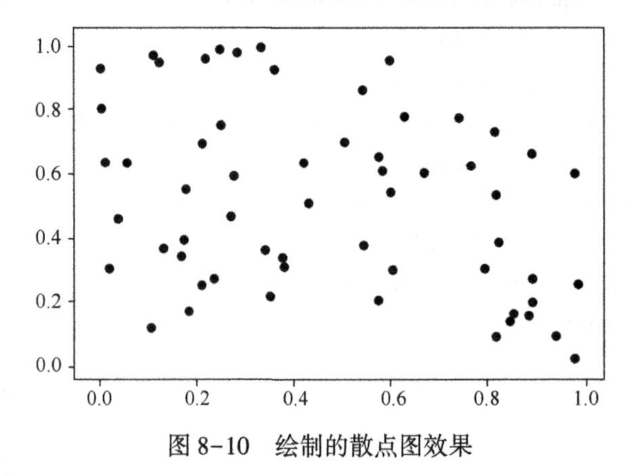

图 8-10 绘制的散点图效果

还可以为散点图中每个点（marker）设置不同的样式。例如，为每一个 marker 的面积设置一个不同的值，其中面积越大的颜色越深。同时为了防止 marker 之间存在遮挡的问题，可以设置 marker 的透明度。更改 marker 样式的散点图示例如代码 8-10 所示。在 In[4]中，通过调用 scatter 函数并额外传入 marker 的面积、颜色和透明度参数，运行后可以获得图 8-11 所示的更改 marker 样式后的散点图。

代码 8-10 更改 marker 样式的散点图示例

```
In [1]: import matplotlib.pyplot as plt
        import numpy as np
In [2]: #randomdata
        N = 60
        np.random.seed(100)
        x = np.random.rand(N)
        y = np.random.rand(N)
In [3]: s = np.pi * (10 * np.random.rand(N))**2
        c = -s
        opacity=0.7
In [4]: fig,axes=plt.subplots()
        axes.scatter(x, y, s, c, alpha=opacity)
In [5]: plt.show()
```

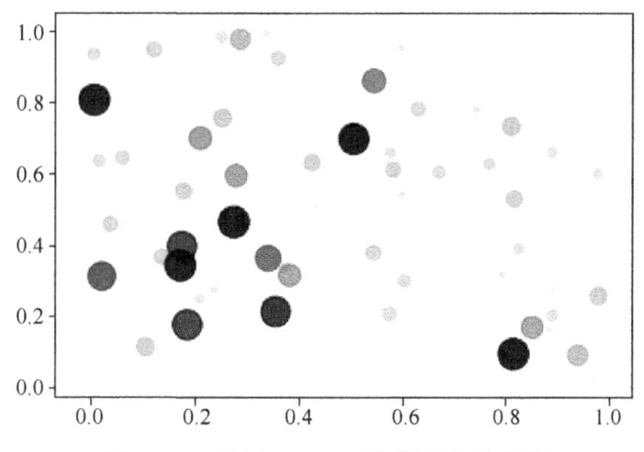

图 8-11　更改 marker 样式后的散点图

8.3.3　饼图

饼图（pie charts）可以直观地显示某一类数据在全部样本数据中的百分比。通过将某一类数据出现的频数转换为百分比，可以清晰地体现出该类数据在全部样本数据中的重要程度、影响力等指标。假设在某公司对员工上班选择交通方式的一次调查统计中得到了表 8-2 所示的结果，则可以用饼图来显示选择 6 种交通方式的人数占比。

表 8-2　一次调查中某公司员工上班交通方式统计结果

交通方式	人　数	所占比例
出租车（Taxi）	100	10%
地铁（Metro）	300	30%
步行（Walk）	50	5%
公交车（Bus）	250	25%
自行车（Bicycle）	50	5%
自驾车（Driving）	250	25%

代码 8-11 根据表 8-2 中的数据绘制了相应的饼图，运行结果如图 8-12 所示。在 In[4]，通过调用 matplotlib. pyplot. pie 函数，传入相应的数据和样式参数以完成图形的绘制。其中，labels 参数代表了饼图中分区所代表的含义，sizes 参数代表每个分区各自的面积占比；explode 参数代表每个分区相对中心的偏移值。这 3 个参数均为数组类型，3 个数组中相同位置的值共同描述了一个分区的特征。除此之外，autopct 参数规定了百分比数值的显示格式（如小数的位数），shadow 参数表示饼图是否带有阴影，startangle 参数用于旋转饼图以调节分区的摆放位置。

代码 8-11　饼图绘制示例

```
In [1]: import matplotlib.pyplot as plt
        import numpy as np
In [2]: fig, axes = plt.subplots()
```

```
In [3]: labels = 'Taxi', 'Metro', 'Walk', 'Bus','Bicycle','Driving'
        sizes = [10, 30, 5, 25, 5, 25]
        explode = (0, 0.1, 0, 0, 0, 0)
In [4]: axes.pie(sizes, explode=explode, labels=labels, autopct='%1.1f%%',
                 shadow=True,startangle=90)
In [5]: axes.axis('equal')
        axes.set_title('pie chart');
In [6]: plt.show()
```

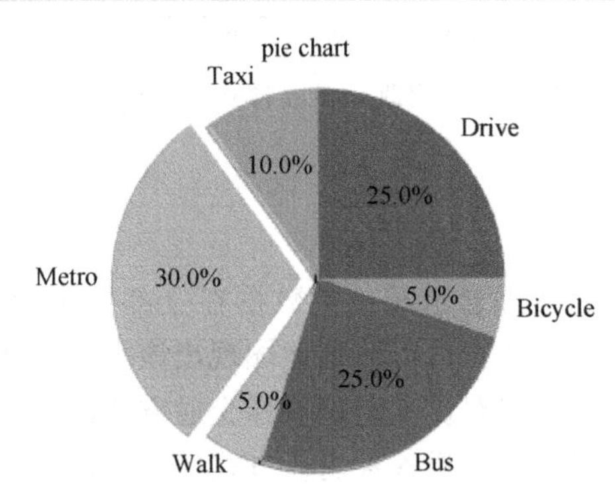

图 8-12　上班出行方式统计饼图

8.3.4　柱状图

柱状图（bar charts）可以直观地反映不同类别数据之间分布情况的数量差异。这里对上班交通方式调研的例子进行进一步的扩展，讲解柱状图的绘制方法。假设将男性和女性的上班交通方式分别统计，会得到表 8-3 所示的结果。利用柱状图，可以对比不同性别的员工所选择的交通方式。

表 8-3　对男性和女性分别进行统计的上班交通方式结果

交通方式	人数	
	男　性（men）	女　性（women）
出租车（Taxi）	40	60
地铁（Metro）	120	180
步行（Walk）	20	30
公交车（Bus）	100	150
自行车（Bicycle）	30	20
自驾车（Driving）	200	50

运行代码 8-12 得到图 8-13 所示的柱状图。在代码 8-12 所示的柱状图绘制示例中，首先建立两组数据 data_m 和 data_f，分别对应选择各交通方式的男性人数和女性人数。然后通过 index 变量指定条纹（bar）的显示位置，即分别位于横坐标轴的 1、2、3、4、5、6 处。接下来制定条纹宽度为 0.4。在 In[5]中，分别创建了男性和女性选择不同交通方式人数的

柱状图。通过将后者的坐标轴位置向右平移 0.4，即一个条纹的宽度，可以防止其覆盖前者。In[6]的第 1、2 行设置了横坐标的样式，使其显示 6 个交通方式类别，第 3 行则为柱状图添加了图例。

代码 8-12　柱状图绘制示例

```
In [1]: import matplotlib.pyplot as plt
        import numpy as np
In [2]: fig,axes=plt.subplots()
In [3]: data_m=(40, 60, 120, 180, 20, 200)
        data_f=(30, 100, 150, 30, 20, 50)
In [4]: index = np.arange(6)
        width=0.4
In [5]: axes.bar(index, data_m, width, color='c', label='men')
        axes.bar(index+width, data_f, width, color='b', label='women')
In [6]: axes.set_xticks(index + width / 2)
        axes.set_xticklabels(('Taxi','Metro','Walk','Bus','Bicycle','Driving'))
        axes.legend()
In [7]: plt.show()
```

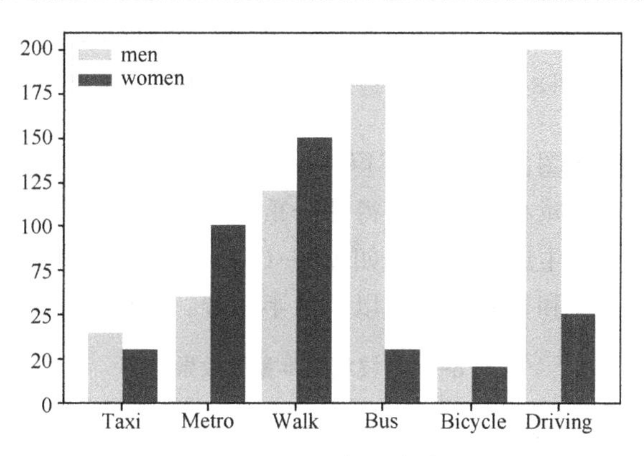

图 8-13　上班出行方式统计柱状图

也可以将两个柱状图叠加显示。通过代码 8-13，可以将各交通方式的女性选择人数叠加在男性选择人数的柱状图之上，获得图 8-14 的显示效果。产生这一改变的关键是生成第 2 个柱状图时传入的参数 bottom=data_m。

代码 8-13　柱状图叠加效果示例

```
In [1]: import matplotlib.pyplot as plt
        import numpy as np
In [2]: fig,axes=plt.subplots()
In [3]: data_m=(40, 60, 120, 180, 20, 200)
        data_f=(30, 100, 150, 30, 20, 50)
```

```
In [4]: index = np.arange(6)
        width=0.4
In [5]: axes.bar(index, data_m, width, color='c', label='men')
        axes.bar(index, data_f, width, color='b', bottom=data_m, label='women')
In [6]: axes.set_xticks(index + width / 2)
        axes.set_xticklabels(('Taxi','Metro','Walk','Bus','Bicycle','Driving'))
        axes.legend()
In [7]: plt.show()
```

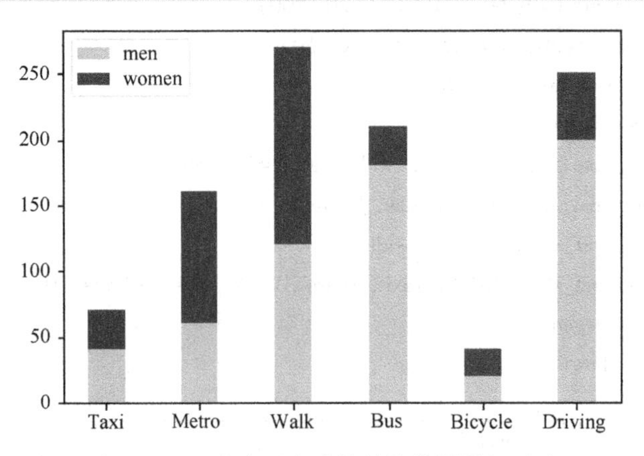

图 8-14　上班交通方式统计柱状图叠加显示

还可以稍稍地改变柱状图的样式，获得一些与众不同的效果。例如，在代码 8-12 中，将第 2 个柱状图错开的距离减小，可以获得部分重叠的效果，或者也可以通过代码 8-14 中的方法获得这一效果，最终生成的柱状图如图 8-15 所示。在生成两个柱状图时，分别指定条纹的对齐方式为中心对齐和边缘对齐，以产生半错开、半重叠的效果。

代码 8-14　柱状图半重叠效果示例

```
In [1]: import matplotlib.pyplot as plt
        import numpy as np
In [2]: fig,axes=plt.subplots()
In [3]: data_m=(40, 60, 120, 180, 20, 200)
        data_f=(30, 100, 150, 30, 20, 50)
In [4]: index = np.arange(6)
        width=0.4
In [5]: axes.bar(index, data_m, width, color='c',align='center', label='men')
        axes.bar(index, data_f, width, color='b',align='edge', label='women')
In [6]: axes.set_xticks(index + width / 2)
        axes.set_xticklabels(('Taxi','Metro','Walk','Bus','Bicycle','Driving'))
        axes.legend()
In [7]: plt.show()
```

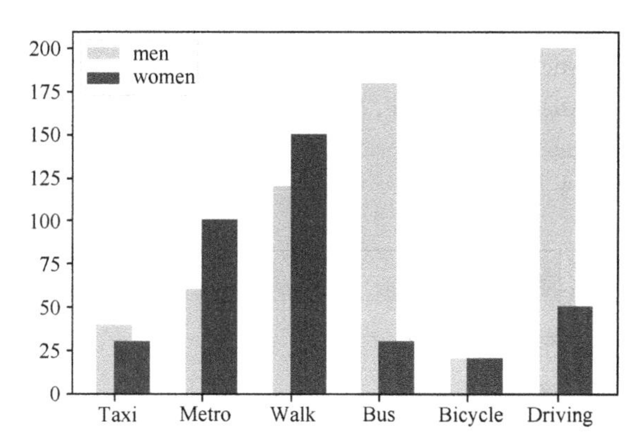

图 8-15　上班交通方式统计柱状图半重叠效果

通过设置颜色的透明度，可以使部分重叠效果更加清晰。例如，在代码 8-14 的 In[5] 中，为 bar 函数传入参数 alpha=0.4，可以获得图 8-16 所示的半透明效果。

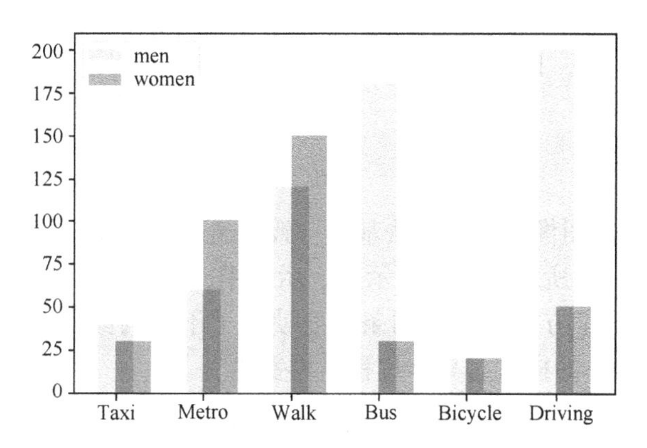

图 8-16　上班交通方式统计柱状图半重叠半透明效果

还可以调用另一个柱状图生成函数 matplotlib.pyplot.barh，使柱状图水平显示。具体代码如代码 8-15 所示，显示效果如图 8-17 所示。

代码 8-15　柱状图水平显示效果示例

```
In [1]: import matplotlib.pyplot as plt
        import numpy as np
In [2]: fig,axes=plt.subplots()
In [3]: data_m=(40, 60, 120, 180, 20, 200)
        data_f=(30, 100, 150, 30, 20, 50)
In [4]: index = np.arange(6)
        width=0.4
        opacity=0.4
In [5]: axes.barh(index, data_m, width, color='c',align='center',alpha=opacity, label='men')
        axes.barh(index, data_f, width, color='b',align='edge',alpha=opacity, label='women')
```

```
In [6]: axes.set_yticks(index + width / 2)
        axes.set_yticklabels(('Taxi','Metro','Walk','Bus','Bicycle','Driving'))
        axes.legend()
In [7]: plt.show()
```

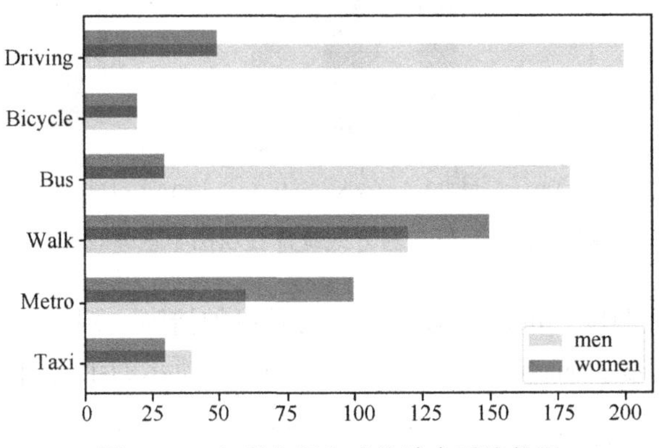

图 8-17　上班交通方式统计水平柱状图

8.3.5　折线图

折线图的绘制和函数图像绘制的方法基本一致，通过将坐标点传入 plot 函数，可以得到相应的折线图。代码 8-16 所示为折线图示例。示例中，绘制了两组随机数的折线图，运行效果如图 8-18 所示。为了方便区分，两条折线使用了不同的颜色与线条样式。除此之外，还可以更改标记点 marker 的样式，具体过程不再赘述。

代码 8-16　折线图示例

```
In [1]: import matplotlib.pyplot as plt
        import numpy as np
In [2]: fig,axes=plt.subplots()
In [3]: np.random.seed(100)
        x=np.arange(0, 10, 1)
        y1=np.random.rand(10)
        y2=np.random.rand(10)
In [4]: axes.plot(x, y1, '-o', color='c')
        axes.plot(x, y2, '--o', color='b')
In [5]: plt.show()
```

8.3.6　表格

通过 Matplotlib，可以将“图”和“表”结合显示。一方面，柱状图、折线图等可以直观地展示数据的分布情况；另一方面，可以查阅表格获得详细、精准的数据值。这里再次使用上班交通方式调研的例子，将柱状图和数据表格同时显示（如图 8-19 所示），具体实现方法见代码 8-17。

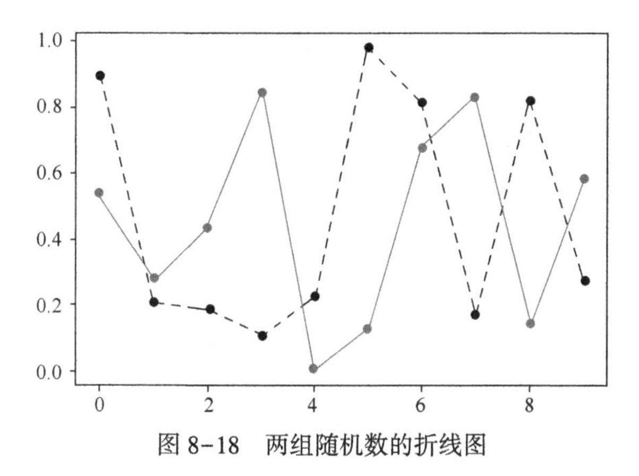

图 8-18　两组随机数的折线图

代码 8-17　将柱状图和数据表格同时显示示例

```
In [1]:  import matplotlib.pyplot as plt
         import numpy as np
In [2]:  fig,axes=plt.subplots()
In [3]:  data_m=(40, 60, 120, 180, 20, 200)
         data_f=(30, 100, 150, 30, 20, 50)
In [4]:  index = np.arange(6)
         width=0.4
In [5]:  #bar charts
         axes.bar(index, data_m, width, color='c', label='men')
         axes.bar(index, data_f, width, color='b', bottom=data_m, label='women')
         axes.set_xticks([])
         axes.legend()
In [6]:  #table
         data=(data_m,data_f)
         rows=('male','female')
         columns=('Taxi','Metro','Walk','Bus','Bicycle','Driving')
         axes.table(cellText=data, rowLabels=rows, colLabels=columns)
In [7]:  plt.show()
```

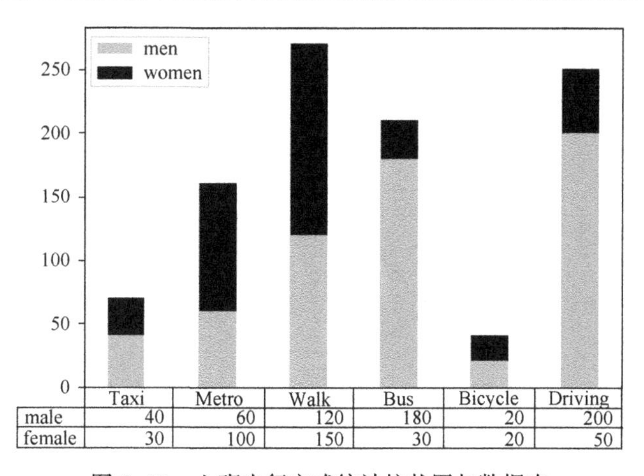

	Taxi	Metro	Walk	Bus	Bicycle	Driving
male	40	60	120	180	20	200
female	30	100	150	30	20	50

图 8-19　上班出行方式统计柱状图与数据表

示例中，调用 matplotlib. pyplot. table 函数时，需要传入一个二维数组作为表格数据，还可以通过 rowLabels 和 colLabel 参数设置行标签和列标签。通过 rowLoc、colLoc 和 cellLoc 参数，可以分别设置行标签、列标签和单元格的对齐方向。loc 参数用于设置表格的摆放位置，例如，设置 loc='bottom'时，表格会显示在柱状图底部；设置 loc='top'时，表格会显示在柱状图顶部。

8.3.7 不同坐标系下的图像

除了常用的平面直角坐标系，Matplotlib 还提供了在极坐标系和对数坐标系中进行绘图的函数。在此以极坐标系为例讲解特殊坐标系下的绘图方法。在极坐标系中可以绘制许多漂亮的函数图像，如等距螺旋线、心形线、双纽线等。代码 8-20 所示为在极坐标系中绘制双纽线示例。双扭线的极坐标方程如下。

$$\rho^2 = a^2 cos2\theta$$

运行代码 8-18 可以获得图 8-20 所示的双纽线函数图像。从 In[4]的第 1 行可以看出，相比平面直角坐标系中的函数图像绘制，在极坐标系中绘制函数图像需要在建立 axes 时指定投影（projection）参数为极坐标（polar）。除此之外，也可以通过调用 matplotlib. pyplot. polar 函数绘制极坐标系中的图像。

代码 8-18　在极坐标系中绘制双纽线示例

```
In [1]: import matplotlib.pyplot as plt
        import numpy as np
In [2]: fig,axes=plt.subplots()
In [3]: theta_list = np.arange(0, 2 * np.pi, 0.01)
        r = [2 * np.cos(2 * theta) for theta in theta_list]
In [4]: axes = plt.subplot(projection='polar')
        axes.plot(theta_list, r)
In [5]: axes.set_rticks([])
In [6]: plt.show()
```

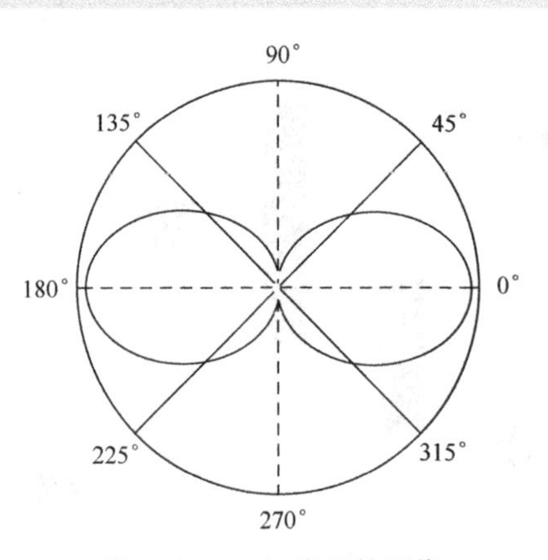

图 8-20　双纽线函数图像

8.4 matplot3D

除了大量 2D 图表的绘制外，Matplotlib 同样具有绘制 3D 图形的能力。用于绘制 matplot3D 图表的 Python 包为 mpl_toolkits. mplot3d，使用其中的 Axes3D 类可以生成多种 3D 图表，包括柱状图、散点图和曲面图像等。例如，代码 8-19 利用 Axes3D 绘制了一个简单的 3D 散点图，绘制效果如图 8-21 所示。

代码 8-19　3D 散点图示例（使用 Axes3D 实现）

```
In [1]: import matplotlib.pyplot as plt
        import numpy as np
        from mpl_toolkits.mplot3d import Axes3D
In [2]: fig =plt.figure()
        axes = Axes3D(fig)
In [3]: # random data
        N = 60
        np.random.seed(100)
        x = np.random.rand(N)
        y = np.random.rand(N)
        z= np.random.rand(N)
In [4]: axes.scatter(x,y,z)
In [5]: plt.show()
```

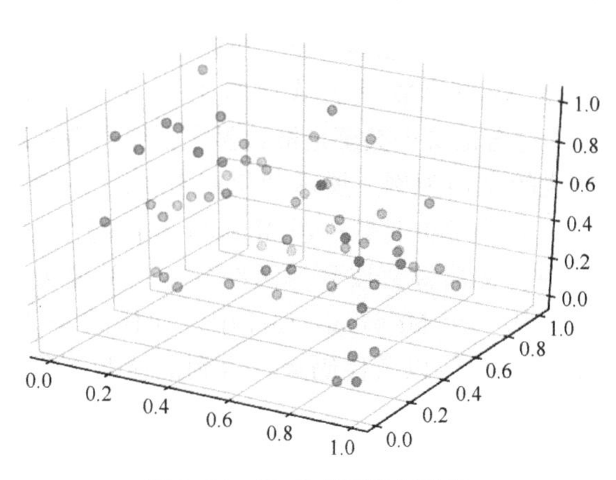

图 8-21　3D 散点图绘制效果

除了使用 Axes3D. scatter( ) 方法生成散点图外，还可以使用 Axes3D. scatter3D( ) 方法，两者在使用上是完全相同的，绘制图形的效果也相同。但在 Axes3D 提供的所有方法中并非所有图表绘制都像散点图一样拥有两个效果一样的方法。例如，绘制柱状图的 Axes3D. bar( ) 和 Axes3D. bar3D( ) 的效果就是不一致的，前者实际上绘制的是在 3D 空间中的 2D 柱状图，仅传入了柱状图每个条纹的位置和高度，但方法中的 zdir 参数可以用于指定 2D 柱状图平面的方向，例如，指定 zdir='z'，即表示 2D 柱状图所在平面和 z 轴垂直；而后者是真正的 3D 柱状图，需要传入每个条纹的 x、y、z 轴锚点坐标，以定位条纹在 3D 坐标系空间中的位置。

除此之外，也可使用 pyplot 进行 3D 图表的绘制。此时需要在创建 axes 时，设置 projection 参数为 3d。代码 8-20 绘制了和代码 8-19 相同的散点图，但使用了 pyplot 的 3D 图表绘制方法。实际绘制效果和图 8-21 相同。

代码 8-20　3D 散点图示例（使用 pyplot 实现）

```
In  [1]:  import matplotlib.pyplot as plt
          import numpy as np
In  [2]:  fig =plt.figure()
          axes = plt.subplot(projection='3d')
In  [3]:  # random data
          N = 60
          np.random.seed(100)
          x = np.random.rand(N)
          y = np.random.rand(N)
          z= np.random.rand(N)
In  [4]:  axes.scatter(x,y,z)
In  [5]:  plt.show()
```

更多的 Matplotlib 3D 图表绘制方法详见官方文档，本书不再赘述。

8.5　Matplotlib 与 Jupyter 结合

将 Matplotlib 和 Jupyter 结合使用，能够简便、快速地构建图文并茂的文档。这得益于丰富的图表 API、基于 LaTeX 语法的数学公式生成和基于 Markdown 语言的文档生成，Matplotlib 可以用于编写绝大部分的文档甚至是格式要求更加严格的论文。

以介绍绘制双纽线曲线的文档为例，展示如何在 Jupyter 中编写内容丰富的文档。首先新建一个 Markdown Cell，这类 Cell 接收一段 Markdown 代码作为输入，运行后可生成相应的 HTML 文档。在本例中，文档将会被分为两部分：一部分为双纽线的介绍和代码实现过程，这部分内容会被放入一个 Markdown Cell 中，如代码 8-21 所示；另一部分为使用 Matplotlib 绘制双纽线的完整代码以及代码运行得到的函数图像，这部分内容会被放入一个代码 Cell 中，如代码 8-22 所示。

代码 8-21　双纽线和代码实现过程介绍（Markdown Cell）

```
#双纽线的绘制
参考[百度百科:双纽线](https://baike.baidu.com/item/双纽线/3726722? fr=aladdin" 百度百科双纽线词条")
##双纽线是什么?
 * 双纽线,也称伯努利双纽线
```

* 设定线段 AB 长度为 2a,若动点 M 满足 MA * MB=a^2(a 的平方),那么 M 的轨迹称为双纽线
* 双纽线的极坐标方程为
$\rho = a^2\cos2\theta $

##利用 Matplotlib 绘制双纽线
相比平面直角坐标系中的函数图像绘制,在极坐标系中绘制函数图像需要在建立 axes 时指定投影(projection)参数为极坐标(polar)。首先根据双纽线的极坐标方程生成了两组数据
Python
theta_list = np.arange(0, 2 * np.pi, 0.01)
r = [2 * np.cos(2 * theta) for theta in theta_list]

然后,建立一个投影为极坐标的 axes
Python
axes = plt.subplot(projection='polar')

接下来,使用 Axes.plot()函数生成函数曲线,为了使图形更加美观,删除了 r 轴上的所有 tick(刻度)
Python
axes.plot(theta_list, r)
axes.set_rticks([])

最后,使用 pyplot.show()函数展示图形
Python
plt.show()

代码 8-21 主要用到了 Markdown 语言，包含了标题、文字段落、列表、链接、代码段等多种 Markdown 元素。双纽线的公式则使用 LaTeX 编写。Markdown 和 LaTeX 语法在此不再赘述，感兴趣的读者可以查阅相关资料进行深入学习。

完整代码和运行结果如下。

代码 8-22 绘制双纽线的完整代码（代码 Cell）

```
In [1]:import matplotlib.pyplot as plt
       import numpy as np
       theta_list = np.arange(0, 2 * np.pi, 0.01)
       r = [2 * np.cos(2 * theta) for theta in theta_list]
       axes = plt.subplot(projection='polar')
       axes.plot(theta_list, r)
       axes.set_rticks([])
       plt.show()
```

执行代码 8-21 和代码 8-22 后，即可生成完整的文档。生成的文档如图 8-22 所示。

双纽线的绘制

参考百度百科：双纽线

双纽线是什么？

- 双纽线，也称伯努利双纽线
- 设定线段AB长度为2a，若动点M满足MA*MB=a^2，那么M的轨迹称为双纽线
- 双纽线的极坐标方程为 $\rho = a^2 \cos 2\theta$

利用Matplotlib绘制双纽线

相比平面直角坐标系中的函数图像绘制，在极坐标系中绘制函数图像需要在建立axes时指定投影（projection）参数为极坐标（polar）。首先根据双纽线的极坐标方程生成了两组数据

```
theta_list = np.arange(0, 2*np.pi, 0.01)
r = [2*np.cos(2*theta) for theta in theta_list]
```

然后，建立一个投影为极坐标的axe

```
axes = plt.subplot(projection='polar')
```

接下来，使用plot函数生成函数曲线，为了使图形更加美观，删除了r轴上的所有tick（刻度）

```
axes.plot(theta_list, r)
axes.set_rticks([])
```

最后，使用pyplot.show()函数展示图形

```
plt.show()
```

完整代码和运行结果如下：

```
In [1]: import matplotlib.pyplot as plt
        import numpy as np
        theta_list = np.arange(0, 2*np.pi, 0.01)
        r = [2*np.cos(2*theta) for theta in theta_list]
        axes = plt.subplot(projection='polar')
        axes.plot(theta_list, r)
        axes.set_rticks([])
        plt.show()
```

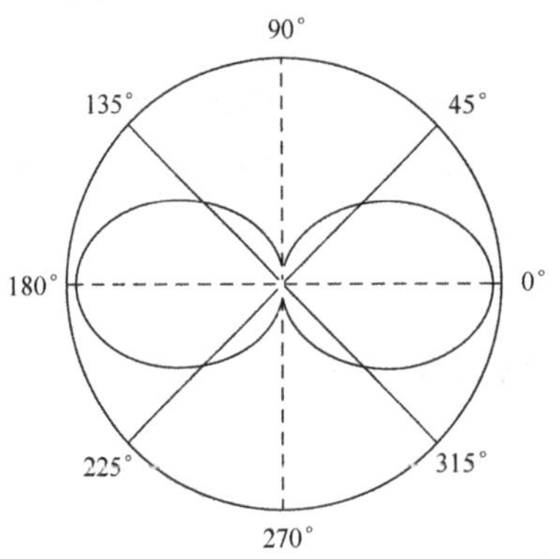

图 8-22　利用 Markdown 和 Matplotlib 生成的文档

在 Jupyternotebook 的界面上，单击 File→Download as 可以将文档转换成 HTML、Markdown、LaTeX 和 PDF 等多种格式。转换成 LaTeX 和 PDF 格式时，需要额外安装万能文档转换器 Pandoc。若文档中包含中文，利用上述方式转换出的 PDF 文档的中文将会显示不正常。一种可供参考的解决方案是首先输出 LaTeX 格式的文档，在其中加上对中文字体的描述后，再将其转换为 PDF 文档。具体方法可在网上查阅到相关资料，本书不再赘述。

习题

一、选择题

1. 在使用 savefile 函数将生成的函数图像保存为图片时，可以使用下列哪个参数来指定图片清晰度（　　）。

A. dpi　　B. bbox_inches

C. tight　　D. axes

2. 如下图所示，In[3]表示的意思是（　　）。

```
In [1]: import matplotlib. pyplot as plt
In [2]: fig=plt. figure()
In [3]: axes=plt. subplor(2,2,1)
        axes=plt. subplot(2,2,3)
In [4]: fig. suptitle('Example of multiple subplots')
In [5]: plt. show()
```

A. figure 对象中的 subplot 布局为 2×2，选中了索引为 1 的 subplot

B. figure 对象中的 subplot 布局为 2×1，同时选中了索引为 1 和 3 的 subplot

C. figure 对象中的 subplot 布局为 2×3，选中了索引为 1 的 subplot

D. figure 对象中的 subplot 布局为 2×2，选中了索引为 3 的 subplot

3. 代码“axes. plot(t,s,color='k',linestyle='-'”的含义是（　　）。

A. 以 t 为横轴、s 为纵轴，画函数图像，线条类型为虚线

B. 以 s 为横轴、t 为纵轴，画函数图像，线条类型为虚线

C. 以 t 为横轴、s 为纵轴，画函数图像，线条类型为实线

D. 以 s 为横轴、t 为纵轴，画函数图像，线条类型为实线

4. 如下图所示，请问哪一行代码创建了两个柱状图（　　）。

```
In [1]: import matplotlib. pyplot as plt
        import numpy as np
In [2]: fig. axes=plt. subplots()
In [3]: data_m=(40,120,20,100,30,200)
        data_f=(60,180,30,150,20,50)
In [4]: index=np. arange(6)
        width=0. 4
In [5]: axes. bar(index,data_m,width,color='c',label='men')
        axes. bar(index+width,data_f,width,color='b',label='women')
In [6]: axes. set_xticks(index+width/2)
        axes. set_xticklabels(('Taxi','Metro','Walk','Bus','Bicycle','Driving'))
        axes. legend()
In [7]: plt. show()
```

A. In[4]　　B. In[5]

C. In [6]　　D. In [7]

5. 在柱状图设计中，为了设置颜色的透明度可以设置哪个函数的哪个参数（　　）。

A. axes. barh width　　B. axes. barh alpha

C. axes. bar width　　D. axes. bar alpha

二、判断题

1. 一个 figure 对象只能建立一个 axes，一个 axes 中能够建立多个 subplot。（　　）

2. minortick 比 majortick 更短，而且显示具体的坐标值。（　　）

3. 为了让直方图的条纹面积为 1，可以为 axes. hist 函数设置参数 density=true。（　　）

4. 使用 pyplot 进行 3D 图表的绘制，需要创建 axes 时，设置 projection 为 3d。（　　）

5. 绘制饼图时，要调用 axes. pie 函数，shadow 表示百分比数值的显示格式（　　）

三、填空题

1. 如果要建立一个 figure 对象，让它拥有 2×2 的 axes 布局，可以输入以下代码________。

2. 构建图表的主要步骤包括________、________、________、________。

3. 如下图所示给图像添加箭头注释，添加箭头尖端的位置为________，注释文字位置为________；

Code 8-6　添加注释示例

```
In [1]: import matplotlib. pyplot as plt
        import numpy as np
In [2]: fig=plt. figure()
        fig. axes=plt. subplots()
In [3]: axes. plot(np. arange(0,24,2),[14,9,7,5,12,19,23,26,27,24,21,19],'-c')
In [4]: axes. set_xticks(np. arange(0,24,2))
In [5]: axes. annotate('hottest at 16:00',xy=(16,27),xytext=(16,22),
                      arrowprops=dict(facecolor='black',shrink=0. 2),
                      horizontalalignment='center',verticalalignment='center
In [6]: axes. text(12,10,'Date:March 26th,2018',bbox={'facecolor':'cyan'
        'alpha':0. 3,'pad':6})
In [7]: plt. show()
```

4. 在绘制饼图时，要调用 axes. pie 函数，其中参数 labels、sizes、explode 分别代表________、________、________。

5. 在绘制表格时，需要调用 axes. table 函数，还可以通过________、________来设置行标签和列标签。

四、简答题

1. 找到一组数据或随机模拟一组数据，画出尽可能多的图以描述这组数据。

2. 尝试改变图表的颜色等属性。

3. 使用 Jupyter 输出图表，并配上文字说明。

第9章　案例：新生信息分析与可视化

本章将提供一个使用 Python 对数据进行描述性统计分析的案例。在获得某一数据后，第一步要做的一般是对其进行描述性统计分析，以得到对数据结构和特征的初步认识，进而发掘其深层次的规律。

9.1　使用 Pandas 对数据预处理

每年开学季，很多学校都会为新生们制作一份描述性统计分析报告，并用公众号推送给新生，让每个学生对这个将陪伴自己 4 年的集体有一个初步的印象。这份报告里面有各式各样的统计图，以帮助新生直观地认识各种数据。本案例就是介绍如何使用 Python 来完成这些统计图的制作。案例将提供一份 Excel 格式的数据，里面有新生的年龄、身高、籍贯等基本信息。

首先用 Pandas 中 read_excel 方法将 Excel 表格信息导入，并查看数据信息。

```
1. import pandas as pd
2. #这两个参数的默认设置都是 False,若列名有中文,展示数据时会出现对齐问题
3. pd.set_option('display.unicode.ambiguous_as_wide', True)
4. pd.set_option('display.unicode.east_asian_width', True)
5. #读取数据
6. data = pd.read_excel(r'D:\编程\机器学习与建模\可视化\小作业使用数据.xls')
7. #查看数据信息
8. print (data.head())
9. print (data.shape)
10. print (data.dtypes)
11. print (data.describe())
   序号 性别  年龄  身高  体重    籍贯    星座
0     1   女    19   164  57.4  陕西省  双子座
1     2   男    19   173  63.0    福建  射手座
2     3   男    21   177  53.0    天津    水瓶
3     4   女    19   160  94.0    宁夏  射手座
4     5   男    20   183  65.0    山东    摩羯
(160, 7)
序号      int64
性别     object
年龄      int64
身高      int64
体重    float64
```

```
籍贯        object
星座        object
dtype: object
              序号          年龄           身高          体重
count   160.000000  160.000000  160.000000  160.000000
mean     80.500000   19.831250  173.962500   67.206875
std      46.332134    2.495838    7.804117   14.669873
min       1.000000   18.000000  156.000000   42.000000
25%      40.750000   19.000000  168.750000   56.750000
50%      80.500000   20.000000  175.000000   65.250000
75%     120.250000   20.000000  180.000000   75.000000
max     160.000000   50.000000  188.000000  141.200000
```

由以上输出结果可以看出一共有160条数据，每条数据有7个属性，属性的名称和类型也都给出。通过Pandas为Dataframe型数据提供的describe方法，可以求出每一列数据的数量（count）、均值（mean）、标准差（std）、最小值（min）、下四分位数（25%）、中位数（50%）、上四分位数（75%）、最大值（max）等统计指标。

对于“籍贯”等字符串型数据，describe方法无法直接使用，但是可以将其类型改为category（类别），代码如下。

```
12. data['籍贯'] = data['籍贯'].astype('category')
13. print(data.籍贯.describe())
count      160
unique      55
top       山西省
freq        10
Name:籍贯, dtype: object
```

输出的结果中，count表示非空数据条数，unique表示去重后非空数据条数，top表示数量最多的数据类型，freq表示最多数据类型的频次。

去重后非空数据条数为55，远多于我国省级行政区数量（34），这说明数据存在问题。在将“籍贯”的数据类型改为category类型后，可以调用cat.categories来查看所有类型，这将帮助我们发现问题的原因。

```
14. print(data.籍贯.cat.categories)
   Index(['上海市', '云南', '内蒙古', '北京', '北京市', '吉林省', '吉林长春',
          '四川', '四川省', '天津', '天津市', '宁夏回族自治区', '宁夏', '安徽',
          '安徽省', '山东', '山东省', '山西', '山西省', '广东', '广东省',
          '广西壮族自治区', '新疆', '新疆维吾尔自治区', '江苏', '江苏省', '江西',
          '江西省', '河北', '河北省', '河南', '河南省', '浙江', '浙江省',
          '海南省', '湖北', '湖北省', '湖南', '湖南省', '甘肃', '甘肃省', '福建',
```

```
            '福建省', '西藏', '西藏自治区', '贵州省', '辽宁', '辽宁省', '重庆',
            '重庆市', '陕西', '陕西省', '青海', '青海省', '黑龙江省'],
          dtype='object')
```

可以看到数据并不完美，同一省份有不同的名称，例如有“山东”和“山东省”。这是在数据搜集时考虑不完善，没有统一名称而导致的。这种情况在实际工作中十分常见。而借助 Python，可以在数据规模庞大的时候高效准确地完成数据清洗工作。

这里要用到 apply 方法。apply 方法是 Pandas 中自由度最高的方法之一，有着十分广泛的用途。apply 最有用的是第 1 个参数，这个参数是一个函数，依靠这个参数，可以完成对数据的清洗，代码如下。

```
15. data['籍贯'] = data['籍贯'].apply(lambda x: x[:2])
16. print (data.籍贯.cat.categories)
  Index(['上海', '云南', '内蒙古', '北京', '吉林', '四川', '天津', '宁夏', '安徽',
         '山东', '山西', '广东', '广西', '新疆', '江苏', '江西', '河北', '河南',
         '浙江', '海南', '湖北', '湖南', '甘肃', '福建', '西藏', '贵州', '辽宁',
         '重庆', '陕西', '青海', '黑龙'],
        dtype='object')
```

从这个例子可以初步体会到 apply 方法的优点。这里给第 1 个参数设置的是一个 lambda 函数，功能很简单，就是取每个字符串的前两位。这样处理后数据就规范很多了，也有利于后续的统计工作。但仔细观察后发现，仍存在问题。像“黑龙江省”这样的名称，前两个字“黑龙”显然不能代表这个省份。这时可以另外编写一个函数，代码如下。

```
17. def deal_name(name):
18.     if '黑龙江' == name or '黑龙江省' == name:
19.         return '黑龙江'
20.     elif '内蒙古自治区' == name or '内蒙古' == name:
21.         return '内蒙古'
22.     else:
23.         return name[:2]
24. data['籍贯'] = data['籍贯'].apply(deal_name)
25. print (data.籍贯.cat.categories)
  Index(['上海', '云南', '内蒙古', '北京', '吉林', '四川', '天津', '宁夏',
         '安徽', '山东', '山西', '广东', '广西', '新疆', '江苏', '江西', '河北',
         '河南', '浙江', '海南', '湖北', '湖南', '甘肃', '福建', '西藏', '贵州',
         '辽宁', '重庆', '陕西', '青海', '黑龙江'],
        dtype='object')
```

如果想将数据中的省份名字都换为全称或简称，编写对应功能的函数就可以实现。对星座这列数据的处理同理，留作本章课后练习。

9.2 使用 Matplotlib 库画图

处理完数据后就进入画图环节。首先是男生身高分布的直方图，代码如下。

```
1. import matplotlib. pyplot as plt
2. #设置字体,否则汉字无法显示
3. plt. rcParams['font. sans-serif'] = ['Microsoft YaHei']
4. #选中男生的数据
5. male = data[data. 性别 == '男']
6. #检查身高数据是否有缺失
7. if any(male. 身高 . isnull()):
8.        #存在数据缺失时丢弃缺失数据
9.        male. dropna(subset=['身高'], inplace=True)
10. #画直方图
11. plt. hist(x = male. 身高, # 指定绘图数据
12.              bins = 7, # 指定直方图中条块的个数
13.              color = 'steelblue', # 指定直方图的填充色
14.              edgecolor = 'black', # 指定直方图的边框色
15.              range = (155,190), #指定直方图区间
16.              density=False #指定直方图纵坐标为频数
17.              )
18. # 添加 x 轴和 y 轴标签
19. plt. xlabel('身高(cm)')
20. plt. ylabel('频数')
21. # 添加标题
22. plt. title('男生身高分布')
23. # 显示图形
24. plt. show()
25. #保存图片到指定目录
26. plt. savefig(r'D:\figure\男生身高分布 . png')
```

示例代码中，plt. hist()需要留意的参数有 3 个：bins、range 和 density。bins 决定了画出的直方图有几个条块。range 则决定了直方图绘制时的上下界，range 默认取给定数据 x 中的最小值和最大值。通过控制这两个参数就可以控制直方图的区间划分。示例代码中将[155,190]划分为 7 个区间，每个区间长度恰好为 5。density 参数值默认为布尔值 False，此时直方图纵坐标含义为频数，如图 9-1 所示。

自然界中有很多正态分布，那么新生中男生的身高符合正态分布吗？可以在直方图上加一条正态分布曲线来直观比较。需要注意的是，此时直方图的纵坐标必须代表频率，density 参数值需改为 True，否则正态分布曲线就失去意义。在上述代码 plt. show 中添加如下代码。

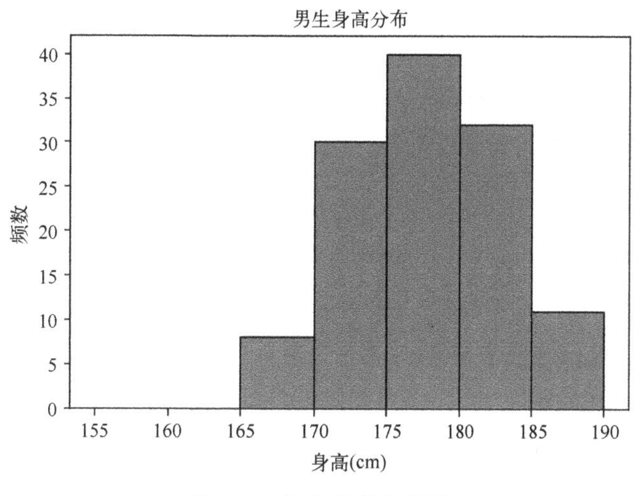

图 9-1　男生身高分布图

```
1. import numpy as np
2. from scipy.stats import norm
3. x1 = np.linspace(155, 190, 1000)
4. normal = norm.pdf(x1, male.身高.mean(), male.身高.std())
5. plt.plot(x1, normal, 'r-', linewidth=2)
```

可以看出男生身高分布与正态分布曲线比较吻合，如图 9-2 所示。

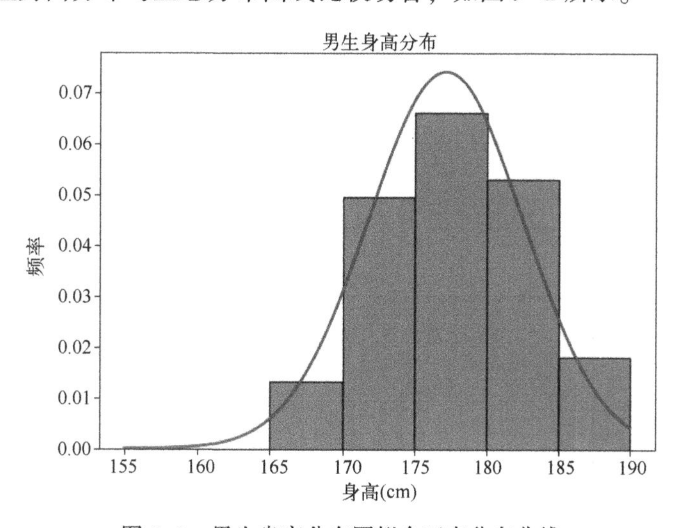

图 9-2　男生身高分布图拟合正态分布曲线

9.3　使用 Pandas 进行绘图

除了用 Matplotlib 库外，读取 Excel 表格时用的 Pandas 库也可以用于绘图。Pandas 里的绘图方法其实是 Matplotlib 库里 plot 的高级封装，使用起来更加简单方便。这里用柱状图的绘制进行示范。

首先用 Pandas 统计各省份男生和女生的数量，将结果存储为 Dataframe 格式。

```
1. people_counting = data.groupby(['性别','籍贯']).size()
2. p_c = {'男': people_counting['男'], '女': people_counting['女']}
3. p_c = pd.DataFrame(p_c)
4. print (p_c.head())
          女    男
籍贯
内蒙古  1.0   1.0
北京    4.0   4.0
四川    2.0   8.0
宁夏    2.0   NaN
山东    3.0   8.0
```

绘图部分代码如下，标签标题设置方法与 Matplotlib 中一致。

```
1. #空缺值设为零(没有数据就是 0 条数据)
2. p_c.fillna(value=0, inplace=True)
3. #调用 Dataframe 中封装的 plot 方法
4. p_c.plot.bar(rot=0, stacked=True)
5. plt.xticks(rotation=90)
6. plt.xlabel('省份')
7. plt.ylabel('人数')
8. plt.title('各省人数分布')
9. plt.show()
10. plt.savefig(r'D:\figure\各省人数分布')
```

使用封装好的 plot 方法（代码有所简化），图例自动生成，各省人数分布图（堆叠条形图）如图 9-3 所示。

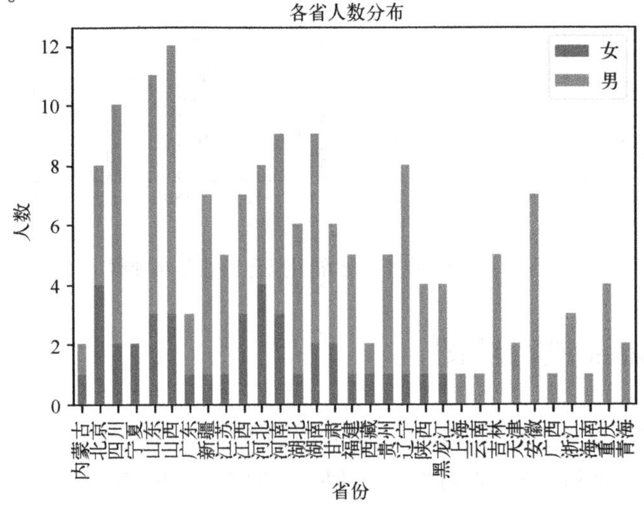

图 9-3　各省（不含港澳台地区）人数分布图（堆叠条形图）

若将 plot. bar( )的 stack 参数改为 False，得到的图为非堆叠条形图，如图 9-4 所示。

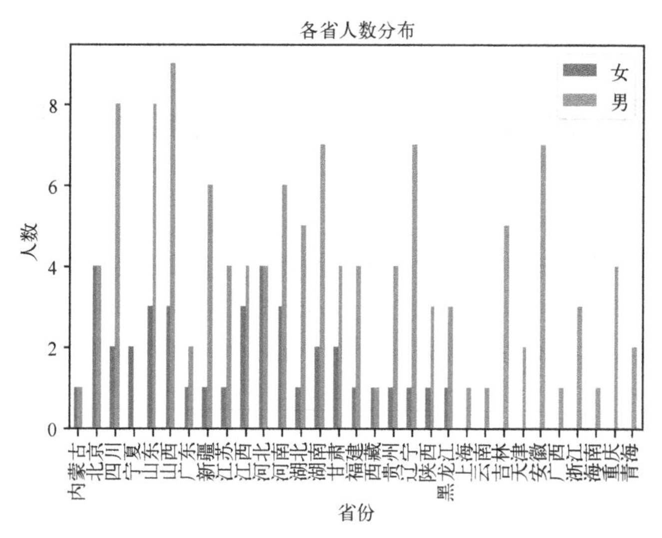

图 9-4　各省（不含港澳台地区）人数分布图（非堆叠条形图）

第 10 章　案例：用户流失预警

本案例数据来源于美国电话公司客户数据，该数据集包括客户在不同时段电话使用情况的相关信息。用户流失分析对于各类电商平台而言十分重要，因为老用户流失会导致 GMV (商品交易总量) 下降，用户结构发生变化，平台投入和经营策略都存在潜在风险。因此，建立用户流失预警模型，预测用户流失可能性，针对个体客户或群体客户展开精细化营销，从而降低用户流失风险。

代码实现分为以下几个步骤。

1）读入数据。

2）数据预处理。

3）自变量标准化。

4）五折交叉验证。

5）代入支持向量机、随机森林以及 k 近邻 3 种模型。

6）输出精度评估。

7）确定 prob 阈值，输出精度。

10.1　读入数据

通过 pd. read_csv('churn. csv',sep=',',encoding='utf-8')读入美国电话公司客户数据，并赋值为 df。通过 df. dtypes 查看数据类型，用户数据集数据类型表见表 10-1。

表 10-1　用户数据集数据类型表

数据名称	State	Account Length	Area Code	Phone	Int'l Plan	VMail Plan	VMail Message	Day Mins
数据类型	object	int64	int64	object	object	object	int64	float64
数据名称	State	Day Calls	Day Charge	Eve Mins	Eve Calls	Eve Charge	Night Mins	Night Calls
数据类型	object	int64	float64	float64	int64	float64	float64	int64
数据名称	State	Night Charge	Intl Mins	Intl Calls	Intl Charge	CustServ Calls	Churn?	
数据类型	object	float64	float64	int64	float64	int64	object	

通过 df. head( )方法查看用户数据前几行，用户数据前几行见表 10-2。

表 10-2　用户数据前几行

State	AccountLength	Area Code	Phone	Int'l Plan	VMail Plan	VMailMessage	Day Mins	Day Calls	Day Charge
KS	128	415	382-4657	no	yes	25	265. 1	110	45. 07
OH	107	415	371-7191	no	yes	26	161. 6	123	27. 47

（续）

State	AccountLength	Area Code	Phone	Int'l Plan	VMail Plan	VMailMessage	Day Mins	Day Calls	Day Charge
NJ	137	415	358-1921	no	no	0	243.4	114	41.38
OH	84	408	375-9999	yes	no	0	299.4	71	50.9
OK	75	415	330-6626	yes	no	0	166.7	113	28.34
AL	118	510	391-8027	yes	no	0	223.4	98	37.98
MA	121	510	355-9993	no	yes	24	218.2	88	37.09
MO	147	415	329-9001	yes	no	0	157	79	26.69
LA	117	408	335-4719	no	no	0	184.5	97	31.37

Eve Mins	Eve Calls	Eve Charge	Night Mins	Night Calls	Night Charge	Intl Mins	Intl Calls	Intl Charge	CustServ Calls	Churn?
197.4	99	16.78	244.7	91	11.01	10	3	2.7	1	False.
195.5	103	16.62	254.4	103	11.45	13.7	3	3.7	1	False.
121.2	110	10.3	162.6	104	7.32	12.2	5	3.29	0	False.
61.9	88	5.26	196.9	89	8.86	6.6	7	1.78	2	False.
148.3	122	12.61	186.9	121	8.41	10.1	3	2.73	3	False.
220.6	101	18.75	203.9	118	9.18	6.3	6	1.7	0	False.
348.5	108	29.62	212.6	118	9.57	7.5	7	2.03	3	False.
103.1	94	8.76	211.8	96	9.53	7.1	6	1.92	0	False.
351.6	80	29.89	215.8	90	9.71	8.7	4	2.35	1	False.

通过 df['Churn? '].value_counts()查看表 10-1 的因变量分布，可以得到正负样本比例为 1:6，即 7 个用户中平均有 1 个用户会流失，该数据集的正负样本不太平衡。

10.2 数据预处理

Churn 是因变量，需要将字符串转换成二进制变量(1,0)。首先删除因变量('Churn?')与因变量无关的自变量（State，Area Code，Phone），然后将字符变量转换成数值变量，并将自变量整理成数值类型的数组。整体代码如代码 10-1 所示。

代码 10-1 数据预处理

```
churn_result= df['Churn? ']
y=np.where(churn_result=='True. ',1,0)
to_drop=['State','AreaCode','Phone','Churn? ']
churn_feat_space=df.drop(to_drop,axis=1)
yes_no_cols=["Int'l Plan","VMail Plan"]
churn_feat_space[yes_no_cols]=churn_feat_space[yes_no_cols]=='yes'
X=churn_feat_space.as_matrix().astype(np.float)
```

此外，还需要将自变量处理成符合正态分布的标准化值，如代码 10-2 所示。

代码 10-2 数据标准化

```
scaler=StandardScaler()
X=scaler.fit_transform(X)
```

10.3 五折交叉验证

KFold 函数来自 sklearn.model_selection 包，可以将数据处理成 n 等份，$n-1$ 份作为训练集，1 份作为测试集。整体代码如代码 10-3 所示。

代码 10-3 五折交叉验证

```
def run_cv(X,y,clf_class,**kwargs):
    kf=KFold(n_splits=5,shuffle=True)
    y_pred=y.copy()
    for train_index,test_indexin kf.split(X):
        X_train,X_test= X[train_index], X[test_index]
        y_train= y[train_index]
        clf=clf_class(**kwargs)
        clf.fit(X_train,y_train)
        y_pred[test_index]=clf.predict(X_test)
    return y_pred
```

10.4 引入 3 种模型

X 为自变量，y 为因变量，分别引入 sklearn 包的 3 个模型 SVC、RF、KNN，调用多折交叉验证函数，训练模型，得出测试集预测结果，合并后得出所有预测结果。整体代码如代码 10-4 所示。

代码 10-4 代入 3 种模型

```
from sklearn.svm import SVC
from sklearn.ensemble import RandomForestClassifier as RF
from sklearn.neighbors import KNeighborsClassifier as KNN
run_cv(X,y,SVC)
run_cv(X,y,RF)
run_cv(X,y,KNN)
print ("Support vector machines:")
print ("%.3f" % accuracy(y,run_cv(X,y,SVC)))
print ("Random forest:")
print ("%.3f" % accuracy(y,run_cv(X,y,RF)))
print ("K-nearest-neighbors:")
print ("%.3f" % accuracy(y,run_cv(X,y,KNN)))
```

准确率结果如下。

1）Support vector machines：0.921

2）Random forest：0.944

3）K-nearest-neighbors：0.894

在实际使用场景中，可以结合样本分布和业务需求指标，加入其他评价指标或自定义指标函数，读者可以自己尝试一下，比如 TPR、FPR、recall、precision 等。

10.5 调整 prob 阈值输出精确评估

调整 prob 阈值输出精确评估，如代码 10-5 所示。

代码 10-5 调整 prob 阈值输出精确评估

```
def run_prob_cv(X, y,clf_class, **kwargs):
    kf=KFold(n_splits=5,shuffle=True)
    y_prob=np.zeros((len(y),2))
    for train_index,test_index in kf.split(X):
        X_train,X_test= X[train_index], X[test_index]
        y_train= y[train_index]
        clf=clf_class(**kwargs)
        clf.fit(X_train,y_train)

        y_prob[test_index]=clf.predict_proba(X_test)
return y_prob
#使用 10 estimators
pred_prob=run_prob_cv(X, y, RF,n_estimators=10)

#得出流失可能性概率
pred_churn=pred_prob[:,1]
is_churn= y ==1

#统计预测结果不同流失概率对应的用户数
counts=pd.value_counts(pred_churn)

#针对预测结果不同流失概率对应的真正流失用户占比
true_prob={}
for prob in counts.index:
    true_prob[prob]=np.mean(is_churn[pred_churn== prob])
    true_prob=pd.Series(true_prob)

#合并数据
```

```
counts=pd.concat([counts,true_prob], axis=1).reset_index()
counts.columns=['pred_prob','count','true_prob']
```

真实概率与预测概率比较图如图 10-1 所示，不同预测概率频数图如图 10-2 所示。

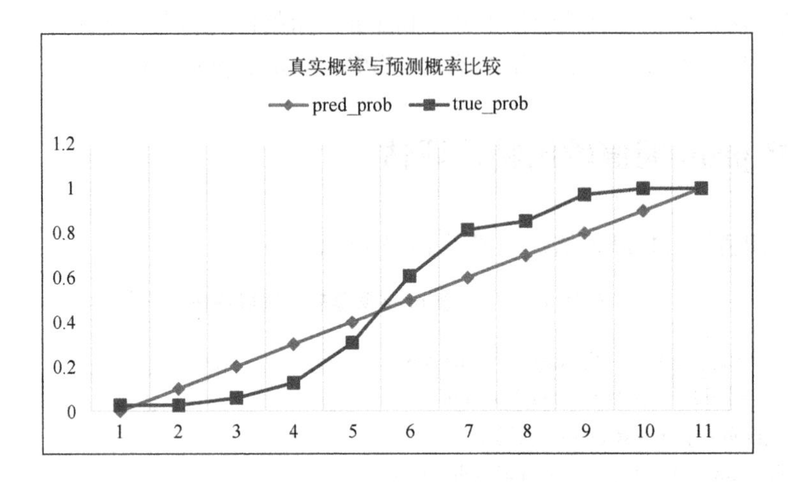

图 10-1　真实概率与预测概率比较图

由图 10-1 可知，交叉点在 0.55 左右。所以可将预测概率阈值设置为 0.55，这样得出的分类结果会更准确，使用默认值 0.5 也是可以的（用 0.5 为界限作为是否流失的标准）。由图 10-2 可知，将交叉验证的测试集所有结果放在一起，预测结果分布与真实结果 2850：483 基本一致。

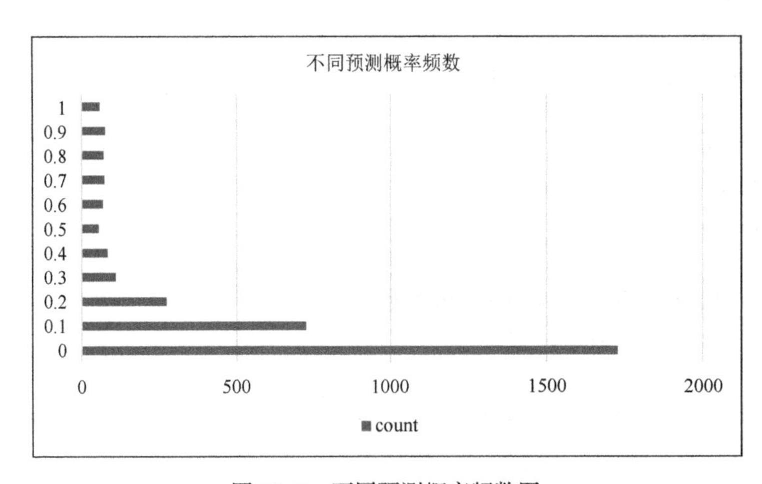

图 10-2　不同预测概率频数图

第 11 章　案例：美国加利福尼亚房价预测的数据分析

本章将讲述数据分析的一次实践：房价预测。通过学习这个案例，能熟悉数据分析的基本步骤和方法。

房价变动是各地居民和房地产投资者最为关注的问题之一。那到底是什么因素影响着房价？如果给出房子的信息，能对价格进行预测吗？这个案例将带领读者一步步解码房价的历史数据，对房价的影响因素做一个分析，最后通过 Sklearn 中的模型对房价进行简单的预测。

这个案例基于加利福尼亚的房价数据集，数据集下载地址为 https://www.dcc.fc.up.pt/~ltorgo/Regression/cal_housing.html。

11.1　数据分析常用的 Python 工具库

11.1.1　Pandas

Pandas 是基于 NumPy 的一种工具，该工具是为了解决数据分析任务而创建的。Pandas 纳入了大量库和一些标准的数据模型，提供了操作大型数据集所需的高效工具。Pandas 提供了大量能快速便捷地处理数据的函数和方法。

11.1.2　NumPy

NumPy（Numerical Python）是 Python 语言的一个扩展程序库，支持大量的维度数组与矩阵运算，此外也针对数组运算提供了大量的数学函数库。NumPy 提供了许多高级的数值编程工具，如矩阵数据类型、矢量处理，以及精密的运算库，它是专为进行严格的数字处理而产生的。目前被很多大型金融公司使用，以及核心的科学计算组织使用：比如 Lawrence-Livermore、NASA 用其来处理一些本来使用 C++、Fortran 或 Matlab 等所做的任务。

11.1.3　Matplotlib

Matplotlib 是 Python 中一个比较强大的绘图库。通过 Matplotlib，开发者可以仅需要几行代码，便可以生成绘图，如直方图、功率谱、条形图、散点图等。

11.1.4　Sklearn

Sklearn（scikit-learn）是基于 Python 语言的机器学习工具。它是一种简单高效的数据挖掘和数据分析工具，建立在 NumPy、SciPy 和 Matplotlib 的基础上，可供大家在各种环境中重复使用。使用 Sklearn 可以轻松地进行机器学习模型的搭建，如支持向量机、朴素贝叶斯、决策树等。

11.2 数据的读入和初步分析

11.2.1 数据读入

首先进行数据的读入。这里使用 Pandas 包读取 csv 数据，读取后的数据类型为 Dataframe。此外还可以用 head 方法查看部分的数据。

数据包含的属性如下。

1）longitude：经度。

2）latitude：纬度。

3）housingMedianAge：房子中位年龄。

4）totalRooms：总房间数。

5）totalBedrooms：总卧室数。

6）population：人口数量。

7）households：家庭。

8）medianIncome：收入中位数。

9）medianHouseValue：房子价格中位数。

读入房价数据的代码如图 11-1 所示，其中，dataframe. head(num) 会显示前 num 条数据，如果直接用 dataframe. head( )会显示最前面和最后面的部分数据。

```
In [1]: import pandas as pd
        data = pd.read_csv('E:\cal_housing\CaliforniaHousing\housing.csv')
        data.head(10)
Out[1]:
```

	longitude	latitude	housingMedianAge	totalRooms	totalBedrooms	population	households	medianIncome	medianHouseValue
0	-122.23	37.88	41.0	880.0	129.0	322.0	126.0	8.3252	452600.0
1	-122.22	37.86	21.0	7099.0	1106.0	2401.0	1138.0	8.3014	358500.0
2	-122.24	37.85	52.0	1467.0	190.0	496.0	177.0	7.2574	352100.0
3	-122.25	37.85	52.0	1274.0	235.0	558.0	219.0	5.6431	341300.0
4	-122.25	37.85	52.0	1627.0	280.0	565.0	259.0	3.8462	342200.0
5	-122.25	37.85	52.0	919.0	213.0	413.0	193.0	4.0368	269700.0
6	-122.25	37.84	52.0	2535.0	489.0	1094.0	514.0	3.6591	299200.0
7	-122.25	37.84	52.0	3104.0	687.0	1157.0	647.0	3.1200	241400.0
8	-122.26	37.84	42.0	2555.0	665.0	1206.0	595.0	2.0804	226700.0
9	-122.25	37.84	52.0	3549.0	707.0	1551.0	714.0	3.6912	261100.0

图 11-1 读入房价数据的代码，用 head 方法显示基本信息

Pandas 还有一个非常实用的方法 descibe，它会显示数据的最大值（max）、最小值（min）、中位数（50%）、标准差（std）等。用 describe 方法显示信息的代码和结果如图 11-2 所示。

```
In  [2]: data.describe()
Out[2]:
```

	longitude	latitude	housingMedianAge	totalRooms	totalBedrooms	population	households	medianIncome	medianHouse'
count	20640.000000	20640.000000	20640.000000	20640.000000	20640.000000	20640.000000	20640.000000	20640.000000	20640.0(
mean	-119.569704	35.631861	28.639486	2635.763081	537.898014	1425.476744	499.539680	3.870671	206855.8'
std	2.003532	2.135952	12.585558	2181.615252	421.247906	1132.462122	382.329753	1.899822	115395.6'
min	-124.350000	32.540000	1.000000	2.000000	1.000000	3.000000	1.000000	0.499900	14999.0(
25%	-121.800000	33.930000	18.000000	1447.750000	295.000000	787.000000	280.000000	2.563400	119600.0(
50%	-118.490000	34.260000	29.000000	2127.000000	435.000000	1166.000000	409.000000	3.534800	179700.0(
75%	-118.010000	37.710000	37.000000	3148.000000	647.000000	1725.000000	605.000000	4.743250	264725.0(
max	-114.310000	41.950000	52.000000	39320.000000	6445.000000	35682.000000	6082.000000	15.000100	500001.0(

图 11-2　用 describe 方法显示信息的代码和结果

11.2.2　分割测试集与训练集

分割测试集与训练集可以利用 Sklearn 中的 train_test_split 方法。该函数常用的参数如下。

1）test_size：样本占比，如果是整数的话就是样本的数量。

2）random_state：用于设置随机数生成器的种子。

3）shuffle：布尔值。默认为 True，设为 True 时，代表在分割数据集前先对数据进行洗牌（随机打乱数据集）。

4）stratify：默认为 None。当 shuffle=True 时，才能不为 None。如果不是 None，则数据集以分层方式拆分，并使用此作为类标签。

分割测试集合训练集代码如图 11-3 所示。

```
from sklearn.model_selection import train_test_split
train_set, test_set=train_test_split(data, test_size=0.2, random_state=42)
```

图 11-3　分割测试集和训练集代码

11.2.3　数据的初步分析

通过 describe 方法，对数据总体有了基本的把握。那么更具体的数据分布呢？下面介绍 Pandas 的另一个实用的工具——hist 函数。通过图 11-4 所示的代码能简单迅速地画出图 11-4 所示的数据分布直方图。

```
In  [4]: import matplotlib.pyplot as plt
         data.hist(bins=30, figsize=(15, 10)) #bins 柱子个数
```

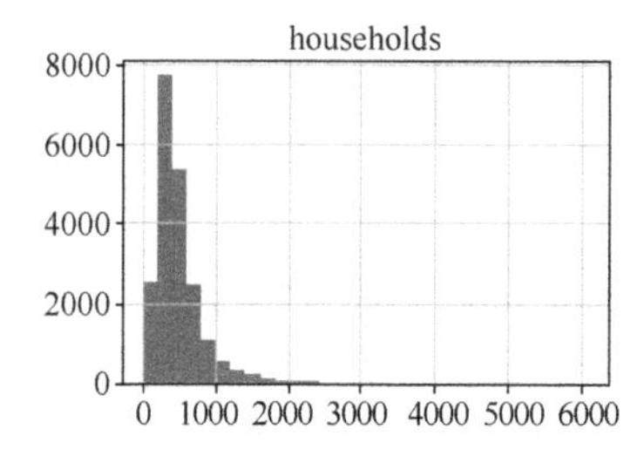

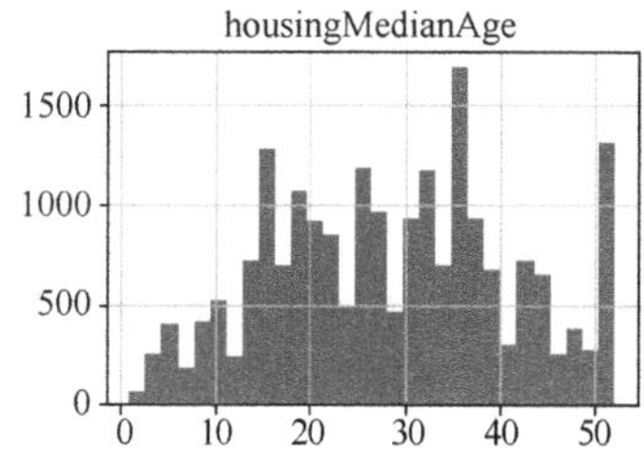

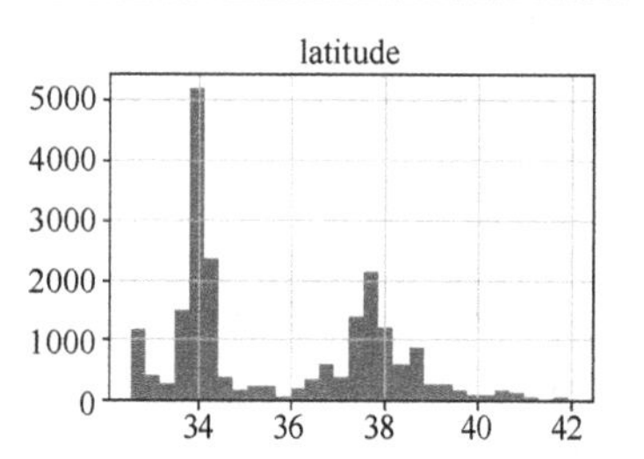

图 11-4　使用 DataFrame.hist 画出的数据分布直方图

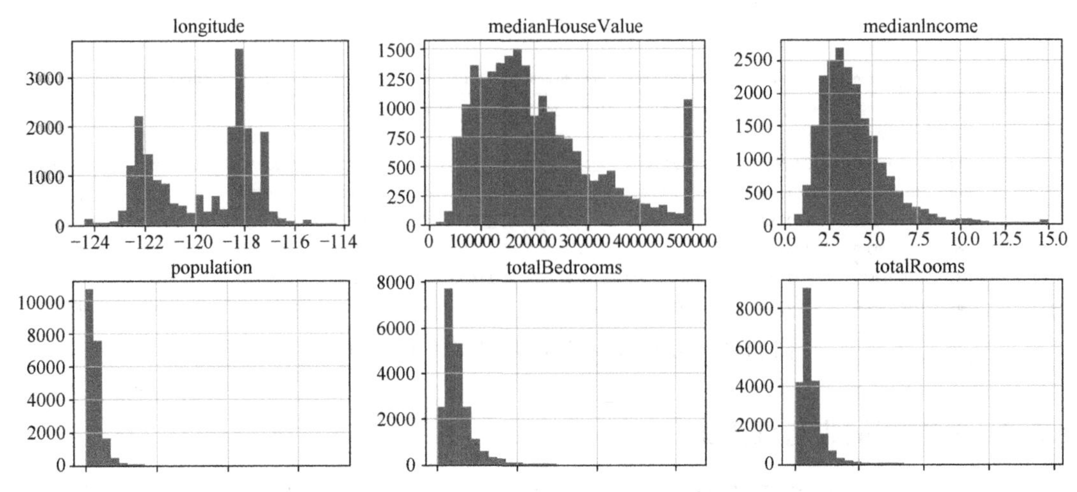

图 11-4　使用 DataFrame. hist 画出的数据分布直方图（续）

如果不想画出所有图，只想画出其中的一个直方图，如 households，则使用 data. hist ('households')语句即可。

【补充】

（1）散点图

方法一：使用 plt. scatter。图 11-5 所示为经度和纬度的散点图。图中的散点图也是有实际含义的，如经纬度的二维分布其实就是实际的地形分布。

```
In  [8]: import matplotlib.pyplot as plt
         plt.scatter(data['longitude'],data['latitude'])
         plt.title('%s vs %s'%('longitude','latitude'))
         plt.show()
```

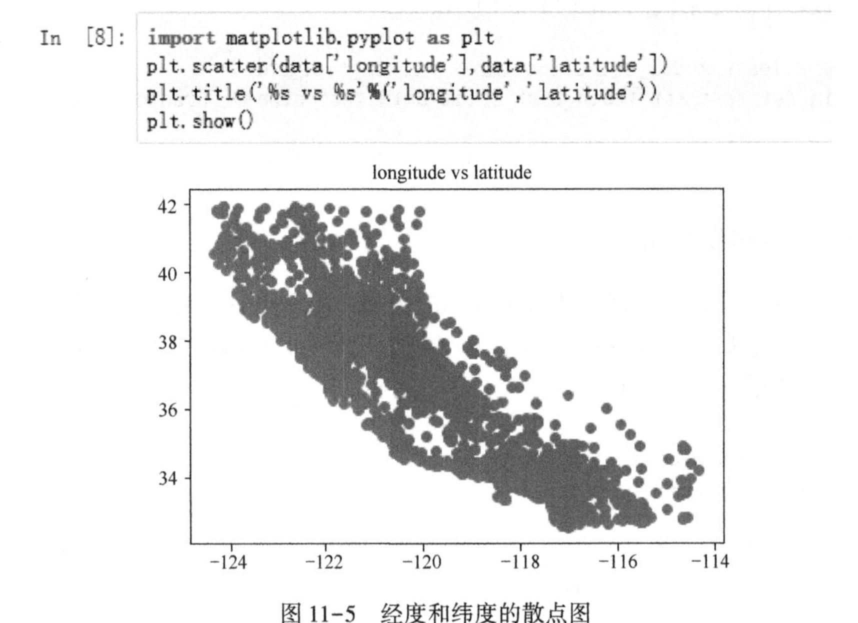

图 11-5　经度和纬度的散点图

方法二：使用 plt(kind='scatter')。在此例中，可以使用 data. plot(kind="scatter", x="longitude", y="latitude")语句。具体的使用，在后面的实例中会对散点图绘制的参数有更多的解释。

(2) 折线图

使用 plot。图 11-6 所示为 medianHouseValue 随 population 变化的折线图。

```
data.plot('population','medianHouseValue')
plt.show()
```

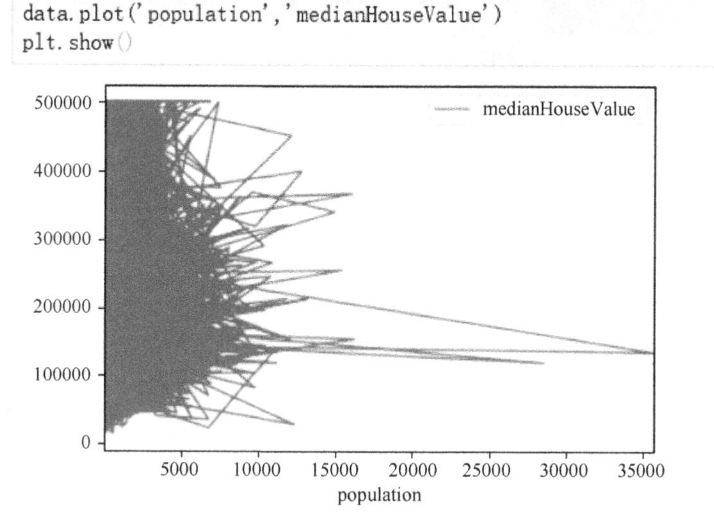

图 11-6 medianHouseValue 随 population 变化的折线图

(3) 相关性图

对于 Pandas 中 Dataframe 的结构，可以用 corr 方法获得相关系数，配合 Seaborn 包的使用绘制热力图，可以轻松地得到各变量之间的相关程度。下面介绍涉及的两个重要函数的使用方法。

1) Dataframe. corr( )的使用方法：DataFrame. corr(method='pearson', min_periods=1)。

method：可选值为 pearson、kendall、spearman。

① pearson：衡量两个数据集合是否在一条线上，即针对线性数据的相关系数计算，针对非线性数据计算便会有误差。

② kendall：用于反映分类变量相关性的指标，即针对无序序列的相关系数，非正态分布的数据。

③ spearman：非线性的，非正态分布的数据的相关系数。

④ min_periods：样本最少的数据量。

2) Seaborn. heatmap( ) 的使用方法：图 11-7 所示为 Seaborn. heatmap 的代码示例。图 11-8 所示为代码运行后得到的相关性热力图。

```
import seaborn as sns
import matplotlib.pyplot as plt
sns.set(context="paper",font="monospace")
housing_corr_matrix = data.corr() #数据的相关系数
#set the matplotlib figure
fig, axe = plt.subplots(figsize=(12,8))
#Generate color palettes 生成调色盘，调色范围为220-10，中心为亮
cmap = sns.diverging_palette(220,10,center = "light", as_cmap=True)
#draw the heatmap
sns.heatmap(housing_corr_matrix,vmax=1,square =True, cmap=cmap,annot=True )
```

图 11-7 Seaborn. heatmap 的代码示例

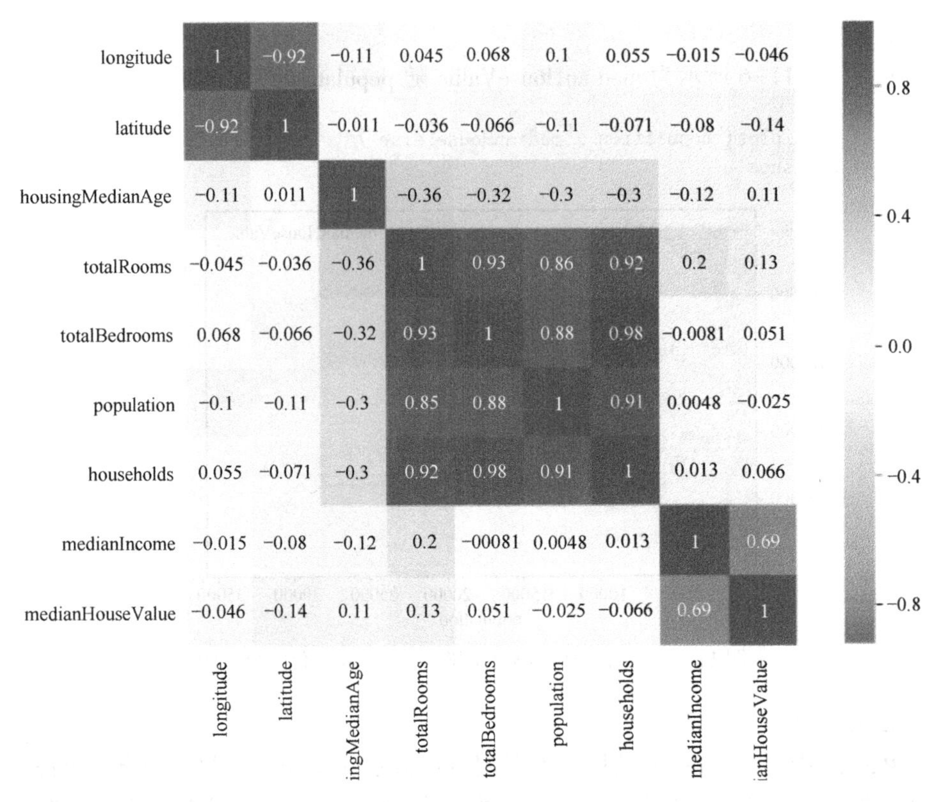

图 11-8　代码运行后得到的相关性热力图

接下来，甚至可以在经纬度图上加上房屋价格随人口的分布，如图 11-9 所示。这样的图像可以用 plot 实现。

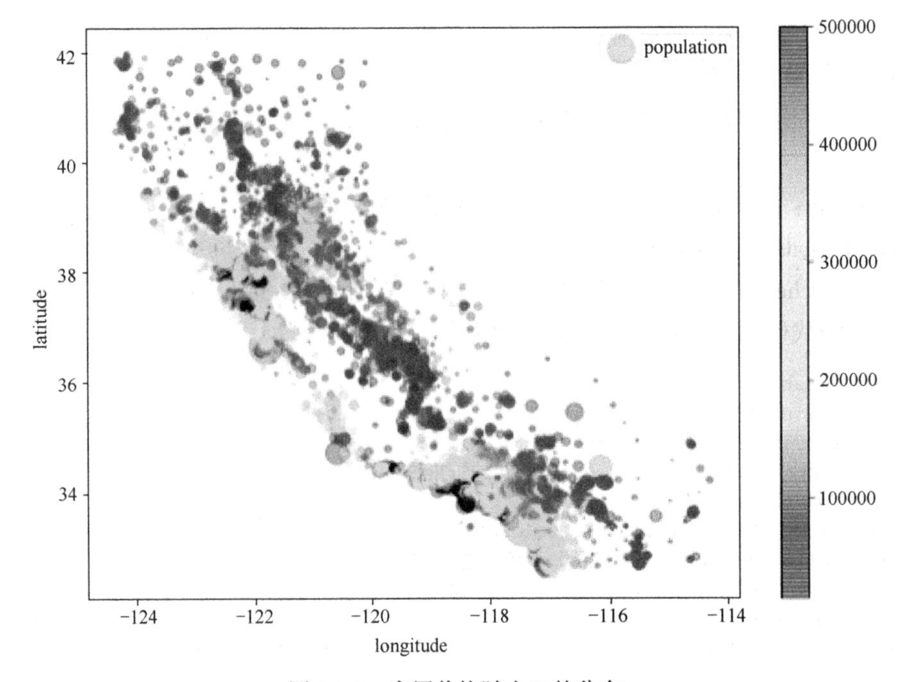

图 11-9　房屋价格随人口的分布

下面是实现的代码。

```
import Matplotlib. pyplot as plt
data. plot(kind = "scatter" , x = "longitude" , y = "latitude" , alpha = 0. 4,
    s = data[ "population" ]/50, label = "population" ,figsize = (10,7) ,
    c = data[ "medianHouseValue" ] ,cmap = plt. get_cmap( "jet" ) , colorbar = True,
    sharex = False)
plt. legend( )
```

为了能够理解这个代码，下面给出一些必要的说明。

1）alpha，意思是点的不透明度。当点的透明度很高时，单个点的颜色很浅，多个点叠加起来颜色会变深。点越密集，对应区域颜色越深。通过颜色很浅就可以看出数据的几种区域。alpha=0，无色，整个绘图区域无图，类似于[R，G，B，alpha]四通道中的alpha 通道。

2）s，注意此参数在 kind="scatter"时才能用，否则会报“unknown propert”的错误。它表示各点的大小，数值越大，对应点越大。

3）c，此参数也是在 kind="scatter"时才能用的，为每一点赋予颜色，搭配使用的参数为 colorbar（图中最右侧的颜色条）。

经过上述说明之后，可以知道在图中点越大、透明度越低的地方代表人口越多，越接近 colorbar 顶端颜色的代表房价越高。在经过了这一系列分析后，已经对数据有了非常直观的了解。

11.3 数据的预处理

11.3.1 拆分数据

先用 drop 方法去掉本案例中要预测的值 medianHouseValue，得到输入数据。再取 medianHouseValue 的值作为 label，代码如图 11-10 所示。

```
housing=train_set.drop("medianHouseValue",axis=1)
labels=train_set["medianHouseValue"].copy()
```

图 11-10 拆分出输入数据和 label

11.3.2 空白值的填充

在得到数据之后，一般不能直接用数据来构建模型，因为原始数据可能存在不完整、缺失、格式错误等情况，需要对原始数据进行清洗、格式统一和标准化，对不完整数据进行清除或者补充。如果数据样本量较大，而缺失的数据很少，则可以对不完整数据样本直接清除，或者可以对不完整的特征进行清除。除此之外，还可以在适当条件下进行取中位数或平均值填充。

如果存在数据缺失，要对缺失数据进行处理。

首先使用 dataframe. isnull( ). any( )查看是否有缺失数据，如图 11-11 所示。

```
In  [2]: print(data.isnull().any())

longitude           False
latitude            False
housingMedianAge    False
totalRooms          False
totalBedrooms       False
population          False
households          False
medianIncome        False
medianHouseValue    False
dtype: bool
```

图 11-11　查看数据是否有缺失

通过上述的验证可以看出，数据集中没有缺失数据。假如数据集中有缺失数据，例如缺失 longitude，可以采用图 11-12 所示操作来删除数据或填充数据，从而得到一份完整的数据。

```
data.dropna(subset=["longitude"]) #  删除样本
data.drop("longitude", axis=1) #  删除特征
median = data["longitude"].median()
data["longitude"].fillna(median) #  中值填充
```

图 11-12　缺失数据的清除与填充

Sklearn 包也可以用来处理缺失数据，其使用方法如下。

```
Sklearn.preprocessing.Imputer(missing_values='NaN', strategy='mean', axis=0, verbose=0, copy=True)
```

主要参数如下。

1） missing_values：缺失值，可以为整数或 NaN（缺失值），默认为 NaN。

2） strategy：替换策略。

① 若为 mean 时，用特征列的均值替换。

② 若为 median 时，用特征列的中位数替换。

③ 若为 most_frequent 时，用特征列的众数替换。

3） axis：指定轴数，默认 axis=0 代表列，axis=1 代表行。

4） copy：True 表示不在原数据集上修改，False 表示就地修改。

11.3.3　数据的标准化

数据标准化常用的方式包括缩放和中心化。中心化是让数据样本的数据平移到某个位置。缩放是通过除以一个固定值，将数据固定在某个范围之中。下面将介绍两种标准化方法。

1. z-score 标准化（zero-mean normalization）

z-score 标准化也叫标准差标准化。先减去均值，然后除以均方根。这样提高了数据可比性，同时也削弱了数据解释性，是用得最多的数据标准化方法。z-score 标准化处理后输出的每个属性值均值为 0，方差为 1，呈正态分布。

公式如下。

$$x* = (x-\mu)/\sigma$$

其中，μ 为所有样本数据的均值，σ 为所有样本数据的标准差。

Sklearn 提供了 StandardScaler 方法进行 z-score 标准化，使用方法如下。

```
Sklearn. preprocessing. StandardScaler( copy=True, with_mean=True, with_std=True)
```

2. 最小最大值标准化（将数据缩放到一定范围内）

通过数据中的最小最大值进行缩放。该方法对于方差非常小的属性可以增强其稳性。

公式如下。

$$x* = (x-min)/(max-min)\text{（当使用默认[0,1]范围时）}$$

其中，min 为特征的最小值，max 为特征的最大值。

Sklearn 提供了 MinMaxScaler 进行最小最大值标准化，使用方法如下。

```
Sklearn. preprocessing. MinMaxScaler( feature_range=(0, 1), copy=True)
```

在本例中，统一采用 z-score 标准化方法。

11.3.4 数据的流程化处理

对数据的处理是有先后顺序的，Sklearn 提供了 pipeline 帮助进行顺序的管理。例如，如果要先进行空白值的填充再进行数据的标准化，则可以创建一个 pipeline。

对数据进行处理的代码如图 11-13 所示。需要注意的是，经过处理后，数据从 Dataframe 的形式变成了 NumPy 数组的形式。

```
from sklearn.preprocessing import Imputer,StandardScaler
from sklearn.pipeline import Pipeline
pipeline=Pipeline([ #数值类型
        ('imputer', Imputer(strategy="median")),
        ('scaler', StandardScaler()),
    ])
data_prepared = pipeline.fit_transform(housing) #最终的结果，为NumPy数组
```

图 11-13　用 pipeline 进行流程化处理

11.4 模型的构建

11.4.1 查看不同模型的表现

在处理好数据之后，将进行模型的构建。在本案例中，采用了交叉验证法和均方根误差RMSE（Root Mean Square Error）（见式 11-1）对模型进行评价。

$$RMSE_{fo} = \left[\sum_{i=1}^{N} (z_{f_i} - z_{o_i})^2 / N \right]^{1/2} \tag{11-1}$$

在一般的训练中，通常可以选取多个模型，通过误差的计算得出最好的模型。在本案例中，对线性回归、随机森林、Lasso、ElasticNet 模型进行了训练，得出随机森林（Random Forest）的效果是最好的，因为它的均方根误差最小。代码和结果如图 11-14 所示。

```
#交叉验证，这里采用10折
n_folds = 10
def get_rmse(model):
    rmse= np.sqrt(-cross_val_score(model, data_prepared, labels, scoring="neg_mean_squared_error", cv = n_folds))
    return(rmse)
#选择模型
linreg=LinearRegression()
forest=RandomForestRegressor(n_estimators=10, random_state=42)
lasso=Lasso(alpha =0.0005, random_state=1)
enet = ElasticNet(alpha=0.0005, l1_ratio=.9, random_state=3)
#查看各模型的得分
print(get_rmse(linreg))
print(get_rmse(forest))
print(get_rmse(lasso))
print(get_rmse(enet))
```

```
[66170.13482881 72783.99723185 68950.52987763 67640.0509114
 70438.49542911 66523.65704676 66541.25492139 70992.53769382
 74292.46725992 70675.67306462]
[49883.68850033 54909.78308343 51240.88750259 52552.29917765
 53300.0150413  48634.96097475 48834.40568444 54189.23115009
 54947.82654684 53314.50190307]
[66170.13503103 72783.99705085 68950.5299215  67640.05083453
 70438.49558172 66523.65733725 66541.25497136 70992.53755095
 74292.46632022 70675.67351968]
[66170.54655706 72782.93115158 68950.57951309 67640.80988122
 70439.08339686 66524.92428124 66540.78553265 70991.94645963
 74288.22908927 70677.06838679]
```

图 11-14 用不同的模型进行训练的代码和结果

下面介绍决策树、随机森林、Lasso 和 ElasticNet 的相关知识。

（1）决策树

决策树是一种监督学习算法，它适用于分类问题和连续变量的预测，如图 11-15 所示。决策树对每一个特征进行判断，分成许多分支。通过分支一步步向下对问题进行分类。

（2）随机森林

随机森林指的是利用多棵树对样本进行训练并预测的一种分类器。该分类器最早由 Leo Breiman 和 Adele Cutler 提出。它是一个包含多个决策树的分类器，并且其输出的类别是由个别树输出类别的众数而定的。

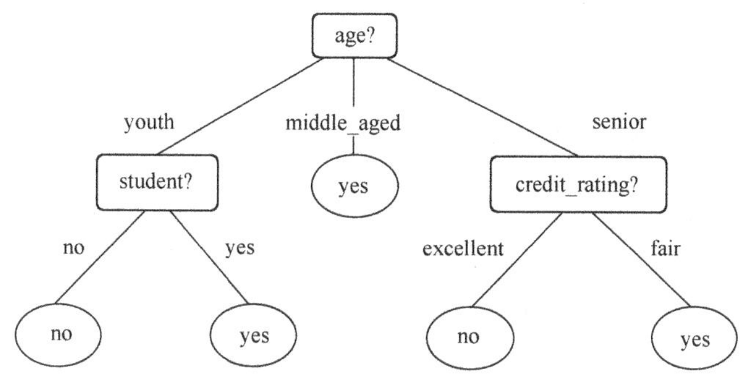

图 11-15　决策树示例

随机森林由很多决策树构成。当进行分类任务输入样本时，随机森林中的每一棵决策树都会分别进行分类，得出自己的一个分类结果。最后，将所有决策树的分类结果进行综合，看哪一个分类最多，那么随机森林就会把这个结果当作最终的结果。图 11-16 所示为随机森林，对于样本输入，Tree-1 到 Tree-n 都给出了自己的一个输出结果。如 Tree-1 认为是 Class-X，Tree-2 认为是 Class-Y……而最后的输出会综合这些所有决策树的输出，取最多的作为自己的一个分类。

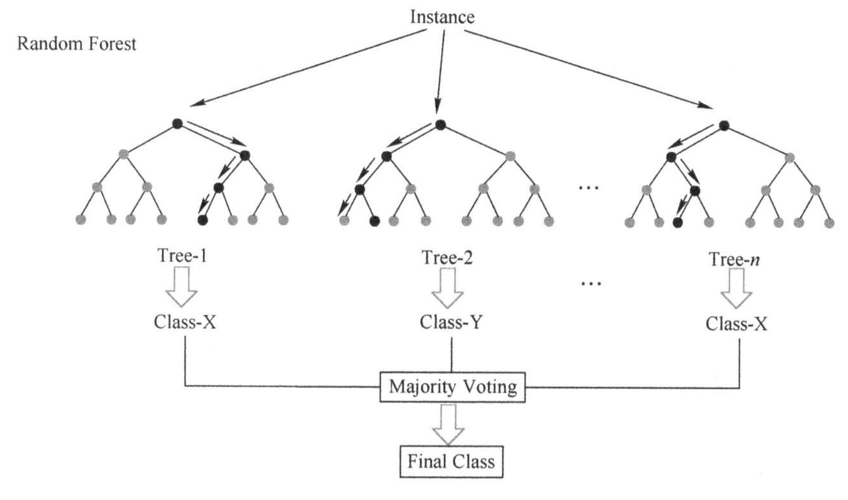

图 11-16　随机森林

（3）Lasso

Lasso 算法（least absolute shrinkage and selection operator，最小绝对值收敛和选择算子、套索算法）是一种同时进行特征选择和正则化（数学）的回归分析方法，旨在增强统计模型的预测准确性和可解释性。最初由斯坦福大学统计学教授 Robert Tibshirani 于 1996 年基于 Leo Breiman 的非负参数推断（Nonnegative Garrote，NNG）提出。

（4）ElasticNet

ElasticNet（弹性网络）是一种使用 L1 和 L2 先验作为正则化矩阵的线性回归模型。当多个特征和另一个特征相关的时候，ElasticNet 非常有用。Lasso 倾向于随机选择其中一个，而 ElasticNet 更倾向于选择两个。

ElasticNet 综合了 L1 正则化项和 L2 正则化项，其公式见式 11-2。

$$\min\left(\frac{1}{2m}\left[\sum_{i=1}^{m}(h_\theta(x^i)-y^i)^2+\lambda\sum_{j=1}^{n}\theta_j^2\right]+\lambda\sum_{j=1}^{n}|\theta|\right) \tag{11-2}$$

11.4.2 选择效果最好的模型进行预测

从 11.4.1 节的结果可以看出随机森林的效果最好，因此选择随机森林进行调参和预测。这样，当碰到新的数据集时，比如得知除房价以外的信息时，就能够对房价进行预测了。

这里将用测试集对模型进行预测。首先对 11.2.2 节中测试集数据进行处理，代码如图 11-17 所示。

```
test_housing=test_set.drop("medianHouseValue",axis=1)
test_labels=test_set["medianHouseValue"].copy()
test_data=pipeline.fit_transform(test_housing)
```

图 11-17 对测试集数据进行处理的代码

在进行处理了之后，这里用随机森林模型进行训练和预测，predict_labels 即是预测结果，代码如图 11-18 所示。

```
forest.fit(data_prepared,labels)
predict_labels=forest.predict(test_data)
```

图 11-18 随机森林进行预测的代码

最后可以对预测的结果进行可视化，分别绘制实际房价、预测房价曲线。为了使图像更加直观，这里选取了前 100 个数据进行绘制。代码和绘制结果如图 11-19 所示。

将预测结果和实际结果比较，可以看出，模型的预测能力还是相当不错的。当然，如果有更多的数据或者能找到更好的模型，模型的预测结果将会更加准确。

```
origin_labels=np.array(test_labels)
plt.plot(origin_labels[0:100],label='origin_labels')
plt.plot(predict_labels[0:100],label='predict_labels')
plt.legend()
```

<matplotlib.legend.Legend at 0x233340f25c0>

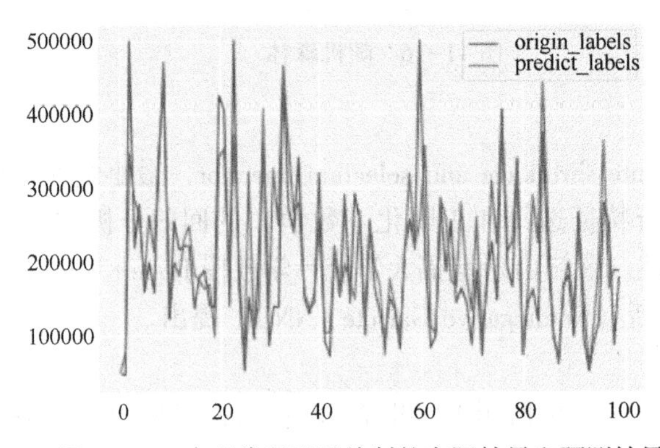

图 11-19 实现代码以及绘制的实际结果和预测结果曲线

第 12 章　案例：基于上下文感知的多模态交通推荐

本章讲述了与百度地图有关的一个案例，用来展示 Python 在交通推荐领域的应用。通过交通推荐，城市会变得更加智能和环保，这也是数据分析在公共领域的应用意义。

12.1　题目理解

12.1.1　题目背景

基于上下文感知的多模态交通推荐的目标是：根据用户的出行目的，帮助用户制订合适的出行计划，例如步行、骑自行车、自驾车、乘坐公共交通工具等方式。多模态交通推荐的开发可以带来非常多的好处，包括减少出行时间、平衡交通流、减少交通拥挤等，最终促进智能交通系统的发展。

尽管导航应用程序（如百度地图）上的交通推荐已经很流行了，但现有的交通推荐还是局限于单一交通方式。在基于上下文感知的多模态交通推荐问题中，交通方式首选项对于不同的用户和不同的时空背景都有所不同。例如，对于大多数城市通勤者来说，地铁比出租车更具时间成本效益；经济弱势群体在交通方式选择上更喜欢骑自行车或者步行。设想另外一种场景，在 OD pair（出发点和目的地）间的距离相对大且速度要求也不是非常高的情况下，一个较划算的交通方式可能是：出租车和巴士的结合。

在 2018 年年初，百度地图发布了基于上下文感知的多模式交通推荐服务，用户界面如图 12-1 所示。图 12-2 所示为对应图 12-1 中推荐的第一个交通方式的明细图。在 2019 年，该服务已经响应了超过一亿条路线规划请求，为超过一千万个不同用户提供了服务。另外，挑战该服务成功后，挑战者将被邀请在百度地图上调整和部署他们的模型。

12.1.2　数据说明

使用从百度地图收集的用户历史行为数据和一组用户属性数据来推荐合适的交通方式。用户行为数据捕获用户与导航应用程序的交互。根据用户交互循环，用户行为数据可以进一步分类为查询记录、显示记录、单击记录和用户记录。每个记录都与会话 ID 和时间戳相关联。会话 ID 连接查询记录、显示记录和单击记录。

第 1 阶段，所有数据都是从北京收集的，时间区间为 2018 年 10 月 1 日至 2018 年 11 月 30 日。

1. 查询记录

查询记录是指百度地图用户的路线搜索记录，如图 12-3 所示。每条查询记录都由会话 ID（sid）、配置文件 ID（pid）、时间戳（req_time）、出发点的坐标（o）、目的地的坐标（d）组成。例如，[387056,234590，2018－11－01 15:15:36，（116.30,40.05)，(116.35,39.99)] 表示用户在 2018 年 11 月 1 日 15 点 15 分 36 秒对坐标为（116.30，40.05）的出发点到坐标为（116.35,39.99）目的地的行程进行了查询。所有坐标均为 WGS84 标准。

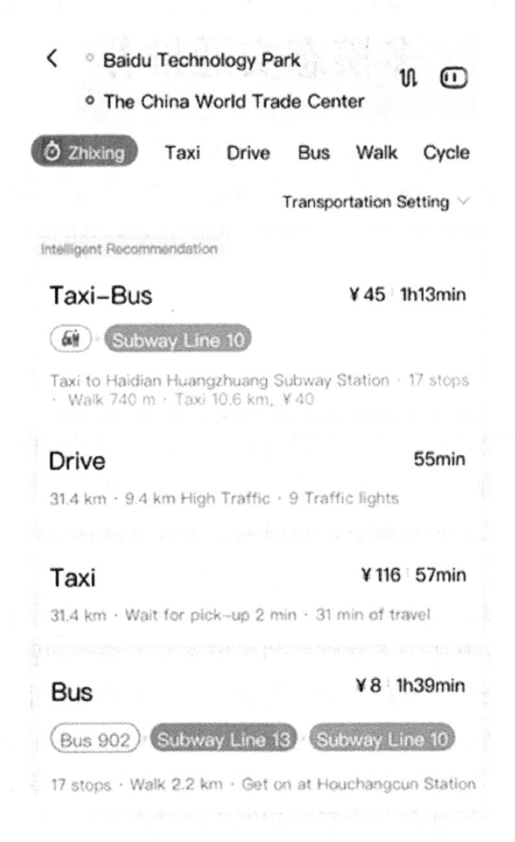

图 12-1　百度地图基于上下文感知的交通推荐服务的用户界面

2. 显示记录

显示记录是百度地图向用户显示的可行路径，如图 12-4 所示。每条显示记录由会话 ID（sid）、时间戳（plan_time）和计划列表（route plan1）组成。每个计划列表包括交通方式（transport mode)、估计的路线距离（Distance，以米为单位)、估计到达时间（ETA，以秒为单位)、估计的价格（estimated price，以人民币的分为单位）以及间接地显示列表中隐含的显示顺序。为了避免混淆，计划列表中最多有一个特定交通方式的计划，共有 11 种交通方式。交通方式可以是单模式的（如驾驶、公共汽车、自行车等）或多模式的（如出租车和公交车、自行车和公交车等)，我们将这些交通方式编码为 1～11 之间的数字标签。例如，{387056，"2018－11－01 15:15:40"，[(“mode”:1，“distance”: 3220，“ETA”: 2134，“price”: 12)，(“mode”:3，“distance”: 3520，“ETA”: 2841，“price”: 2)]}是包含两个出行计划的显示记录。

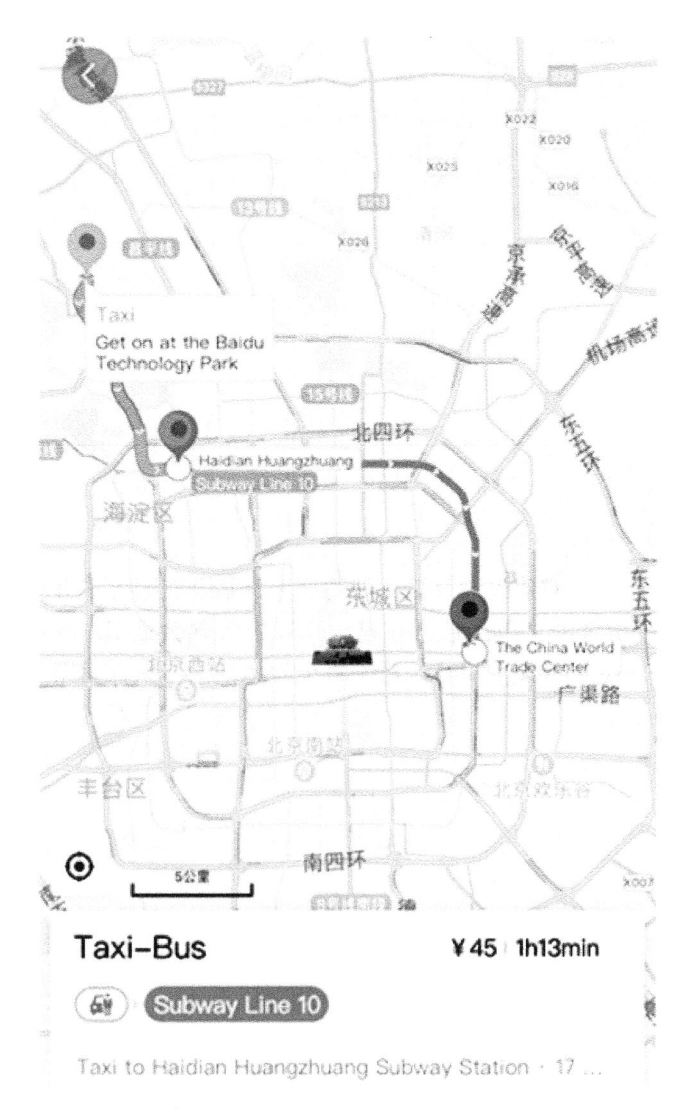

图 12-2　第一个交通方式的明细图

sid	pid	req_time	o	d
387056	234590	2018-11-01 15:15:36	(116.30,40.05)	(116.35,39.99)
902489	849336	2019-01-16 19:57:41	(117.33,39.08)	(117.32, 39.09)
156976	221455	2018-12-17 09:05:12	(121.48,31.21)	(121.44,31.11)
183026	891650	2019-01-04 12:38:16	(112.52,38.18)	(112.54,38.10)
729561	8322489	2019-04-01 21:47:37	(120.01,31.71)	(120.01,31.72)

图 12-3　路线搜索记录

sid	plan_time	route plans 1				...	route plans N			
		transport mode	Distance(m)	ETA(s)	estimated price(RMB cent)		...	...	...	...
387056	2018-11-01 15:15:40	1	8220	2134	2600	...	...	...	...	...
902489	2019-01-16 19:57:44	3	1645	740	200	...	...	...	...	...
156976	2018-12-17 09:05:15	4	14873	4824	9300	...	...	...	...	...
183026	2019-01-04 12:38:18	11	11903	3224	4600	...	...	...	...	...
729561	2019-04-01 21:47:38	6	3362	1324	700	...	...	...	...	...

图 12-4　显示记录

3. 单击记录

单击记录表示用户对不同建议的反馈，即用户选择某个交通方式并查看其详细信息，如图 12-5 所示。在每个记录中，单击数据在显示列表中包含会话 ID（sid）、时间戳（click_time）和单击的交通方式（click_mode）。对于每个显示记录，只保留第一个单击的记录。

sid	click_time	click_mode
387056	2018-11-01 15:15:47	1
902489	2019-01-16 19:57:46	3
156976	2018-12-17 09:05:30	7
183026	2019-01-04 12:38:22	8
729561	2019-04-01 21:47:39	6

图 12-5　单击记录

4. 用户记录

用户记录反映了用户对交通方式的个人偏好，如图 12-6 所示。每条查询记录都可以通过用户 ID 关联用户记录获取用户信息，每条用户记录由一个用户 ID（pid）、一组热编码的用户属性维度组成。因为隐私问题，所以这里不直接提供真实的用户 ID。每个用户由一组用户属性组成，因此多个具有相同属性的用户就共享一条用户记录。例如，考虑到性别和年龄属性，数据集中将两个 35 岁的男性标识为相同的用户。

pid	p1	p2	...	pn
234590	0	1	...	0
849336	1	1	...	0
221455	1	0	...	0
891650	0	0	...	0
8322489	0	0	...	1

图 12-6　用户记录

12.1.3 评测指标

在第 1 阶段，加权的 F_1 分数会被用于评估．每个类的 F_1 分数定义如下。

$$F_{1,\text{Class}_i}=\frac{2\text{precision} * \text{recall}}{\text{precision}+\text{recall}}$$

其中 precision 和 recall 通过统计所有的正样本，FN 和 FP 后进行计算得到，加权的 F_1 分数通过加入每个类的权重得到：

$$F_{1,\text{weighted}}=w_1F_{1,\text{Class}_1}+w_2F_{1,\text{Class}_2}+\cdots+w_kF_{1,\text{Class}_k}$$

权重由每个类的真实实例的比率计算。请注意，对于一个查询的一小部分，可能有多个单击。我们选择第一个单击记录作为用户最合适的传输模式。

在第 3 阶段，将考虑额外的效率指标和内存消耗成本，以确保模型可以作为在线服务部署。此外，还需要一份最终文件来描述模型的可解释性。最终得分是 F_1 模型得分、效率得分和委员会评估得分的组合。

12.1.4 输出格式

每个团队每天只有两次提交的机会，通过简单列举测试数据的所有可能结果来避免改进结果。对于测试集中的每个会话，应该预测用户喜欢单击的交通方式。在数据集中，有些查询没有单击，我们为这些查询分配一个无单击类（编码为 0），参与者也应该预测无单击类。

提交的文件应为一个带有 header 的 csv 文件，第 1 列中的会话 ID 和第 2 列中的预测格式如下，具体可以参见（submission_example. csv）：

“sid”，“recom m end_m ode”

“387056”，“0”

“902489”，“3”

“156976”，“11”

“183026”，“9”

“729561”，“1”

12.2 解决方案

12.2.1 工具包导入

工具包导入的代码如下。

```
1. import json
2. import pandas as pd
3. import numpy as np
4. import time
5. from sklearn. model_selection import StratifiedKFold
6. from sklearn. metrics import f1_score
```

```
7. from collections import Counter
8. from sklearn.decomposition import TruncatedSVD
9. from sklearn.feature_extraction.text import TfidfVectorizer
10. from tqdm import tqdm
11. import lightgbm as lgb
```

12.2.2 特征工程

1. 数据读取与合并

数据读取与合并的代码如下。

```
1. def merge_raw_data():
2.     tr_queries = pd.read_csv('../data/train_queries.csv')
3.     te_queries = pd.read_csv('../data/test_queries.csv')
4.     tr_plans = pd.read_csv('../data/train_plans.csv')
5.     te_plans = pd.read_csv('../data/test_plans.csv')
6.     tr_click = pd.read_csv('../data/train_clicks.csv')
7. #将训练数据的3个表合并
8.     tr_data = tr_queries.merge(tr_click, on='sid', how='left')
9.     tr_data = tr_data.merge(tr_plans, on='sid', how='left')
10.    tr_data = tr_data.drop(['click_time'], axis=1)
11.    tr_data['click_mode'] = tr_data['click_mode'].fillna(0)
12.    # 增加一个date字段,并赋值为20181001,然后从req_time里抽取日期值
13.    tr_data['date'] = pd.to_datetime('20181001')._date_repr
14.    for i in range(len(tr_data)):
15.        x = tr_data.loc[i,"req_time"]
16.        x = pd.to_datetime(x)._date_repr
17.        tr_data.loc[i,"date"] = x
18.    # 合并测试数据的3个表,并派生值全为-1的click_mode字段
19.    te_data = te_queries.merge(te_plans, on='sid', how='left')
20.    te_data['click_mode'] = -1
21.    te_data['date'] = pd.to_datetime('20181001')._date_repr
22.    for i in range(len(te_data)):
23.        x = te_data.loc[i,"req_time"]
24.        x = pd.to_datetime(x)._date_repr
25.        te_data.loc[i,"date"] = x
26.    # 将训练数据和测试数据合并在一个DataFrame里
27.    data = pd.concat([tr_data, te_data], axis=0, sort=True)
28.    data = data.reset_index(drop=True)
29.    return data
```

2. 提取O、D特征

O、D特征中包含距离以及绝对位置等相关信息，因此对此应进行解析。因为O、D本身是有相对大小关系的，所以不再对其进行编码。提取O、D特征的代码如下。

```
1. def gen_od_feas(data):
2.     data['o1'] = data['o'].apply(lambda x: float(x.split(',')[0]))
3.     data['o2'] = data['o'].apply(lambda x: float(x.split(',')[1]))
4.     data['d1'] = data['d'].apply(lambda x: float(x.split(',')[0]))
5.     data['d2'] = data['d'].apply(lambda x: float(x.split(',')[1]))
6. return data
```

3. 提取显示记录中的特征

显示记录中包含的信息非常多，有价格、时间、距离等，是数据处理的重要环节。显示记录主要可以归纳为如下的特征。

1）各种交通方式价格的统计值（mean，min，max，std）。

2）各种交通方式时间的统计值（mean，min，max，std）。

3）各种交通方式距离的统计值（mean，min，max，std）。

4）一些其他的特征，如最大距离的交通方式、最高价格的交通方式、最短时间的交通方式等。

提取显示记录中特征的代码如下。

```
1. def gen_plan_feas(data):
2.     n = data.shape[0]
3.     mode_list_feas = np.zeros((n, 12))
4.     max_dist, min_dist, mean_dist, std_dist = np.zeros((n,)), np.zeros((n,)), np.zeros
((n,)), np.zeros((n,))
5.     max_price, min_price, mean_price, std_price = np.zeros((n,)), np.zeros((n,)),
np.zeros((n,)), np.zeros((n,))
6.     max_eta, min_eta, mean_eta, std_eta = np.zeros((n,)), np.zeros((n,)), np.zeros
((n,)), np.zeros((n,))
7.     min_dist_mode, max_dist_mode, min_price_mode, max_price_mode, min_eta_mode, max_eta
_mode, first_mode, second_mode, third_mode, forth_mode, fifth_mode = np.zeros(
8.             (n,)), np.zeros((n,)), np.zeros((n,)), np.zeros((n,)), np.zeros((n,)),
np.zeros((n,)), np.zeros((n,)), np.zeros((n,)), np.zeros((n,)), np.zeros((n,)),
np.zeros((n,))
9.     mode_texts = []
10.    for i, plan in tqdm(enumerate(data['plans'].values)):
11.        first_mode[i] = 0
12.        second_mode[i] = -1
13.        third_mode[i] = -1
14.        forth_mode[i] = -1
15.        fifth_mode[i] = -1
16.        try:
17.            cur_plan_list =json.loads(plan)
18.        except:
```

```
19.             cur_plan_list = [ ]
20.         if len( cur_plan_list) = = 0:
21.             mode_list_feas[ i, 0] = 1
22.             max_dist[ i] , min_dist[ i] , mean_dist[ i] , std_dist[ i] = -1, -1, -1, -1
23.             max_price[ i] , min_price[ i] , mean_price[ i] , std_price[ i] = -1, -1, -1, -1
24.             max_eta[ i] , min_eta[ i] , mean_eta[ i] , std_eta[ i] = -1, -1, -1, -1
25.             max_dist_mode[ i] , min_dist_mode[ i] , max_price_mode[ i] , min_price_mode[ i]
= -1, -1, -1, -1
26.             min_eta_mode[ i] , max_eta_mode[ i] = -1, -1
27.             mode_texts. append( 'word_null')
28.         else :
29.             distance_list = [ ]
30.             price_list = [ ]
31.             eta_list = [ ]
32.             mode_list = [ ]
33.             for tmp_dit in cur_plan_list:
34.                 distance_list. append( int( tmp_dit[ 'distance' ] ) )
35.                 if tmp_dit[ 'price' ] = = '':
36.                     price_list. append( 0)
37.                 else :
38.                     price_list. append( int( tmp_dit[ 'price' ] ) )
39.                 eta_list. append( int( tmp_dit[ 'eta' ] ) )
40.             mode_list. append( int( tmp_dit[ 'transport_mode' ] ) )
41.                 mode_texts. append(
42.                     ''. join( [ 'word{ } '. format( mode) for mode in mode_list] ) )
43.             distance_list = np. array( distance_list)
44.             price_list = np. array( price_list)
45.             eta_list = np. array( eta_list)
46.             mode_list = np. array( mode_list,dtype='int')
47.             mode_list_feas[ i, mode_list] = 1
48.             # argsort 返回升序排序时各值的下标
49.             distance_sort_idx = np. argsort( distance_list)
50.             price_sort_idx = np. argsort( price_list)
51.             eta_sort_idx = np. argsort( eta_list)
52.
53.             max_dist[ i] = distance_list[ distance_sort_idx[ -1] ]
54.             min_dist[ i] = distance_list[ distance_sort_idx[ 0] ]
55.             mean_dist[ i] = np. mean( distance_list)
56.             std_dist[ i] = np. std( distance_list)
57.
58.             max_price[ i] = price_list[ price_sort_idx[ -1] ]
59.             min_price[ i] = price_list[ price_sort_idx[ 0] ]
```

```
60.              mean_price[ i ]  =  np. mean( price_list)
61.              std_price[ i ]  =  np. std( price_list)
62.
63.              max_eta[ i ]  =  eta_list[ eta_sort_idx[ -1 ] ]
64.              min_eta[ i ]  =  eta_list[ eta_sort_idx[ 0 ] ]
65.              mean_eta[ i ]  =  np. mean( eta_list)
66.              std_eta[ i ]  =  np. std( eta_list)
67.
68.              first_mode[ i ]  =  mode_list[ 0 ]
69.              length  =  len( mode_list)
70.              if length >= 2:
71.                  second_mode[ i ]  =  mode_list[ 1 ]
72.              if length>=3:
73.                  third_mode[ i ]  =  mode_list[ 2 ]
74.              if length>=4:
75.                  forth_mode[ i ]  =  mode_list[ 3 ]
76.              if length>=5:
77.                  fifth_mode[ i ]  =  mode_list[ 4 ]
78.              max_dist_mode[ i ]  =  mode_list[ distance_sort_idx[ -1 ] ]
79.              min_dist_mode[ i ]  =  mode_list[ distance_sort_idx[ 0 ] ]
80.
81.              max_price_mode[ i ]  =  mode_list[ price_sort_idx[ -1 ] ]
82.              min_price_mode[ i ]  =  mode_list[ price_sort_idx[ 0 ] ]
83.
84.              max_eta_mode[ i ]  =  mode_list[ eta_sort_idx[ -1 ] ]
85.              min_eta_mode[ i ]  =  mode_list[ eta_sort_idx[ 0 ] ]
86.
87.      feature_data  =  pd. DataFrame( mode_list_feas)
88.      feature_data. columns  =  [ 'mode_feas_{ }'. format( i)  for i in range( 12) ]
89.      feature_data[ 'max_dist' ]  =  max_dist
90.      feature_data[ 'min_dist' ]  =  min_dist
91.      feature_data[ 'mean_dist' ]  =  mean_dist
92.      feature_data[ 'std_dist' ]  =  std_dist
93.
94.      feature_data[ 'max_price' ]  =  max_price
95.      feature_data[ 'min_price' ]  =  min_price
96.      feature_data[ 'mean_price' ]  =  mean_price
97.      feature_data[ 'std_price' ]  =  std_price
98.
99.      feature_data[ 'max_eta' ]  =  max_eta
100.     feature_data[ 'min_eta' ]  =  min_eta
101.     feature_data[ 'mean_eta' ]  =  mean_eta
```

```
102.    feature_data['std_eta'] = std_eta
103.
104.    feature_data['max_dist_mode'] = max_dist_mode
105.    feature_data['min_dist_mode'] = min_dist_mode
106.    feature_data['max_price_mode'] = max_price_mode
107.    feature_data['min_price_mode'] = min_price_mode
108.    feature_data['max_eta_mode'] = max_eta_mode
109.    feature_data['min_eta_mode'] = min_eta_mode
110.    feature_data['first_mode'] = first_mode
111.    feature_data['second_mode'] = second_mode
112.    feature_data['third_mode'] = third_mode
113.    feature_data['forth_mode'] = forth_mode
114.    feature_data['fifth_mode'] = fifth_mode
115.    tfidf_enc = TfidfVectorizer(ngram_range=(1, 2))
116.    tfidf_vec = tfidf_enc.fit_transform(mode_texts)
117.    svd_enc =TruncatedSVD(n_components=10, n_iter=20, random_state=2019)
118.    mode_svd = svd_enc.fit_transform(tfidf_vec)
119.    mode_svd = pd.DataFrame(mode_svd)
120.    mode_svd.columns = ['svd_mode_{}'.format(i) for i in range(10)]
121.    data = pd.concat([data, feature_data, mode_svd], axis=1)
122.    return data
```

4. 处理用户属性数据

用户属性是由0和1编码的66个字段表示的，如果将66个字段直接拼接到之前生成的DataFrame里，会导致维度过多。因此，读取用户属性数据后，使用SVD算法对其进行降维处理。处理的代码如下。

```
1. def gen_profile_feas(data):
2.     profile_data = read_profile_data()
3.     x = profile_data.drop(['pid'], axis=1).values
4.     svd =TruncatedSVD(n_components=20, n_iter=20, random_state=2019)
5.     svd_x = svd.fit_transform(x)
6.     svd_feas = pd.DataFrame(svd_x)
7.     svd_feas.columns = ['svd_fea_{}'.format(i) for i in range(20)]
8.     svd_feas['pid'] = profile_data['pid'].values
9.     data['pid'] = data['pid'].fillna(-1)
10.    data = data.merge(svd_feas, on='pid', how='left')
11.    return data
```

5. 判断日期类型

日期数据对交通方式的选择有较大的影响。例如，在工作日为了避免堵车选择乘坐地铁上下班、在假期为了出行方便选择开车等。因此，需要根据给定的日期判断其是假期、周末或者工作日。判断日期类型的代码如下。

```
1. def get_date_type(date, day):
2.     holiday_list = ['2018-10-01', '2018-10-02', '2018-10-03', '2018-10-04', '2018-10-05', '2018-10-06'
3.             ,'2018-10-07', '2018-10-02']
4.     if (date in holiday_list):
5.         return 2 # 假期
6.     elif day == 5 or day ==6:
7.         return 1 # 周末
8.     else:
9.         return 0 # 工作日
10.
11.
12. def gen_time_feas(data):
13.     data['req_time'] = pd.to_datetime(data['req_time'])
14.     data['plan_time'] = pd.to_datetime(data['plan_time'])
15.     data['weekday'] = data['req_time'].dt.dayofweek
16.     data['hour'] = data['req_time'].dt.hour
17.     data['minute'] = data['req_time'].dt.minute
18.     x = len(data)
19.     for i in range(len(data)):
20.         data.loc[i,'date_type'] = get_date_type(data.loc[i, 'date'], data.loc[i, 'weekday'])
21.     return data
```

6. 派生曼哈顿距离

之前派生了 OD 对来表示起点、终点的绝对位置，现在选择用曼哈顿距离表示起点、终点之间的相对距离，代码如下。

```
1. def get_manhattan_abs_distance(data):
2.     data['manhattan_dis'] = abs(data['o1']-data['d1'])+abs(data['o2']-data['d2'])
3.     return data
```

7. 切分数据集

去掉部分原生字段后，根据是否有选择具体的交通方式（clicl_mode = -1 表示为测试数据），将数据分为训练集和测试集。切分数据集的代码如下。

```
1. def split_train_test(data):
2.     train_data = data[data['click_mode'] != -1]
3.     test_data = data[data['click_mode'] == -1]
4.     submit = test_data[['sid']].copy()
5.     train_data = train_data.drop(['sid'], axis=1)
6.     test_data = test_data.drop(['sid'], axis=1)
7.     test_data = test_data.drop(['click_mode'], axis=1)
```

```
8.      train_y = pd.DataFrame()
9.      train_y['click_mode'] = train_data['click_mode']
10.     train_y['date'] = train_data['date']
11.     train_x = train_data.drop(['click_mode'], axis=1)
12.     return train_x, train_y, test_data, submit
13.
14.
15. def get_train_test_feas_data():
16.     data = merge_raw_data()
17.     data = gen_od_feas(data)
18.     data = gen_plan_feas(data)
19.     data = gen_profile_feas(data)
20.     data = gen_time_feas(data)
21.     data = get_manhattan_abs_distance(data)
22.     data = data.drop(
23.         ['o', 'd', 'minute', 'req_time', 'plan_time', 'req_time', 'plans', 'manhattan_dis'], axis=
1)
24.     train_x, train_y, test_x, submit = split_train_test(data)
25.     return train_x, train_y, test_x, submit
```

8. 评估指标设计

评估指标设计的代码如下。

```
1. def eval_f(y_pred, train_data):
2.      y_true = train_data.label
3.      y_pred = y_pred.reshape((12, -1)).T
4.      y_pred = np.argmax(y_pred, axis=1)
5.      score = f1_score(y_true, y_pred, average='weighted')
6.      return 'weighted-f1-score', score, True
```

9. 模型训练

模型训练的代码如下。

```
1. def train_lgb(train_x, train_y, test_x):
2.      time_now = time.strftime('%m%d%H%M')
3.      train_x = train_x.drop(['date'], axis=1)
4.      train_y = train_y.drop(['date'], axis=1)
5.      train_y = train_y['click_mode'].values
6.      test_x = test_x.drop(['date'], axis=1)
7.      kfold = StratifiedKFold(n_splits=5, shuffle=True, random_state=2019)
8.      lgb_paras = {
9.          'objective': 'multiclass',
10.         'metrics': 'multiclass',
```

```
11.          'learning_rate': 0.03,
12.          'num_leaves': 31,
13.          'lambda_l1': 0.01,
14.          'lambda_l2': 10,
15.          'num_class': 12,
16.          'seed': 2019,
17.          'feature_fraction': 0.8,
18.          'bagging_fraction': 0.8,
19.          'bagging_freq': 4,
20.      }
21.      cate_cols = ['max_dist_mode', 'min_dist_mode', 'max_price_mode',
22.                  'min_price_mode', 'max_eta_mode', 'min_eta_mode', 'weekday',
23.                  'modes_order_1', 'modes_order_2','modes_order_3', 'modes_order_4', 'modes_order_5',
24.                  'modes_order_6', 'modes_order_7', 'label'
25.                  ]
26.      scores = []
27.      result_proba = []
28.      for tr_idx, val_idx in kfold.split(train_x, train_y):
29.
30.          tr_x, tr_y, val_x, val_y = train_x.iloc[tr_idx], train_y[tr_idx], train_x.iloc[val_idx],
train_y[val_idx]
31.          train_set =lgb.Dataset(tr_x, tr_y, categorical_feature=cate_cols)
32.          val_set =lgb.Dataset(val_x, val_y, categorical_feature=cate_cols)
33.          lgb_model = lgb.train(lgb_paras, train_set,
34.                                valid_sets=[val_set], early_stopping_rounds=100, num_
boost_round=40000, verbose_eval=50,feval=eval_f)
35.          val_pred = np.argmax(lgb_model.predict(
36.              val_x, num_iteration=lgb_model.best_iteration), axis=1)
37.          val_score = f1_score(val_y, val_pred, average='weighted')
38.          gen_recall_precision(val_y, val_pred, time_now)
39.          result_proba.append(lgb_model.predict(test_x, num_iteration=lgb_model.best_
iteration))
40.          scores.append(val_score)
41.      print('cv f1-score: ', np.mean(scores))
42.      pred_test = np.argmax(np.mean(result_proba, axis=0), axis=1)
43.      return pred_test, round(np.mean(scores),5)
```

10. 保存结果

保存结果，代码如下。

```
1. def submit_result(submit, result, model_name):
2.      submit['recommend_mode'] = result
3.      submit.to_csv('submit/{}.csv'.format(model_name), index=False)
```

第13章　案例：机器人最优路径走迷宫

本案例实现的是一个寻找最优路径的走迷宫机器人。机器人处于地图环境中的某个位置，做出正确决策后的下一个动作会获得正奖励，做出错误决策后的下一个动作会获得负奖励。按照当前走法的路径概率、当前状态获得即时奖励，按照下一个动作获得衰减即时奖励，可决定获得最大收益的下一个动作，这样可确保机器人以最优路径走出迷宫。

13.1　关键技术

13.1.1　马尔科夫决策过程

马尔科夫决策过程由5个元素构成，具体如下。

1）S 表示状态集（states）。

2）A 表示一组动作（actions）。

3）P 表示状态转移概率，表示在当前 $s \in S$ 状态下，经过 $a \in A$ 作用后，会转移到其他状态的概率分布情况。在状态 s 下执行动作 a，转移到 s'的概率可以表示为$P(s' \mid s,a)$。

4）R 奖励函数（reward function）表示智能体agent采取某个动作后的即时奖励。

5）$\gamma \in (0,1)$折扣系数的现实解释是当下的reward比未来反馈的reward更重要。

马尔科夫决策的状态迁移过程，如图13-1所示。

$$s_0 \xrightarrow{a_0} s_1 \xrightarrow{a_1} s_2 \xrightarrow{a_2} s_3 \xrightarrow{a_3} \cdots$$

图13-1　状态迁移图

其中，$s \in S$ 表示智能体状态，$a \in A$ 表示动作。该过程的总回报见式（13-1）。

$$\sum_{t=0}^{\infty} \gamma^t R(s_t) \tag{13-1}$$

13.1.2　Bellman方程

策略 π 是一个状态集 S 到动作集 A 的映射。如果智能体在每个时刻都根据 π 和当前时刻状态 s 来决定下一步动作 a，就称智能体采取了策略 π，见式（13-2）。策略 π 的状态价值函数定义为：以 s 为初始状态的智能体，在采取策略 π 的条件下，能获得的未来回报的期望。

$$v^{\pi}(s) = E\left[\sum_{t=0}^{\infty} \gamma^t R(s_t) \mid s_0 = s;\pi\right] \tag{13-2}$$

最优价值函数定义为所有策略下的最优累积奖励期望，见式（13-3）。

$$v^*(s) = \max_{\pi} v_{\pi}(s) \tag{13-3}$$

Bellman 方程将价值函数分解为当前的奖励和下一步的价值两部分，从而得到了 Bellman 最优化方程，见式（13-4）。

$$v^*(s)=\max_a\left(R(s)+\gamma\sum_{s'\in S}P(s'\mid s,a)v^*(s')\right) \tag{13-4}$$

13.2 程序设计步骤

代码实现分为以下几个步骤。

1）初始化迷宫地图，初始设置 4×4 矩阵。

2）根据不同位置的下一个动作获得即时奖励，计算不同位置对应的最优路径。

13.2.1 初始化迷宫地图

代码 13-1 所示为仿真器定义示例。示例中定义了强化学习所需的仿真器，其中包括 3 个主要方法：reset、step 以及 render。

代码 13-1 仿真器定义

```
from random import randint
class GridworldEnv:
    metadata={'render.modes':['human']}

    def __init__(self, height:int=4, width:int=4):
        self.shape=(height, width)
        self.reset()

    def reset(self, state:(int,int)=None):
        if state:
            assert len(state)==2 and 0<=state[0]<self.shape[0] and 0<= state[1]<self.shape
[1],f"invalid state {state} for shape {self.shape}"
            self.state= state
        else :
            self.state=(randint(0,self.shape[0] - 1),
                        randint(0,self.shape[1] - 1))

    @property
    def is_done(self):
        max_state=(self.shape[0] - 1,self.shape[1] - 1)
        return self.state in {(0,0),max_state}

    def is_inside(self, state:(int,int)):
        return 0<=state[0]<self.shape[0] and 0<= state[1]<self.shape[1]
```

```
def step(self, action: Action)→(
    'observation: (int, int)',
    'reward: float',
    'done: bool',
    ):
    if not self.is_done:
        height, width =self.shape
        y, x =self.state
        if action ==Action.up:
            state=(y - 1, x)
        elif action ==Action.left:
            state=(y, x - 1)
        elif action ==Action.down:
            state=(y + 1, x)
        elif action ==Action.right:
            state=(y, x + 1)
        else :
            raise ValueError(f"Unexpected action {action}")
        if self.is_inside(state):
            self.state= state
        else : return self.state, -float('inf'),False,{}
    return self.state,float(self.is_done) - 1,self.is_done

def render(self):
    height, width =self.shape
    grid=[["o"] * width for _ in range(height)]
    grid[0][0]="T"
    grid[-1][-1]="T"
    grid[self.state[0] - 1][self.state[1] - 1]="x"
    for row in grid:
        print(" ".join(row))
```

reset 用于复位仿真器。如果用户指定了机器人的初始位置，reset 函数就会将机器人放置在对应的位置，否则随机选择一个位置作为初始位置。

step 函数可以修改机器人在仿真器中的位置。用户可以选择让机器人沿着上下左右 4 个方向之一，前进一格。这些方向被定义在枚举类中，如代码 13-2 所示。

代码 13-2　机器人可选行动

```
from random import randint
class Action(Enum):
    up=0
```

```
    left=1
    down=2
    right=3
```

由于仿真器模拟的地图大小有限，机器人不能沿着一个方向一直走下去。如果走的过程中撞墙，仿真器不会允许机器人移动，同时会返回负无穷作为此次移动的 reward。由此可见，机器人的学习目标是在不撞墙的情况下走到终点，否则就会遭到严重的惩罚。

render 函数用于渲染地图。这里采用比较简单的方式，直接将地图打印在 console 中。代码 13-3 所示为仿真器 API 示例，示例中展示了 render 的使用方法。

代码 13-3　仿真器 API 示例

```
if __name__ =='__main__':
    env=GridworldEnv()
    env.reset()
    env.render()
```

默认迷宫为 4×4 矩阵，x 为当前所处位置，T 为迷宫出口，o 为可到达的位置。一种可能的迷宫地图示例如代码 13-4 所示。

代码 13-4　迷宫地图示例

```
T x o o
o ooo
o ooo
o oo T
```

13.2.2　计算不同位置最优路径

代码 13-5 所示为强化学习算法示例，示例中展示了强化学习模型的构建与求解。其中 gridworld 包就是代码 13-3 中定义的 GridworldEnv 所在的脚本文件。

代码 13-5　强化学习算法示例

```
import numpy as np
import gridworld as gw

def action_value(state:(int,int), action:gw.Action)→float:
    env.reset((row_ind,col_ind))
    ob, reward, _, _ =env.step(action)
    return reward + discount_factor * values[ob]

def best_value(state:(int,int))→float:
    result=None
    for action in gw.Action:
```

```
                value=action_value(state, action)
                if result is Noneor result < value:
                    result= value
        return result

    theta=0.0001
    discount_factor=0.5
    env=gw.GridworldEnv()
    values=np.zeros(env.shape)
    while True:
        delta=0
        for row_ind in range(env.shape[0]):
            for col_ind in range(env.shape[1]):
                state=(row_ind,col_ind)
                cur_best_value=best_value(state)
                delta=max(delta,np.abs(cur_best_value - values[state]))
                values[state]=cur_best_value
        if delta < theta:
            break
    print("values:")
    print(values)

    policy=np.zeros(env.shape)
    for row_ind in range(env.shape[0]):
        for col_ind in range(env.shape[1]):
            state=(row_ind,col_ind)
            for action in gw.Action:
                if action_value(state, action)== values[state]:
                    policy[state]=action.value
                    break
    print("policy:")
    print(policy)
```

代码 13-5 的主体部分可以分为上下两部分。上半部分主要求解 Bellman 方程，得到 values 矩阵；下半部分根据 values 矩阵解析最优策略 policy。代码 13-6 所示为强化学习算法的输出。

代码 13-6　强化学习算法输出

```
    values:
    [[  0.   0.    -1.  -1.5]
     [  0.  -1.    -1.5 -1. ]
     [ -1.  -1.5   -1.   0. ]
     [ -1.5 -1.     0.   0. ]]
```

```
policy:
[[0. 1. 1. 1.]
 [0. 0. 0. 2.]
 [0. 0. 2. 2.]
 [0. 3. 3. 0.]]
```

下面简要分析policy的含义。policy是一个4维矩阵，表示机器人处于迷宫中任意位置的情况下，应该如何移动才能最快找到两个出口（左上角和右下角）。举例来说，矩阵第2行最后一个元素为2，表示机器人需要首先向下移动至第3行。第3行的最后一个元素也是2，表示机器人需要继续向下移动至第4行。这时机器人已经到达终点，所以没有必要继续移动了。

第 14 章　案例：基于 Python+Elasticsearch 实现搜索附近小区房价

随着智能手机的普及，现在可以很方便地定位自己所处的准确位置。这为很多基于位置的场景提供了技术实现上的便利条件，这种基于位置的搜索场景也越来越广泛。本章将讨论如何实现搜索附近小区房价。任务拆分之后发现需要实现两点：搜索功能、附近小区地理位置及房价。本案例把地理位置、全文搜索、结构化搜索和分析结合到了一起。

本案例选择用搜索引擎实现搜索功能，开源的 Elasticsearch（以下简称 ES）是目前全文搜索引擎的首选，它可以快速地存储、搜索和分析海量数据。维基百科、Stack Overflow、Github 都采用 ES。计算距离方面，ES 将地理坐标（geo_point）作为一个单独的数据类型做了比较丰富的支持。

ES 是一个建立在 Apache Lucene 之上的高度可用的分布式开源搜索引擎。它是基于 Java 构建的，因此可用于许多平台。数据以 JSON 格式非结构化存储，这也使其成为一种 NoSQL 数据库。与其他 NoSQL 数据库不同，ES 还提供搜索引擎功能和其他相关功能。Lucene 可能是目前存在的，不论开源还是私有的，拥有先进、高性能和全功能搜索引擎功能的库，但也仅仅只是一个库。要使用 Lucene，需要开发者编写 Java 代码并引用 Lucene 包才可以，而且需要对信息检索有一定程度的理解才能明白 Lucene 是怎么工作的。为了解决这个问题，ES 就诞生了。ES 也是使用 Java 编写的，它的内部使用 Lucene 做索引与搜索，但是它的目标是使全文检索变得简单，相当于 Lucene 的一层封装，它提供了一套简单一致的 RESTful API 来帮助实现存储和检索。这套简单一致的 RESTful API 为其他语言的对接提供了便利。

本章介绍的是基于 Python 语言实现对 ES 的操作。

14.1　程序设计

这个任务分 3 部分，分别是准备数据、ES 操作、编写 Python 代码。为了更好地理解 ES，可以将 ES 中的一些概念和传统的关系型数据库（MySQL）中的一些概念做类比，具体如下。

MySQL→数据库 DB→表 TABLE→行 Row→列 Column

Elasticsearch→索引库 Indices →类型 Types →文档 Documents →字段 Fields

ES 集群可以包含多个索引（Indices）（数据库），每一个索引库中可以包含多个类型（Types）（表），每一个类型包含多个文档（Documents）（行），然后每个文档包含多个字段（Fields）（列）。

将 ES 中的索引类似于 MySQL 数据库中的数据库，而将类型类似于 MySQL 数据库中的表。这样便于初学者理解 ES 中的一些概念。有所不同的是，在 SQL 数据库中，表彼此独立，一个表中的列与另一个表中具有相同名称的列无关。

对 ES 有个初步的概念之后，可以具体开始这个案例。

14.2 准备数据

要实现搜索地理位置和房价的功能，首先需要准备小区数据，至少包括小区名称、房价、地理位置信息等。本案例用爬取的二手房数据作为搜索引擎的基础数据，见表 14-1。

表 14-1 爬取的二手房数据

name	Location	style	size	price	foc
御泉华庭	123.469293676，41.8217831815	4室2厅	188	235	141
雍熙金园	123.514657521，41.7559905968	3室1厅	114.45	105	37
格林生活坊一期	123.399860338，41.7523981056	3室2厅	146.56	212	4
格林生活坊三期	123.403824342，41.7530579154	3室2厅	119.94	208	12

从表 14-1 可以看到，数据基本满足构建搜索引擎的要求。由于存储进 ES 的数据，必须为 JSON，因此将表格数据转换成 ES 标准的 JSON 格式即可。在此过程中需要注意，因为在构建搜索引擎的基本数据地理位置坐标时，需要用 ES 规定的 geo_point 字段类型格式，所以还需要对地理位置坐标进行格式转换。

ES 提供了两种表示地理位置的方式：用纬度—经度表示的坐标点使用 geo_point 字段类型；以 GeoJSON 格式定义的复杂地理形状，使用 geo_shape 字段类型。

本案例选取第一种方式：geo_point。和使用传统的关系型数据库（如 MySQL）一样，在使用 ES 时，需要创建索引（类似数据库表）以及声明数据类型。我们将地理位置字段的类型声明为 geo_point，如代码 14-1 所示。location 字段被声明为 geo_point 后，就可以索引包含经纬度信息的文档了。经纬度信息 location 的形式可以是字符串、数组或者对象。

代码 14-1 声明数据类型

```
{
"name":      "御泉华庭",
"location":"41.8217831815, 123.469293676"
}

{
"name":      "御泉华庭",
"location":{
  "lat":      41.8217831815 ,
  "lon":      123.469293676
  }
```

```
}

{
  "name":      "Mini Munchies Pizza",
  "location": [123.469293676 , 41.8217831815 ]
}
```

代码 14-1 中，location 为 geo_point，可以看到 3 种写法分别为：字符串形式以半角逗号分隔命名为 "lat,lon"；对象形式显式命名为 lat 和 lon；数组形式命名为 [lon,lat]。

提示

地理坐标点用字符串形式表示时，是纬度在前，经度在后（"latitude,longitude"）；而数组形式表示时，是经度在前，纬度在后（[longitude,latitude]），顺序刚好相反。其实，在 ES 内部，不管是字符串形式还是数组形式，都是经度在前，纬度在后。不过早期为了适配 GeoJSON 的格式规范，调整了数组形式的表示方式。

看完了 ES 定义的格式，就需要来构造所需的 JSON 数据了。将 csv 文件转换成 json 格式的代码如代码 14-2 所示。

代码 14-2　将 csv 文件转换成 json 格式

```
# __author__ = 'hanyangang'
# -*- coding: utf-8 -*-

import csv,json

reader =csv.reader(open('syfj.csv'))

for row in reader :
    name = row[0]
    loc =row[1]
    style = row[2]
    size = row[3]
    price = row [4]
    count = row[5]
    sloc =loc.split(',')
lng =''
    lat =''
    if len(sloc)= =2:      #第一行是列名需要做判断
        lng =sloc[0]      # 经度
        lat =sloc[1]      # 纬度
        out ='{\"lng\":'+lng +',\"lat\":'+lat +',\"count\":'+count +',\"name\":\"'+ name +'
```

```
\",\"style\":\"'+style +'\",\"size\":'+size +',\"price\":'+price +',\"geo\":\"'+lat +','+lng +'
\"},'
        print(out)
```

运行此文件，得到的结果如下。

```
{"lng":123.469293676,"lat":41.8217831815,"count":141,"name":"御泉华庭  ","style":" 4
室2厅 ","size": 188,"price":235,"geo":"41.8217831815,123.469293676"},
{"lng":123.514657521,"lat":41.7559905968,"count":37,"name":"雍熙金园  ","style":" 3
室1厅 ","size": 114.45,"price":105,"geo":"41.7559905968,123.514657521"},
{"lng":123.399860338,"lat":41.7523981056,"count":4,"name":"格林生活坊一期  ","
style":" 3室2厅 ","size": 146.56,"price":212,"geo":"41.7523981056,123.399860338"},
```

其中，name 对应的类型是字符串，price 对应的类型是浮点类型，这两个数据在插入 ES 时不需要声明数据类型，直接插入即可。地理位置坐标“,"geo":"41.8217831815,123.469293676"”符合 geo_point 的格式。

待插入数据准备完毕后，接下来讲解如何将准备好的 JSON 数据插入搜索引擎。

提示

在实际生产过程中，从爬取数据到插入 Elastic 的过程，需要自动完成，为了方便这些自动任务的管理，可以用持续集成工具 Jenkins 管理。

14.3 安装以及使用 Elasticsearch

Elasticsearch 需要 Java 8 环境，安装过程中注意要保证环境变量 JAVA_HOME 的正确设置。接着下载 Elastic，从 ES 的官方网站上下载最新版本即可，如图 14-1 所示。

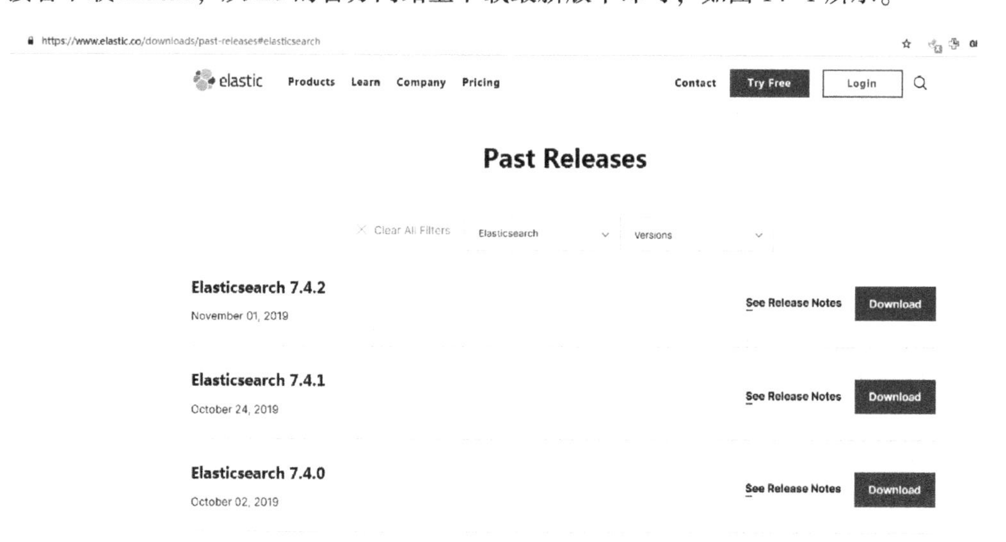

图 14-1　ES 官网最新版本页面

下载完成之后，Windows 环境下直接解压安装。安装完成后，双击 bin 目录下的 elasticSearch. bat，启动服务即可。

以以下路径为例：D:\download\elasticsearch-7. 4. 2-windows-x86_64\elasticsearch-7. 4. 2\bin。进入该目录，运行文件启动 ES 后，在浏览器打开 http://localhost:9200/，如果返回一个带有“tagline”：“You Know，for Search”的提示信息，则说明请求默认的 ES 服务成功。这个 JSON 对象，包含当前节点、集群、版本等信息。

图 14-2 所示为 ES 启动成功之后，通过浏览器访问 ES 默认端口成功的提示信息。

```
← → C ⌂ ⓘ localhost:9200

{
  "name" : "WIN-N2L74I5R7SG",
  "cluster_name" : "elasticsearch",
  "cluster_uuid" : "kv3dwS8LTG2YbszVybKj9Q",
  "version" : {
    "number" : "7.4.2",
    "build_flavor" : "default",
    "build_type" : "zip",
    "build_hash" : "2f90bbf7b93631e52bafb59b3b049cb44ec25e96",
    "build_date" : "2019-10-28T20:40:44.881551Z",
    "build_snapshot" : false,
    "lucene_version" : "8.2.0",
    "minimum_wire_compatibility_version" : "6.8.0",
    "minimum_index_compatibility_version" : "6.0.0-beta1"
  },
  "tagline" : "You Know, for Search"
}
```

图 14-2　请求默认的 ES 服务成功的提示信息

修改端口号需要修改文件 config/elasticsearch. yml。

提示

ES 的两个默认端口，9200 用于外部通信，基于 HTTP 协议，程序与 ES 的通信使用 9200 端口；9300 用于 ES 内部通信，jar 之间就是通过 TCP 协议通信，遵循 TCP 协议，ES 集群中节点之间也通过 9300 端口进行通信。

ES 有几个核心概念，具体介绍如下。

1）Node 与 Cluster。ES 本质上是一个分布式数据库，允许多台服务器协同工作，每台服务器可以运行多个 ES 实例。单个 ES 实例称为一个节点（Node），一组节点构成一个集群（Cluster）。

2）Index。ES 会索引所有字段，经过处理后写入一个反向索引（Inverted Index）。查找数据的时候，直接查找该索引。所以，ES 数据管理的顶层单位就叫作 Index（索引）。它是单个数据库的同义词。每个 Index（即数据库）的名字必须是小写。

3）Document。Index 里面单条的记录称为 Document（文档）。许多条 Document 构成了一个 Index。Document 使用 JSON 格式表示，同一个 Index 里面的 Document，不要求有相同的结构（scheme），但是最好保持相同结构，这样有利于提高搜索效率。

4）Type。Document 可以分组，比如 weather 这个 Index 里面，可以按城市分组（如北京和上海），也可以按气候分组（如晴天和雨天）。这种分组就叫作 Type，它是虚拟的逻辑分组，用来过滤 Document。不同的 Type 应该有相似的结构（schema）。比如，id 字段不能在这个组是字符串，而在另一个组是数值。这是与关系型数据库的表的一个区别。性质完全不同的数据（如 products 和 logs）应该保存为两个 Index，而不是保存为一个 Index 里面的两个 Type。

通过以上的安装和操作，ES 已经启动完成，接下来就是用 Python 对接 ES 了，ES 实际上提供了一系列的 Restful API 来进行存取和查询操作，提供了各种语言对接的 API，这里只介绍利用 Python 来对接 ES 的相关方法。

首先要安装相应的 Python 库。Python 中对接 ES 使用的就是一个同名的库，用如下命令安装：pip3 install elasticsearch，官方文档是 https://elasticsearch-py. readthedocs. io/，所有的用法都可以在里面查到。在完成本案例之前，主要需要了解的几个方法是创建 Index、删除 Index、插入数据、更新数据、删除数据、查询数据。

下面以案例中的相关操作为例，演示 ES 的基本操作。

先来看怎样创建一个索引（Index），并向里面插入数据，这里创建一个名为 lianjia 的索引，然后向其中插入两组数据，第 1 组是指定了 id 的一条数据，第 2 组为没有指定 id 的多条数据，如代码 14-3 所示。

代码 14-3　创建索引并插入数据

```
from elasticsearch import Elasticsearch

obj = Elasticsearch()

mymapping ={
    "mappings": {
            "properties": {
                "geo": {
                    "type": "geo_point"
                }
            }

    }
}

res = obj.indices.create(index ='lianjia', body =mymapping)

data = {"lng":123.469293676,"lat":41.8217831815,"count":141,"name":"御泉华庭    ","style":" 4室2厅 ","size": 188,"geo":"41.8217831815,123.469293676"}

datas = [{"lng":123.440210001,"lat":41.742724056,"count":0,"name":"浦江御景湾    ","style":" 3室2厅 ","size": 120,"price":179,"geo":"41.742724056,123.440210001"},
{"lng":123.390728305,"lat":41.7764047064,"count":1,"name":"宏发华城世界碧林一期    ","style":" 2室1厅 ","size": 78.66,"price":59.8,"geo":"41.7764047064,123.390728305"},
{"lng":123.387967748,"lat":41.8771087393,"count":5,"name":"绿地老街坊    ","style":" 2室2厅 ","size": 72.96,"price":43,"geo":"41.8771087393,123.387967748"},
```

{"lng":123.403296592,"lat":41.9052140811,"count":6,"name":"恒大雅苑 ","style":"3室2厅","size":116.27,"price":90,"geo":"41.9052140811,123.403296592"},
{"lng":123.503263769,"lat":41.7550354236,"count":1,"name":"华润奉天九里 ","style":"3室2厅","size":123.54,"price":245,"geo":"41.7550354236,123.503263769"},
{"lng":123.397404527,"lat":41.8188897853,"count":0,"name":"沈铁光明佳园 ","style":"3室2厅","size":87.28,"price":72,"geo":"41.8188897853,123.397404527"},
{"lng":123.395153421,"lat":41.6839251239,"count":0,"name":"华府丹郡 ","style":"2室2厅","size":73.06,"price":56,"geo":"41.6839251239,123.395153421"},
{"lng":123.402558492,"lat":41.889291059,"count":2,"name":"银亿格兰郡 ","style":"1室0厅","size":55,"price":43,"geo":"41.889291059,123.402558492"},
{"lng":123.464260842,"lat":41.8175593922,"count":4,"name":"可久小区 ","style":"3室0厅","size":68,"price":36.5,"geo":"41.8175593922,123.464260842"},
{"lng":123.40646661,"lat":41.8912208949,"count":1,"name":"银亿万万城 ","style":"2室1厅","size":49,"price":41,"geo":"41.8912208949,123.40646661"},
{"lng":123.518265266,"lat":41.7599597196,"count":2,"name":"金地长青湾·丹陛 ","style":"3室2厅","size":124,"price":175,"geo":"41.7599597196,123.518265266"},
{"lng":123.373038384,"lat":41.6758034265,"count":1,"name":"泰盈十里锦城 ","style":"2室2厅","size":40.32,"price":30,"geo":"41.6758034265,123.373038384"},
{"lng":123.493159073,"lat":41.8394206287,"count":0,"name":"荣城花园 ","style":"1室2厅","size":60,"price":54,"geo":"41.8394206287,123.493159073"},
{"lng":123.445167334,"lat":41.7701918899,"count":1,"name":"文萃小区 ","style":"1室1厅","size":36.51,"price":52,"geo":"41.7701918899,123.445167334"},
{"lng":123.411565092,"lat":41.9154870942,"count":1,"name":"华强城 ","style":"1室1厅","size":52.3,"price":45,"geo":"41.9154870942,123.411565092"},
{"lng":123.351190984,"lat":41.7714159757,"count":1,"name":"宏发三千院 ","style":"2室1厅","size":69.14,"price":61,"geo":"41.7714159757,123.351190984"},
{"lng":123.340815494,"lat":41.8184376743,"count":0,"name":"美好愿景 ","style":"1室1厅","size":64.62,"price":52,"geo":"41.8184376743,123.340815494"},
{"lng":123.353059079,"lat":41.8143700476,"count":1,"name":"第一城D组团 ","style":"1室1厅","size":60.47,"price":62,"geo":"41.8143700476,123.353059079"},
{"lng":123.398145174,"lat":41.7557053445,"count":2,"name":"万科城三期 ","style":"1室1厅","size":62,"price":140,"geo":"41.7557053445,123.398145174"},
{"lng":123.447593664,"lat":41.7314358192,"count":1,"name":"锦园 ","style":"1室1厅","size":45.98,"price":46,"geo":"41.7314358192,123.447593664"},
{"lng":123.412435417,"lat":41.7583470515,"count":1,"name":"圣水苑 ","style":"2室2厅","size":126,"price":190,"geo":"41.7583470515,123.412435417"},
{"lng":123.436121569,"lat":41.7714033584,"count":1,"name":"诚大数码广场 ","style":"1室1厅","size":60,"price":50,"geo":"41.7714033584,123.436121569"},
{"lng":123.3834333,"lat":41.8188636465,"count":1,"name":"鑫丰雍景豪城 ","style":"2室1厅","size":60,"price":84,"geo":"41.8188636465,123.3834333"},
{"lng":123.474564463,"lat":41.7530744637,"count":4,"name":"金水花城二期 ","style":"1室1厅","size":50,"price":55,"geo":"41.7530744637,123.474564463"},

```
{"lng":123.387186151,"lat":41.9027282143,"count":2,"name":"保利溪湖林语二期  ","style":" 2室1厅 ","size": 88.26,"price":78,"geo":"41.9027282143,123.387186151"},
{"lng":123.468262596,"lat":41.8196793909,"count":0,"name":"尚品天城  ","style":" 1室1厅 ","size": 64.79,"price":85,"geo":"41.8196793909,123.468262596"},
{"lng":123.39346634,"lat":41.869360057,"count":1,"name":"依云北郡D区  ","style":" 1室1厅 ","size": 65,"price":47,"geo":"41.869360057,123.39346634"},
{"lng":123.439850707,"lat":41.7704189399,"count":4,"name":"昌鑫置地广场  ","style":" 1室1厅 ","size": 50,"price":30,"geo":"41.7704189399,123.439850707"},
{"lng": 123.509419668,"lat": 41.7578939395,"count": 91,"name":"在水一方西园  ","style":" 3室2厅 ","size": 102.87,"price":70,"geo":"41.7578939395,123.509419668"}]

result = obj.create(index ='lianjia',  id =1, body =data) #插入一条
print(result)

for data in datas: # 批量插入
    result = obj.index(index ='lianjia', body =data)
    print(result)

query = {'query': {'match_all': {}}}
allDoc = obj.search(index ='lianjia',  body =query)
print(allDoc['hits']['hits'])
```

代码 14-3 中，首先创建 Index，语句是 res = obj. indices. create(index ='lianjia', body = mymapping)，其中指定了索引名称和索引的数据类型。数据类型在 mypapping 中声明，其他字段多是 text 和 float 类型，这种常用的字段类型在 map 中不需要显式声明。但是如 geo 这样的字段，就必须要声明成 geo_point 类型，如“"geo": {"type": "geo_point"}”。

单独添加一条数据的变量名是 data，指定 id=1，插入的数据就会指定 id，下面是添加一条数据成功的打印信息。id 如果相同了，就会变成更新数据。

```
{'_index': 'lianjia', '_type': 'politics', '_id': '1', '_version': 1, 'result': 'created', '_shards': {'total': 2, 'successful': 1, 'failed': 0}, '_seq_no': 0, '_primary_term': 1}
```

如果不指定 id，就会随机生成一个串，图 14-3 所示为批量插入数据成功之后的截图。由图可以看到除了第 1 条指定 id 的插入，其他数据的 id 均为随机生成。

返回结果是 JSON 格式，其中 created 字段表示创建操作执行成功。

创建索引并且添加数据之后，可以用下面方法将插入的数据展示出来，为了确认插入的 geo 数据是否为 ES 需要的 geo_point 数据，也可以查看所有插入数据的数据类型，如代码 14-4 所示。

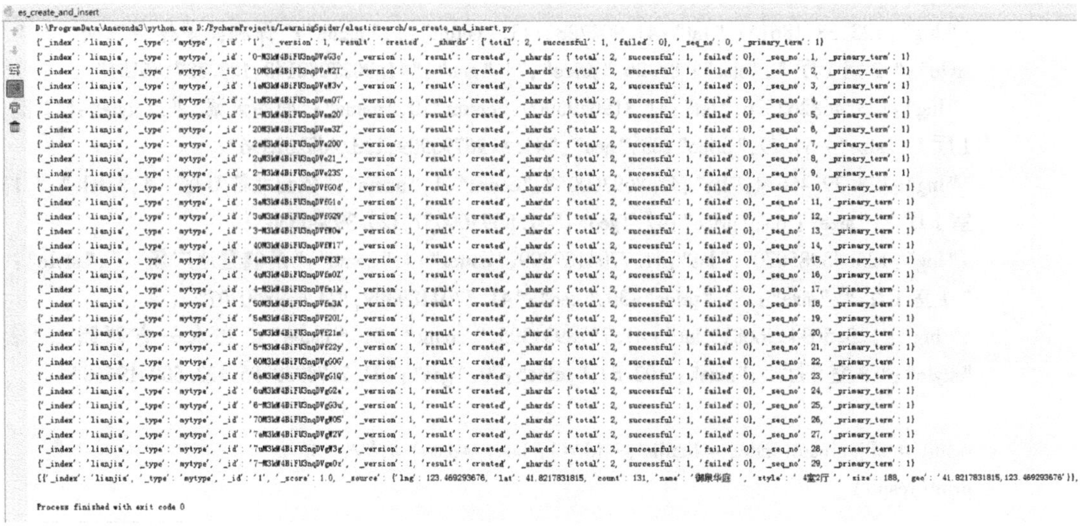

```
es_create_and_insert
D:\ProgramData\Anaconda3\python.exe D:/PycharmProjects/LearningSpider/elasticsearch/es_create_and_insert.py
{'_index': 'lianjia', '_type': 'mytype', '_id': '1', '_version': 1, 'result': 'created', '_shards': {'total': 2, 'successful': 1, 'failed': 0}, '_seq_no': 0, '_primary_term': 1}
{'_index': 'lianjia', '_type': 'mytype', '_id': '0-M3kW4BiFU3nqDVeG3c', '_version': 1, 'result': 'created', '_shards': {'total': 2, 'successful': 1, 'failed': 0}, '_seq_no': 1, '_primary_term': 1}
{'_index': 'lianjia', '_type': 'mytype', '_id': '1OM3kW4BiFU3nqDVeW2T', '_version': 1, 'result': 'created', '_shards': {'total': 2, 'successful': 1, 'failed': 0}, '_seq_no': 2, '_primary_term': 1}
{'_index': 'lianjia', '_type': 'mytype', '_id': '1eM3kW4BiFU3nqDVeW3v', '_version': 1, 'result': 'created', '_shards': {'total': 2, 'successful': 1, 'failed': 0}, '_seq_no': 3, '_primary_term': 1}
{'_index': 'lianjia', '_type': 'mytype', '_id': '1uM3kW4BiFU3nqDVem07', '_version': 1, 'result': 'created', '_shards': {'total': 2, 'successful': 1, 'failed': 0}, '_seq_no': 4, '_primary_term': 1}
{'_index': 'lianjia', '_type': 'mytype', '_id': '1-M3kW4BiFU3nqDVem20', '_version': 1, 'result': 'created', '_shards': {'total': 2, 'successful': 1, 'failed': 0}, '_seq_no': 5, '_primary_term': 1}
{'_index': 'lianjia', '_type': 'mytype', '_id': '2OM3kW4BiFU3nqDVem3Z', '_version': 1, 'result': 'created', '_shards': {'total': 2, 'successful': 1, 'failed': 0}, '_seq_no': 6, '_primary_term': 1}
{'_index': 'lianjia', '_type': 'mytype', '_id': '2eM3kW4BiFU3nqDVe200', '_version': 1, 'result': 'created', '_shards': {'total': 2, 'successful': 1, 'failed': 0}, '_seq_no': 7, '_primary_term': 1}
{'_index': 'lianjia', '_type': 'mytype', '_id': '2uM3kW4BiFU3nqDVe21_', '_version': 1, 'result': 'created', '_shards': {'total': 2, 'successful': 1, 'failed': 0}, '_seq_no': 8, '_primary_term': 1}
{'_index': 'lianjia', '_type': 'mytype', '_id': '2-M3kW4BiFU3nqDVe23S', '_version': 1, 'result': 'created', '_shards': {'total': 2, 'successful': 1, 'failed': 0}, '_seq_no': 9, '_primary_term': 1}
{'_index': 'lianjia', '_type': 'mytype', '_id': '3OM3kW4BiFU3nqDVfG0d', '_version': 1, 'result': 'created', '_shards': {'total': 2, 'successful': 1, 'failed': 0}, '_seq_no': 10, '_primary_term': 1}
{'_index': 'lianjia', '_type': 'mytype', '_id': '3eM3kW4BiFU3nqDVfG1o', '_version': 1, 'result': 'created', '_shards': {'total': 2, 'successful': 1, 'failed': 0}, '_seq_no': 11, '_primary_term': 1}
{'_index': 'lianjia', '_type': 'mytype', '_id': '3uM3kW4BiFU3nqDVfG29', '_version': 1, 'result': 'created', '_shards': {'total': 2, 'successful': 1, 'failed': 0}, '_seq_no': 12, '_primary_term': 1}
{'_index': 'lianjia', '_type': 'mytype', '_id': '3-M3kW4BiFU3nqDVfW0w', '_version': 1, 'result': 'created', '_shards': {'total': 2, 'successful': 1, 'failed': 0}, '_seq_no': 13, '_primary_term': 1}
{'_index': 'lianjia', '_type': 'mytype', '_id': '4OM3kW4BiFU3nqDVfW17', '_version': 1, 'result': 'created', '_shards': {'total': 2, 'successful': 1, 'failed': 0}, '_seq_no': 14, '_primary_term': 1}
{'_index': 'lianjia', '_type': 'mytype', '_id': '4eM3kW4BiFU3nqDVfW3F', '_version': 1, 'result': 'created', '_shards': {'total': 2, 'successful': 1, 'failed': 0}, '_seq_no': 15, '_primary_term': 1}
{'_index': 'lianjia', '_type': 'mytype', '_id': '4uM3kW4BiFU3nqDVfm0Z', '_version': 1, 'result': 'created', '_shards': {'total': 2, 'successful': 1, 'failed': 0}, '_seq_no': 16, '_primary_term': 1}
{'_index': 'lianjia', '_type': 'mytype', '_id': '4-M3kW4BiFU3nqDVfm1k', '_version': 1, 'result': 'created', '_shards': {'total': 2, 'successful': 1, 'failed': 0}, '_seq_no': 17, '_primary_term': 1}
{'_index': 'lianjia', '_type': 'mytype', '_id': '5OM3kW4BiFU3nqDVfm3A', '_version': 1, 'result': 'created', '_shards': {'total': 2, 'successful': 1, 'failed': 0}, '_seq_no': 18, '_primary_term': 1}
{'_index': 'lianjia', '_type': 'mytype', '_id': '5eM3kW4BiFU3nqDVf20L', '_version': 1, 'result': 'created', '_shards': {'total': 2, 'successful': 1, 'failed': 0}, '_seq_no': 19, '_primary_term': 1}
{'_index': 'lianjia', '_type': 'mytype', '_id': '5uM3kW4BiFU3nqDVf21m', '_version': 1, 'result': 'created', '_shards': {'total': 2, 'successful': 1, 'failed': 0}, '_seq_no': 20, '_primary_term': 1}
{'_index': 'lianjia', '_type': 'mytype', '_id': '5-M3kW4BiFU3nqDVf22y', '_version': 1, 'result': 'created', '_shards': {'total': 2, 'successful': 1, 'failed': 0}, '_seq_no': 21, '_primary_term': 1}
{'_index': 'lianjia', '_type': 'mytype', '_id': '6OM3kW4BiFU3nqDVgG0G', '_version': 1, 'result': 'created', '_shards': {'total': 2, 'successful': 1, 'failed': 0}, '_seq_no': 22, '_primary_term': 1}
{'_index': 'lianjia', '_type': 'mytype', '_id': '6eM3kW4BiFU3nqDVgG1Q', '_version': 1, 'result': 'created', '_shards': {'total': 2, 'successful': 1, 'failed': 0}, '_seq_no': 23, '_primary_term': 1}
{'_index': 'lianjia', '_type': 'mytype', '_id': '6uM3kW4BiFU3nqDVgG2e', '_version': 1, 'result': 'created', '_shards': {'total': 2, 'successful': 1, 'failed': 0}, '_seq_no': 24, '_primary_term': 1}
{'_index': 'lianjia', '_type': 'mytype', '_id': '6-M3kW4BiFU3nqDVgG3u', '_version': 1, 'result': 'created', '_shards': {'total': 2, 'successful': 1, 'failed': 0}, '_seq_no': 25, '_primary_term': 1}
{'_index': 'lianjia', '_type': 'mytype', '_id': '7OM3kW4BiFU3nqDVgW0S', '_version': 1, 'result': 'created', '_shards': {'total': 2, 'successful': 1, 'failed': 0}, '_seq_no': 26, '_primary_term': 1}
{'_index': 'lianjia', '_type': 'mytype', '_id': '7eM3kW4BiFU3nqDVgW2V', '_version': 1, 'result': 'created', '_shards': {'total': 2, 'successful': 1, 'failed': 0}, '_seq_no': 27, '_primary_term': 1}
{'_index': 'lianjia', '_type': 'mytype', '_id': '7uM3kW4BiFU3nqDVgW3g', '_version': 1, 'result': 'created', '_shards': {'total': 2, 'successful': 1, 'failed': 0}, '_seq_no': 28, '_primary_term': 1}
{'_index': 'lianjia', '_type': 'mytype', '_id': '7-M3kW4BiFU3nqDVgm0r', '_version': 1, 'result': 'created', '_shards': {'total': 2, 'successful': 1, 'failed': 0}, '_seq_no': 29, '_primary_term': 1}
[{'_index': 'lianjia', '_type': 'mytype', '_id': '1', '_score': 1.0, '_source': {'lng': 123.469293676, 'lat': 41.8217831815, 'count': 131, 'name': '御泉华庭 ', 'style': ' 4室2厅 ', 'size': 188, 'geo': '41.8217831815,123.469293676'}},

Process finished with exit code 0
```

图 14-3　批量插入数据成功之后的截图

代码 14-4　展示所有数据

```
from elasticsearch import Elasticsearch

obj = Elasticsearch( )

# query = {'query': {'match_all': {}}, "size": 100}
query = {'query': {'match_all': {}}} # 默认返回 10 条数据
allDoc = obj.search(index ='lianjia',   body =query)
for hit in allDoc['hits']['hits']:
    # print hit['_source']
    print (hit)

map_type =obj.indices.get_mapping( )
print (map_type)

map_awlogs_type =obj.indices.get_mapping(index ='lianjia')
print (map_awlogs_type)
```

通过 obj.indices.get_mapping(index ='lianjia')可以查看索引的内置映射类型，也就是数据类型。下面是一些常用的 ES 数据类型。

1）string 类型：text、keyword 两种。

① text 类型：会进行分词、抽取词干、建立倒排索引。

② keyword 类型：普通字符串，只能完全匹配才能搜索到。

2）数字类型：long、integer、short、byte、double、float。

3）日期类型：date。

4）bool（布尔）类型：boolean。

5）binary（二进制）类型：binary。

6）复杂类型：object、nested。

7）geo（地区）类型：geo-point、geo-shape。

8）专业类型：ip、competion。

本案例中数据类型的查询结果，如图 14-4 所示。加框部分为数据及对应类型的查询示例。

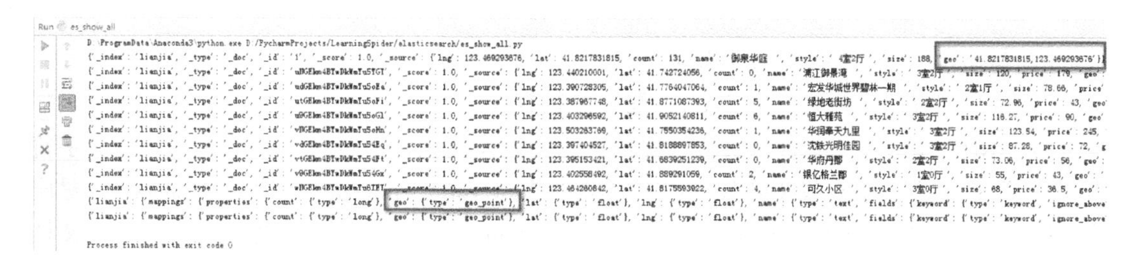

图 14-4　数据类型的查询结果

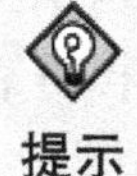

提示　在创建索引时，一旦给字段设置了类型后就不可修改了。如果必须要修改就得重新创建索引，所以在创建索引时必须确定好字段类型。

delete 函数用来删除指定 index、type、id 的 document，如代码 14-5 所示。

代码 14-5　删除索引或数据

```
from elasticsearch import Elasticsearch

obj = Elasticsearch()

result = obj.indices.delete(index ='lianjia', ignore =[400, 404]) # 删除索引
# result = obj.delete(index='lianjia', id=1,ignore=[400, 404]) # 删除索引的一条记录
print(result)
```

分别运行删除一条数据（obj.delete）和删除索引（obj.indices.delete）的语句。如果删除一条数据，则运行结果如图 14-5 所示。如果删除索引成功，会输出{'acknowledged'：True}的提示信息，如图 14-6 所示。

在这段代码中，由于添加了 ignore 参数，忽略了 400、404 状态码，因此遇到问题时，程序会正常执行并输出 JSON 结果，而不是抛出异常。

```
Run  es_delete
D:\ProgramData\Anaconda3\python.exe D:/PycharmProjects/LearningSpider/elasticsearch/es_delete.py
{'_index': 'lianjia', '_type': '_doc', '_id': '1', '_version': 2, 'result': 'deleted', '_shards': {'total': 2, 'successful': 1, 'failed': 0}, '_seq_no': 30, '_primary_term': 1}

Process finished with exit code 0
```

图 14-5　删除单条数据的运行结果

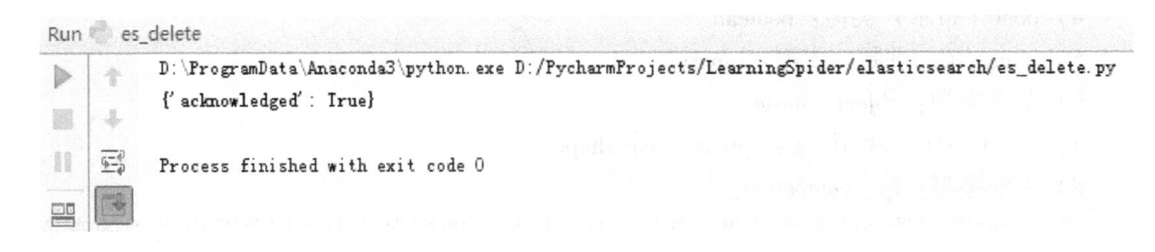

图 14-6　删除名为 lianjia 索引的运行结果

ES 是基于 Lucene 的，所以其检索方式和 Lucene 一样，主要有下面几种类型。

1）单个词查询：指对一个 Term（词）进行查询。

2）AND：指对多个集合求交集。比如，若要查找既包含字符串“Lucene”又包含字符串“Solr”的文档。则查找步骤如下：在词典中找到 Term“Lucene”，得到“Lucene”对应的文档链表；在词典中找到 Term“Solr”，得到“Solr”对应的文档链表；然后对两个文档链表做交集运算，合并后的结果既包含“Lucene”也包含“Solr”。

3）OR：指对多个集合求并集。比如，若要查找包含字符串“Luence”或者包含字符串“Solr”的文档。则查找步骤如下：在词典中找到 Term“Lucene”，得到“Lucene”对应的文档链表。在词典中找到 Term“Solr”，得到“Solr”对应的文档链表。然后对两个文档链表做并集运算，合并后的结果包含“Lucene”或者包含“Solr”。

4）NOT：指对多个集合求差集。比如，若要查找包含字符串“Solr”但不包含字符串“Lucene”的文档。则查找步骤如下：在词典中找到 Term“Lucene”，得到“Lucene”对应的文档链表；在词典中找到 Term“Solr”，得到“Solr”对应的文档链表；然后对两个文档链表做差集运算，用包含“Solr”的文档集减去包含“Lucene”的文档集，运算后的结果就是包含“Solr”但不包含“Lucene”。

通过上述 4 种查询方式不难发现，由于 Lucene 是以倒排表的形式存储的，所以在 Lucene 的查找过程中只需在词典中找到这些 Term，根据 Term 获得文档链表。然后根据具体的查询条件对链表进行交、并、差等操作，就可以准确地查到想要的结果。相对于在关系型数据库中的“Like”查找要做全表扫描来说，这种思路是非常高效的。虽然在索引创建时要做很多工作，但这种一次生成、多次使用的思路也是很有效的。

代码 14-6 所示为数据检索功能示例。示例中展示了基本的文本检索，没有做分词。

代码 14-6　数据检索功能示例

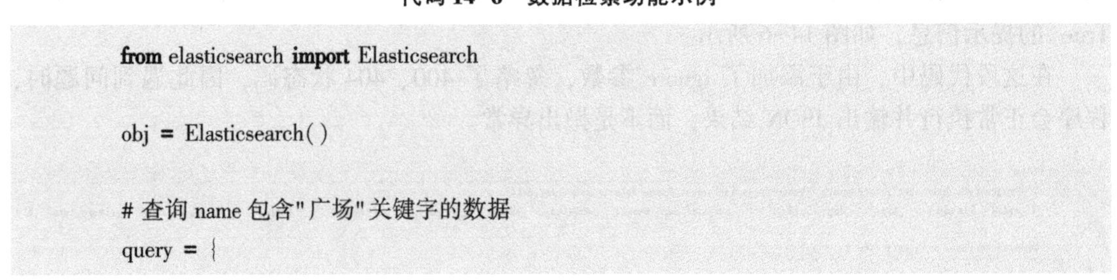

```
from elasticsearch import Elasticsearch

obj = Elasticsearch()

# 查询 name 包含"广场"关键字的数据
query = {
```

```
    "query":{
        "multi_match":{
            "query":"广场",
            "fields":["name"]
        }
    }
}


allDoc = obj.search(index ="lianjia",body =query)
# print(allDoc['hits']['hits'])
for hit in allDoc['hits']['hits']:
    print (hit['_source'])
    # print (hit)
```

数据检索功能，用到了 search 函数，search 函数的常用参数如下。

1）index：索引名。

2）q：查询指定匹配使用 Lucene 查询语法。

3）from_：查询起始点，默认为 0。

4）doc_type：文档类型。

5）size：指定查询条数，默认为 10。

6）field：指定字段逗号分隔。

7）sort：排序字段（asc/desc）。

8）body：使用 Query DSL（Domain Specific Language：领域特定语言）。

9）scroll：滚动查询。

运行代码 14-6，搜索“广场”关键词的运行结果如图 14-7 所示。

由图 14-7 可以看到匹配的结果有两条包含“广场”这个词的记录被检索出来了。如果再加上分词查询，检索出来的结果会有关键词的相关性排序，也是一个基本的搜索引擎雏形。

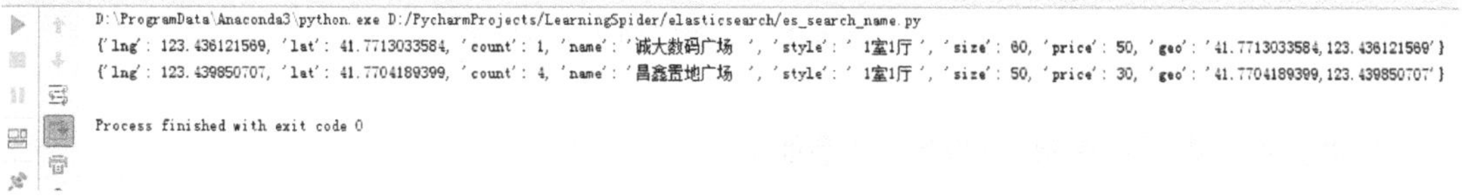

```
Run es_search_name
D:\ProgramData\Anaconda3\python.exe D:/PycharmProjects/LearningSpider/elasticsearch/es_search_name.py
{'lng': 123.436121569, 'lat': 41.7713033584, 'count': 1, 'name': '诚大数码广场 ', 'style': ' 1室1厅 ', 'size': 60, 'price': 50, 'geo': '41.7713033584,123.436121569'}
{'lng': 123.439850707, 'lat': 41.7704189399, 'count': 4, 'name': '昌鑫置地广场 ', 'style': ' 1室1厅 ', 'size': 50, 'price': 30, 'geo': '41.7704189399,123.439850707'}

Process finished with exit code 0
```

图 14-7　运行搜索“广场”关键词的结果

上述示例中，没有对中文进行分词。在实际应用中，中文的检索通常需要一个分词插件。这里推荐使用 elasticsearch-analysis-ik，GitHub 链接为：https://github.com/medcl/elasticsearch-analysis-ik。

代码 14-7 所示为范围查询示例。示例查询了面积在 80~120 之间的数据。

代码 14-7　范围查询示例

```python
# __author__ = 'hanyangang'
# -*- coding: utf-8 -*-

from elasticsearch import Elasticsearch

obj = Elasticsearch()

query = {
    "query":{
        "range":{
            "size":{
                "gte":80,        # >=80
                "lte":120        # <=120
            }
        }
    }
}
# 查询 80≤size≤120 的所有数据
allDoc =obj.search(index ="lianjia",body =query)
for hit in allDoc['hits']['hits']:
    print (hit['_source'])
```

代码 14-7 的运行结果如图 14-8 所示。

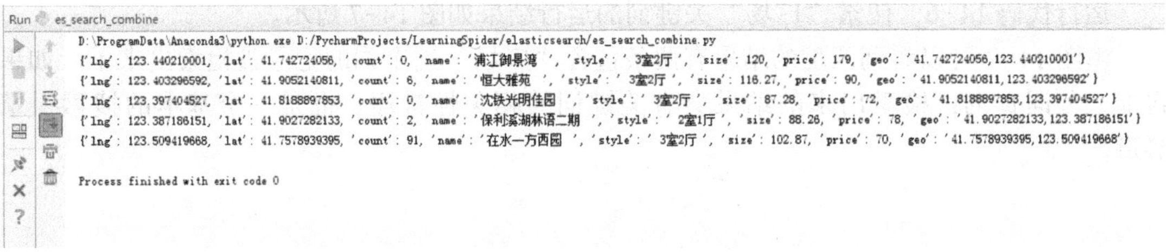

```
Run  es_search_combine
D:\ProgramData\Anaconda3\python.exe D:/PycharmProjects/LearningSpider/elasticsearch/es_search_combine.py
{'lng': 123.440210001, 'lat': 41.742724056, 'count': 0, 'name': '浦江御景湾 ', 'style': ' 3室2厅 ', 'size': 120, 'price': 179, 'geo': '41.742724056,123.440210001'}
{'lng': 123.403296592, 'lat': 41.9052140811, 'count': 6, 'name': '恒大雅苑 ', 'style': ' 3室2厅 ', 'size': 116.27, 'price': 90, 'geo': '41.9052140811,123.403296592'}
{'lng': 123.397404527, 'lat': 41.8188897853, 'count': 0, 'name': '沈铁光明佳园 ', 'style': ' 3室2厅 ', 'size': 87.28, 'price': 72, 'geo': '41.8188897853,123.397404527'}
{'lng': 123.387186151, 'lat': 41.9027282133, 'count': 2, 'name': '保利溪湖林语二期 ', 'style': ' 2室1厅 ', 'size': 88.26, 'price': 78, 'geo': '41.9027282133,123.387186151'}
{'lng': 123.509419668, 'lat': 41.7578939395, 'count': 91, 'name': '在水一方西园 ', 'style': ' 3室2厅 ', 'size': 102.87, 'price': 70, 'geo': '41.7578939395,123.509419668'}

Process finished with exit code 0
```

图 14-8　查询房屋面积示例的运行结果

上述示例中范围查询常用到的关键字如下。

1）gte：大于等于。

2）gt：大于。

3）lte：小于等于。

4）lt：小于。

5）boost：查询权重。

另外 ES 还支持非常多的查询方式，详情可以参考官方文档 https://www.elastic.co/guide/en/elasticsearch/reference/6.3/query-dsl.html。

14.4 实现附近房价搜索的搜索引擎

通过上一小节的介绍，我们对于 ES 的一些常用操作有了初步的了解，下面就可以实现搜索附近小区的房价了，如代码 14-8 所示。

代码 14-8 搜索附近小区的房价

```
from elasticsearch import Elasticsearch

obj = Elasticsearch()

# "geo": "41.7714033584,123.436121569" 沈阳诚大数码广场坐标
lat = 41.7714033584
lnt = 123.436121569

query = {
    "post_filter": {
        "geo_distance": {
            "distance": "5km",
            "geo": str(lat) + "," + str(lnt)
        }},
    # 返回距离
    "sort": [
        {
            "_geo_distance": {
                "geo": {
                    "lat": lat,
                    "lon": lnt
                },
                "order": "asc",
                "unit": "km",
                "mode": "min",
                "distance_type": "plane",
            }}],
    "from": 0,
    "size": 30
}

return_data = []
# 查询指定经纬度附近的小区
allDoc = obj.search(index = "lianjia", body = query)
for hit in allDoc['hits']['hits']:
```

```
        distance = hit['sort'][0]
        return_data.append({
            "name": hit["_source"]["name"],
            "style": hit["_source"]['style'],
            "size": hit["_source"]['size'],
            "geo": hit["_source"]['geo'],
            "price": hit["_source"]['price'],
            "distance": round(distance, 2)
        })

    for item in return_data:
        print(item)
```

可以看到文档（document）抓取成功。

在上述查询的 DSL 中，geo_distance 找出指定位置在给定距离内的数据（相当于指定圆心和半径，找到圆中点），geo_distance 需要指定距离和圆心坐标，分别用下面两个关键词指定。

1）distance：距离，单位 km。

2）location：坐标点圆心所在位置。

所有这些过滤器的工作方式都相似：把索引中所有文档（不仅仅是查询中匹配到的部分文档）的经纬度信息都载入内存，然后每个过滤器通过执行一个轻量级的计算去判断当前点是否落在指定区域。

在代码 14-8 的 DSL 中的 sort 部分，排序中的 geo 指的是文档中各坐标点与该坐标点的距离。

地理距离排序可以对多个坐标点来使用，不管这些坐标点是在文档中还是排序参数中。使用 sort_mode 来指定是否需要使用位置集合的最小（min）、最大（max）或者平均（avg）距离。

另外按距离排序还有个缺点就是，需要对每一个匹配到的文档都进行距离计算。而 function_score 查询，在 rescore 语句中可以限制只对前 n 个结果进行计算。

ES 有对距离计算类型的声明："distance_type"："plane"。距离计算需要在性能和精度上做权衡。实际上两点间的距离计算，有多种牺牲性能换取精度的算法，具体如下。

1）arc：最慢但最精确的计算方式。这种方式把世界当作球体来处理。不过这种方式的精度有限，因为世界并不是完全的球体。

2）plane：该计算方式把地球当成是平坦的。这种方式快一些但是精度略逊。在赤道附近的位置精度最好，而靠近两极则变差。

3）sloppy_arc：如此命名，是因为它使用了 Lucene 的 SloppyMath 类。这是一种用精度换取速度的计算方式，它使用 Haversine formula 来计算距离。它比 arc 计算方式快 4~5 倍，并且距离精度可达 99.9%。这也是默认的计算方式。

代码 14-8 的运行结果如图 14-9 所示。

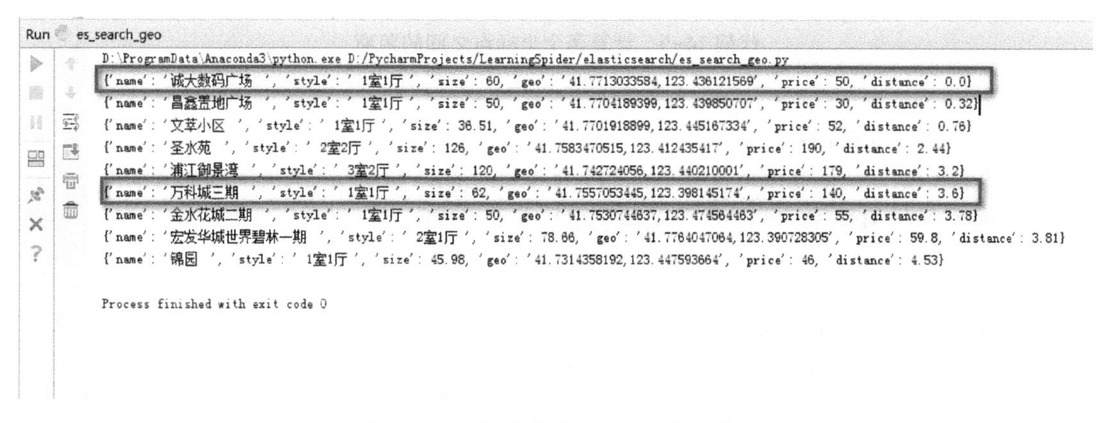
Run es_search_geo
D:\ProgramData\Anaconda3\python.exe D:/PycharmProjects/LearningSpider/elasticsearch/es_search_geo.py
{'name': '诚大数码广场 ', 'style': ' 1室1厅 ', 'size': 60, 'geo': '41.7713033584,123.436121569', 'price': 50, 'distance': 0.0}
{'name': '昌鑫置地广场 ', 'style': ' 1室1厅 ', 'size': 50, 'geo': '41.7704189399,123.439850707', 'price': 30, 'distance': 0.32}
{'name': '文萃小区 ', 'style': ' 1室1厅 ', 'size': 36.51, 'geo': '41.7701918899,123.445167334', 'price': 52, 'distance': 0.76}
{'name': '圣水苑 ', 'style': ' 2室2厅 ', 'size': 126, 'geo': '41.7583470515,123.412435417', 'price': 190, 'distance': 2.44}
{'name': '浦江御景湾 ', 'style': ' 3室2厅 ', 'size': 120, 'geo': '41.742724056,123.440210001', 'price': 179, 'distance': 3.2}
{'name': '万科城三期 ', 'style': ' 1室1厅 ', 'size': 62, 'geo': '41.7557053445,123.398145174', 'price': 140, 'distance': 3.6}
{'name': '金水花城二期 ', 'style': ' 1室1厅 ', 'size': 50, 'geo': '41.7530744637,123.474564463', 'price': 55, 'distance': 3.78}
{'name': '宏发华城世界碧林一期 ', 'style': ' 2室1厅 ', 'size': 78.66, 'geo': '41.7764047064,123.390728305', 'price': 59.8, 'distance': 3.81}
{'name': '锦园 ', 'style': ' 1室1厅 ', 'size': 45.98, 'geo': '41.7314358192,123.447593664', 'price': 46, 'distance': 4.53}
Process finished with exit code 0

图 14-9　运行搜索附近小区的房价结果

为了验证搜索结果是否正确，我们提供了两种方法。第一种是在百度地图中标记查询位置的坐标点，然后用地图测距工具测量“城大数码广场”和“万科城三期”，发现距离是 3.6 km，如图 14-10 所示。这与用 ES 跑出的结果一致。

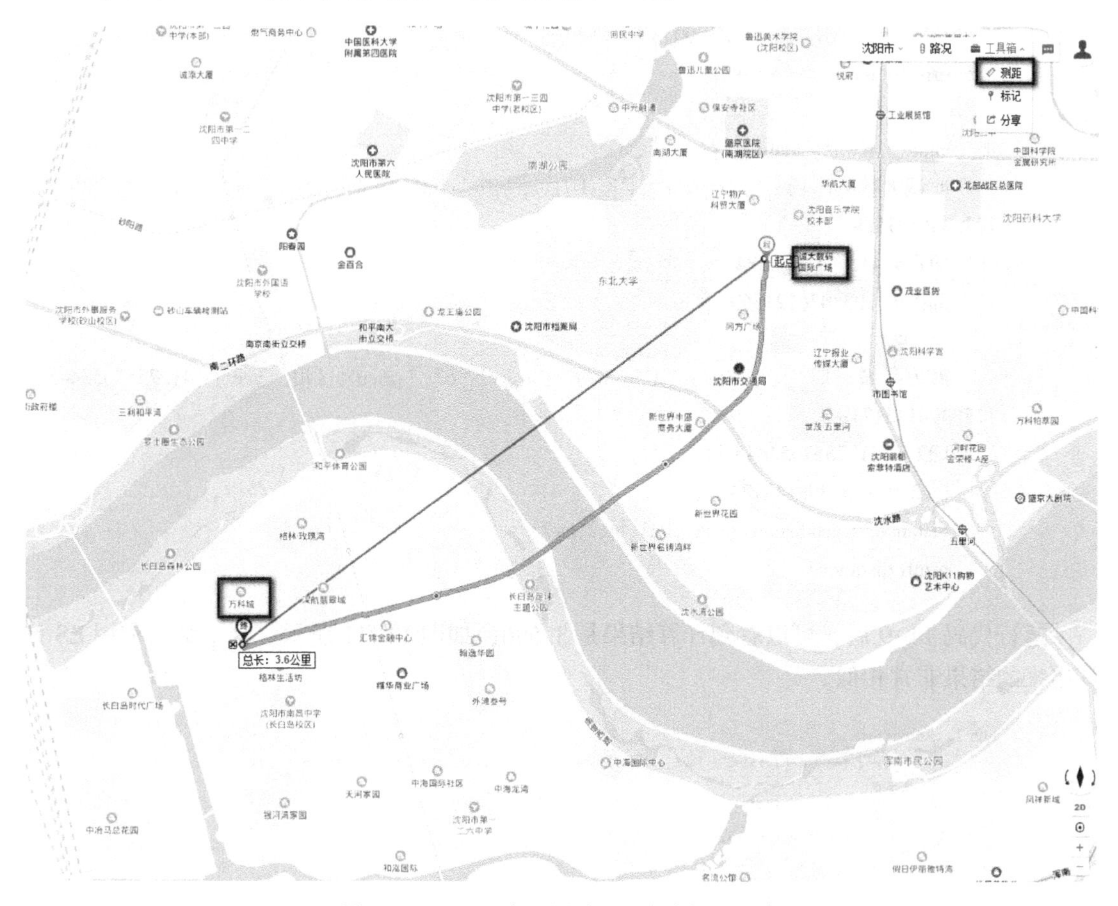
沈阳市
路况
工具箱
测距
标记
分享
起点
诚大数码国际广场
万科城
总长：3.6公里
东北大学
南湖公园

图 14-10　用百度地图验证两点之间的距离

如果不用搜索引擎计算两个地理坐标点之间的距离，则需要用代码 14-9 所示的计算两个坐标点之间的距离示例中的公式计算。

代码 14-9　计算两个坐标点之间的距离

```
# __author__ = 'hanyangang'
# -*- coding: utf-8 -*-
import sys
from math import radians, cos, sin, asin, sqrt

#用公式计算两点间距离(m)
def geodistance (lng1,lat1,lng2,lat2):
#lng1,lat1,lng2,lat2 = (120.12802999999997,30.28708,115.86572000000001,28.7427)
  lng1, lat1, lng2, lat2 = map(radians, [float(lng1), float(lat1), float(lng2), float(lat2)]) # 经
纬度转换成弧度
  dlon =lng2-lng1
  dlat =lat2-lat1
  a =sin(dlat/2) **2 + cos(lat1) * cos(lat2) * sin(dlon/2) **2
  distance =2 * asin(sqrt(a)) *6371 *1000 # 地球平均半径,6371 km
  distance =round(distance/1000,3)
  return distance


if __name__ == "__main__":
    # '诚大数码广场   ', 'style': ' 1 室 1 厅 ', 'size': 60, 'price': 50, 'geo': '41.7714033584,
123.436121569'}}
    lat1 = 41.7714033584
    lng1 = 123.436121569

    # '万科城三期   ', 'style': ' 1 室 1 厅 ', 'size': 62, 'price': 140, 'geo': '41.7557053445,
123.398145174'}}
    lat2 = 41.7557053445
    lng2 = 123.398145174
    distance = geodistance(lng1,lat1,lng2,lat2)
    print(distance)
```

运行代码 14-9 后，可以看到计算结果是 3.596，如图 14-11 所示。这个结果和用 ES 计算出来的结果非常相似。

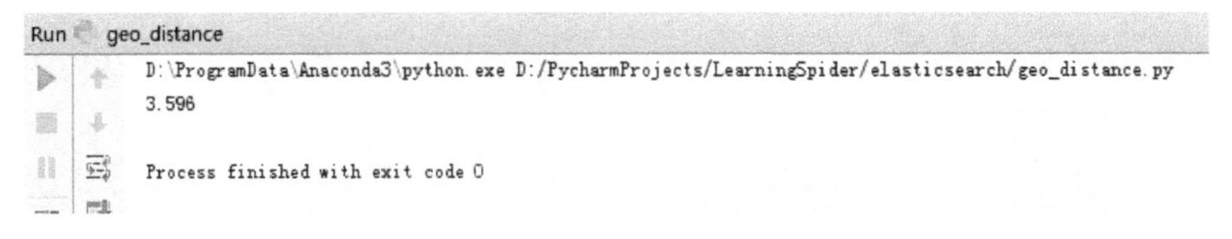

图 14-11　运行计算两坐标点的距离的结果

该案例完成了利用现有数据构建基本的搜索引擎，实现了搜索引擎的基本操作，以及完成具有 ES 特性的地理位置搜索的功能。

参 考 文 献

[1] MCKINNEY W. 利用 Python 进行数据分析［M］. 唐学韬，等译. 北京：机械工业出版社，2014.

[2] IVANIDRIS. Python 数据分析基础教程：NumPy 学习指南［M］. 张驭宇，译. 北京：人民邮电出版社，2014.

[3] 伊德里斯. Python 数据分析［M］. 韩波，译. 北京：人民邮电出版社，2016.

[4] scikit-learn 官方文档［OL］. http://scikit-learn.org/stable/user_guide.html.

[5] 迈克尔·S 刘易斯-贝克. 数据分析概论［M］. 洪岩璧，译. 上海：格致出版社，2014.

[6] 彭鸿涛，聂磊. 发现数据之美：数据分析原理与实践［M］. 北京：电子工业出版社，2014.

[7] 酒卷隆治，里洋平. 数据分析实战［M］. 肖峰，译. 北京：人民邮电出版社，2017.

[8] matplotlib 官方文档［OL］. https://www.matplotlib.org.cn/API/.

[9] 机器学习实战教程［OL］. https://cuijiahua.com/blog/2017/11/ml_1_knn.html.

[10] 李航. 统计学习方法［M］. 北京：清华大学出版社，2019.

[11] 周志华. 机器学习［M］. 北京：清华大学出版社，2016.

[12] SHIKALGAR, NIHALAHMAD R, ARATI M D. Jibca: Jaccard index based clustering algorithm for mining online review［OL］. International Journal of Computer Applications 105.15 (2014): 23-28.

[13] GAN, QI W, et al. A text mining and multidimensional sentiment analysis of online restaurant reviews［OL］. Journal of Quality Assurance in Hospitality & Tourism 18.4 (2017): 465-492.

[14] ZHANG, TIAN, RAMAKRISHNAN R, MIRONLIVNY. BIRCH: an efficient data clustering method for very large databases［OL］. ACM Sigmod Record 25.2 (1996): 103-114.

[15] LU, YING J, et al. Health-related hot topic detection in online communities using text clustering［OL］. Plos one 8.2 (2013): 69-72.